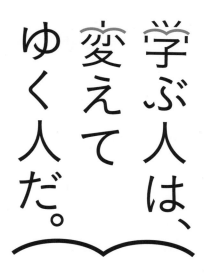

学ぶ人は、
変えて
ゆく人だ。

目の前にある問題はもちろん、

人生の問いや、

社会の課題を自ら見つけ、

挑み続けるために、人は学ぶ。

「学び」で、

少しずつ世界は変えてゆける。

いつでも、どこでも、誰でも、

学ぶことができる世の中へ。

旺文社

最高クラス

問題集

算 数

小学 3 年

旺文社

目　次

本書の特長と使い方 4

編集協力　　　　　　　　有限会社マイプラン

装丁・本文デザイン　　　及川真咲デザイン事務所

校正　　　　　　　　　　株式会社ぷれす，山下聡，森山かおり

中学受験を視野に入れたハイレベル問題集シリーズ

●中学入試に必要な学力は早くから養成することが大切！

　中学受験では小学校の教科書を超える高難度の問題が出題されますが，それらの問題を解くための「計算力」や「思考力」は短期間で身につけることは困難です。早い時期から取り組むことで本格的な受験対策を始める高学年以降も余裕を持って学習を進めることができます。

●３段階のレベルの問題で確実に学力を伸ばす！

　本書では各単元に３段階のレベルの問題を収録しています。教科書レベルの問題から徐々に難度を上げていくことで，確実に学力を伸ばすことができます。上の学年で扱う内容も一部含まれていますが，当該学年でも理解できるように工夫しています。

本書の３段階の難易度

★　　　**標準レベル** … 教科書と同程度のレベルの問題です。確実に基礎から固めていくことが学力を伸ばす近道です。

★★　**上級レベル** … 教科書よりも難度の高い問題で，応用力を養うことができます。

★★★　**最高レベル** … 上級よりもさらに難しい，中学入試を目指す上でも申し分ない難度です。

●過去問題で実際の入試をイメージ！

　本書では実際の中学受験の過去問も掲載しています。全問正解は難しいかもしれませんが，現時点の自分とのレベルの差や受験当日までに到達する学力のイメージを持つためにぜひチャレンジしてみて下さい。

別冊・問題編

問題演習

標準レベルから
順に問題を解き
ましょう。

過去問題に
チャレンジ

問題演習を済ませて
から挑戦しましょ
う。

復習テスト

いくつかの単元
ごとに，学習内
容を振り返るた
めのテストで
す。

総仕上げテスト

本書での学習の習熟
度を確認するための
テストを2セット用
意しています。

本冊・解答解説編

解答解説

丁寧な解説と，解
き方のコツがわか
る「中学入試に役
立つアドバイス」
のコラムも掲載し
ています。

解答解説
編

これ以降のページは別冊問題編の解答解説です。問題を解いてからお読み下さい。

本書の解答解説は保護者向けとなっています。採点は保護者の方がして下さい。

満点の８割程度を習熟度の目安と考えて下さい。また，間違えた問題の解き直しをすると学力向上により効果的です。

「中学入試に役立つアドバイス」のコラムでは，類題を解く際に役立つ解き方のコツを紹介しています。お子様への指導に活用して下さい。

1　大きい数

1　(1) 三万六千二百九十四
(2) 二十五万八千百三十九
(3) 五百六万二千七百十三
(4) 九百四十万七百三十五

2　(1) 21549　(2) 80300
(3) 764290　(4) 5402678

3　(1) 1　(2) 8　(3) 十万の位　(4) 百万の位

4　(1) ① 7　② 2　③ 6
(2) ① 3　② 2　③ 9

5　(1) 640　(2) 2700　(3) 3900
(4) 58000

6　(1) 73621　(2) 2546318
(3) 4021837　(4) 618万

7　(1) ① 23840　② 23980　③ 24090
(2) ① 6550000　② 6630000
③ 6760000

解　説

1　右から4けたごとに区切って，それぞれの位を見つけます。
(1) 3｜6294　(2) 25｜8139　(3) 506｜2713
　　万　　　　　　万　　　　　　　万

2　(2)(3)(4) 0になる位に気をつけて数字に直します。

3　各位の数は右のようになっています。

千	百	十	一	千	百	十	一
			万				
	4	0	8	2	1	9	7

5　(1) ある数を10倍すると位が1つ上がります。
(3) ある数を100倍すると位が2つ上がります。

6　(1)(2) けた数が同じなので，上の位から順に比べていきます。
(3) けた数が多い数のほうが大きいです。

7　(1) 100を10等分しているので，1目もりは10になっています。
(2) 100000を10等分しているので，1目もりは10000になっています。

1　(1) 340700　(2) 5029060
(3) 480001703

2　(1) <　(2) <　(3) >　(4) =　(5) <
(6) =

3　(1) 6　(2) 8　(3) 百万の位　(4) 一億の位

4　① 8億4千万　② 9億9千万
③ 11億1千万

5　(1) 37200000　(2) 61390000000
(3) 2490　(4) 7610803000

6　東町

7　(式) 24000 × 10 = 240000
(答え) 240000人

8　(式) 7600 ÷ 10 = 760
(答え) 760こ

解　説

1　(1) 10万が3個で30万，1万が4個で4万，100が7個で700，合わせて34万700だから，数字で表すと，340700です。

2　不等号は「2 < 5」，「5 > 2」のように，大きい数のほうが開いているように書きます。
(1) けた数が同じなので，上の位から順に比べていきます。いちばん上の位は右のほうが大きいので，3486 < 4386です。
(4) 右側のたし算をしてから比べます。
(6) 3000万を10倍すると3億になります。

3　各位の数は次のようになっています。

千	百	十	一	千	百	十	一	千	百	十	一
			億				万				
			5	6	0	4	8	2	1	9	3

4　1億を10等分しているので，1目もりは1千万になっています。

5　(1) ある数を10倍すると，0が1個増えます。
(2) ある数を100倍すると，0が2個増えます。
(3) ある数を10でわると，0が1個減ります。

6　383026と382304の大きさを比べます。けた数が同じなので，上の位から順に比べていくと十万の位と一万の位の数は同じです。

8　7600個を10台のトラックに同じ数ずつ分けるので，わり算を使います。

★★★ 最高レベル　　問題 6 ページ

1　(1) 五十四億二千九百十六万三千八百五十二
　　(2) 三百八億四千六百二十万七百十
　　(3) 二兆六千百九十億五千八百三十二万四千

2　(1) 642857913　(2) 91806045020
　　(3) 7406350210735
　　(4) 208030476001009

3　(1) 999999999999　(2) 440 兆
　　(3) 273999999　(4) 1000 億
　　(5) 5 兆 3600 億　(6) 718 億

4　(1) 745 億 8000 万　(2) 63 兆 429 億
　　(3) 285463716548

5　① 9820 億　② 9960 億　③ 1 兆 50 億

6　(1) 876245360000　(2) 351 兆 5000 億

7　土星

解 説

1　右から 4 けたごとに区切って，それぞれの位を見つけます。
(1) 54 ¦ 2916 ¦ 3852　(2) 308 ¦ 4620 ¦ 0710
　　　億　　万　　　　　　　億　　万
(3) 2 ¦ 6190 ¦ 5832 ¦ 4000
　　兆　　億　　万

2　(1) 6 億 4285 万 7913 を数字で表すと，642857913 です。
(2) 918 億 604 万 5020 を数字で表すと，91806045020 です。千万の位，十万の位，百の位，一の位は 0 です。
(3) 7 兆 4063 億 5021 万 735 を数字で表すと，7406350210735 です。百億の位，百万の位と千の位は 0 です。
(4) 208 兆 304 億 7600 万 1009 を数字で表すと，208030476001009 です。十兆の位，千億の位，十億の位，十万の位，一万の位，百の位，十の位は 0 です。

3　(1) 1 兆より 1 小さい数は，9999 億 9999 万 9999 だから，数字で表すと，999999999999 です。
(2) 430 兆＋10 兆＝440 兆です。
(3) 2 億 7400 万より 1 小さい数は，2 億 7399 万 9999 だから，数字で表すと，273999999 です。

(5) 5000 億を 10 倍すると 5 兆，360 億を 10 倍すると 3600 億だから，あわせると 5 兆 3600 億です。
(6) 7 億を 100 倍すると 700 億，1800 万を 100 倍すると 18 億だから，あわせると 718 億です。

4　(1) 3 つの数は，100 億の位は 7 で同じで，10 億の位の数が，4，5，4 だから，754 億 2000 万がいちばん大きい数です。残った 2 つの数の 1 億の位の数は，5，6 なので，745 億 8000 万がいちばん小さい数です。
(2) 3 つの数は，63 兆までは同じで，1000 億の位が，4，4，0 だから，63 兆 429 億がいちばん小さい数です。
(3) 左から，2 兆 8354 億 1736 万 5048，2854 億 6371 万 6548，2 兆 7346 億 5920 万 5048 なので，けた数の少ない 2854 億 6371 万 6548 がいちばん小さい数です。

5　100 億を 10 等分しているので，1 目もりは 10 億になっています。
① 9800 億の 2 目もり右の数だから，9820 億です。
③ 1 兆の 5 目もり右の数だから，1 兆と 50 億で 1 兆 50 億です。

6　(1) 8762 ¦ 4537 ¦ 0000 ←数直線上の・です。
　　　　 8762 ¦ 5437 ¦ 0000
　　　　 8762 ¦ 4536 ¦ 0000
　　　　　876 ¦ 2453 ¦ 8000 ←（けた数がちがう）

(2) 350 兆 8320 億←数直線上の・です。
　　 348 兆 9000 億
　　　 27 兆 6000 億←（けた数がちがう）
　　 351 兆 5000 億

7　木星は地球から 8 億 8600 万 km，土星は地球から 16 億 1900 万 km 離れているので，けた数の大きい土星のほうが地球から遠くにあります。

2 大きい数のたし算，ひき算

1 (1) 570 (2) 810 (3) 899 (4) 774
(5) 7700 (6) 70200

2 (1) 330 (2) 70 (3) 314 (4) 186
(5) 3900 (6) 18900

3 (1) 35500 (2) 5300 (3) 33300
(4) 54800

4
(1)
```
   360
 + 420
 ─────
   780
```
(2)
```
   247
 + 638
 ─────
   885
```
(3)
```
  5700
 +3200
 ─────
  8900
```
(4)
```
  4850
 +2760
 ─────
  7610
```
(5)
```
 62000
+39000
──────
101000
```
(6)
```
 34800
+46500
──────
 81300
```
(7)
```
   860
 - 340
 ─────
   520
```
(8)
```
   516
 - 208
 ─────
   308
```
(9)
```
  4900
 -3500
 ─────
  1400
```
(10)
```
  7250
 -4180
 ─────
  3070
```
(11)
```
 92600
-84300
──────
  8300
```
(12)
```
 45200
-16700
──────
 28500
```

5 （式）5320 ＋ 4810 ＝ 10130
（答え）10130 歩

6 900 円

解 説

3 (1) □ ＝ 60300 － 24800 ＝ 35500
(2) □ ＝ 8900 － 3600 ＝ 5300
(3) □ ＝ 8500 ＋ 24800 ＝ 33300
(4) □ ＝ 73900 － 19100 ＝ 54800

4 (2)(4)(5)(6) くり上がりに気をつけて，一の位から順に計算します。
(8)(10)(11)(12) くり下がりに気をつけて，一の位から順に計算します。

5 あわせた数を求めるのでたし算を使います。

6 チョコレートケーキを 500 円，チーズケーキを 400 円と考えると，500 ＋ 400 ＝ 900 より，およそ 900 円になります。

1
(1)
```
  3625
 +5271
 ─────
  8896
```
(2)
```
  5198
 +2847
 ─────
  8045
```
(3)
```
 42451
+18379
──────
 60830
```
(4)
```
 76549
+24361
──────
100910
```
(5)
```
  2194
  3628
 +1452
 ─────
  7274
```
(6)
```
 63248
 29165
+52873
──────
145286
```

2
(1)
```
  8974
 -2531
 ─────
  6443
```
(2)
```
  6813
 -4537
 ─────
  2276
```
(3)
```
  5246
 -1839
 ─────
  3407
```
(4)
```
 41872
-31366
──────
 10506
```
(5)
```
 87251
-54637
──────
 32614
```
(6)
```
 75603
-67184
──────
  8419
```

3 (1) 34312 (2) 14386 (3) 76441
(4) 40828

4
(1)
```
  471[8]
 +6[5]75
 ─────
 112[9]3
```
(2)
```
 5[1]863
+ 173[4]8
 ──────
 [6]9211
```
(3)
```
  3729[7]
 +4[6]326
 ─────
  8362[3]
```
(4)
```
  72[8]1
 - 3[5]15
 ─────
  [3]766
```
(5)
```
  8160[4]
 -[4]8537
 ─────
  3[3]067
```
(6)
```
  [6]9184
 - 6[6]176
 ─────
   300[8]
```

5 (1) （式）43210 ＋ 10243 ＝ 53453
（答え）53453
(2) （式）43201 － 10324 ＝ 32877
（答え）32877

6 （式）9426 ＋ 28613 ＋ 37854 ＝ 75893
（答え）75893 円

解 説

1 くり上がりに気をつけて計算します。
(3)
```
  1 11
 42451
+18379
──────
 60830
```
(6)
```
 11111
 63248
 29165
+52873
──────
145286
```

2 くり下がりに気をつけて計算します。

(2)
```
   70
  6 8̸ 3
 -4 5 3 7
 ─────────
   2 2 7 6
```

(5)
```
     6 4
  8 7̸ 2̸ 5 1
 - 5 4 6 3 7
 ───────────
   3 2 6 1 4
```

3 (1) ☐ = 76495 − 42183 = 34312

(2) ☐ = 48692 − 34306 = 14386

(3) ☐ = 51834 + 24607 = 76441

(4) ☐ = 83479 − 42651 = 40828

4 (2) 右のように，5つの☐
を，ア，イ，ウ，エ，オ
とします。

```
      1 1 1
   5 エ ウ 6 ア
  +  1 7 3 イ 8
 ──────────────
   オ 9 2 1 1
```

一の位 ア＋8＝1には
ならないので，ア＋8＝11より，
ア＝11−8＝3です。

十の位 くり上がりがあります。1＋6＋イ
＝1にはならないので，1＋6＋イ＝11より，
イ＝11−1−6＝4です。

百の位 くり上がりがあります。1＋ウ＋3
＝2にはならないから，1＋ウ＋3＝12より，
ウ＝12−1−3＝8です。

千の位 くり上がりがあるから，1＋エ＋7
＝9より，エ＝9−1−7＝1です。

一万の位 オ＝5＋1＝6です。

(4) 右のように，4つの☐を，ア，
イ，ウ，エとします。

```
   6  イ-1
   7̸ 2 1̸ 1
  - 3 ウ イ ア
 ───────────
   エ 7 6 6
```

一の位 1−ア＝6はでき
ないので，十の位からくり
下げて，10＋1−ア＝6より，
ア＝10＋1−6＝5です。

十の位 一の位にくり下げたので，イ−1−
1＝6より，イ＝6＋1＋1＝8です。

百の位 2−ウ＝7はできないので，千の位
からくり下げて，10＋2−ウ＝7より，
ウ＝10＋2−7＝5です。

千の位 百の位にくり下げたので，
エ＝7−1−3＝3です。

5 (1) いちばん大きい数は43210，2番目に小
さい数は10243です。

(2) 2番目に大きい数は43201，3番目に小さい
数は10324です。

右列

1 (1)
```
   4 8 2 6
  +2 1 6 3
 ─────────
   6 9 8 9
```
(2)
```
   1 7 3 6
  +4 3 5 9
 ─────────
   6 0 9 5
```
(3)
```
  4 2 9 3 8
 +1 7 5 2 4
 ──────────
  6 0 4 6 2
```

(4)
```
   6 3 4 7 2
  +5 4 8 3 9
 ──────────
  1 1 8 3 1 1
```
(5)
```
    3 2 8 5
    2 8 6 1
  + 5 9 7 4
 ─────────
   1 2 1 2 0
```
(6)
```
   8 4 1 6 3
   1 5 7 4 2
  +3 8 2 5 9
 ──────────
  1 3 8 1 6 4
```

2 (1)
```
   6 4 8 3
  -5 2 6 1
 ─────────
   1 2 2 2
```
(2)
```
   7 4 9 6
  -3 2 5 7
 ─────────
   4 2 3 9
```
(3)
```
   4 5 9 3
  -2 6 4 8
 ─────────
   1 9 4 5
```

(4)
```
   5 7 1 3 8
  -3 6 1 3 2
 ──────────
   2 1 0 0 6
```
(5)
```
   4 0 7 9 3
  -2 8 3 9 5
 ──────────
   1 2 3 9 8
```
(6)
```
   9 1 8 2 6
  -8 7 8 1 9
 ──────────
     4 0 0 7
```

3 (1) 22231 (2) 84196 (3) 89599
(4) 38443

4 (1)
```
   2 7 1 3 7
  + 3 4 7 5 6
 ──────────
   6 1 8 9 3
```
(2)
```
   7 3 2 6 4
  +1 6 7 3 9
 ──────────
   9 0 0 0 3
```

(3)
```
   4 6 9 3 5
  +2 8 1 9 7
 ──────────
   7 5 1 3 2
```
(4)
```
   8 1 9 7
  -3 6 5 4
 ─────────
   4 5 4 3
```

(5)
```
   9 3 2 7 4
  -5 4 6 3 7
 ──────────
   3 8 6 3 7
```
(6)
```
   6 4 9 1 5
  -2 8 5 7 6
 ──────────
   3 6 3 3 9
```

5 (式) 48506 − 39162 = 9344
(答え) 9344 人

6 (式) 25736 + 28194 = 53930
67395 − 53930 = 13465
(答え) 13465 こ

解説

1 くり上がりに気をつけて計算します。

(3)
```
    1 1 1
   4 2 9 3 8
  +1 7 5 2 4
 ──────────
   6 0 4 6 2
```
(5)
```
    1 2 2 1
      3 2 8 5
      2 8 6 1
  +   5 9 7 4
 ─────────
   1 2 1 2 0
```

2 くり下がりに気をつけて計算します。

(3)
$$\begin{array}{r} \overset{3\ \ 8}{4\,5\,\cancel{9}\,3} \\ -\ 2\,6\,4\,8 \\ \hline 1\,9\,4\,5 \end{array}$$

(6)
$$\begin{array}{r} \overset{8\ \ \ \ 1}{\cancel{9}\,1\,8\,2\,6} \\ -\ 8\,7\,8\,1\,9 \\ \hline 4\,0\,0\,7 \end{array}$$

3 (1) □ = 59247 − 37016 = 22231

(2) □ = 116253 − 32057 = 84196

(3) □ = 61225 + 28374 = 89599

(4) □ = 68497 − 30054 = 38443

4 (2) 右のように、5つの□を、ア、イ、ウ、エ、オとします。

$$\begin{array}{r} \overset{1\ \ 1\ \ 1}{7\,\boxed{エ}\,2\,\boxed{イ}\,4} \\ +\ 1\,6\,7\,3\,\boxed{ア} \\ \hline \boxed{オ}\,0\,\boxed{ウ}\,0\,3 \end{array}$$

一の位 4 + ア = 3 にはならないので、4 + ア = 13 より、ア = 13 − 4 = 9 です。

十の位 くり上がりがあります。1 + イ + 3 = 0 にはならないので、1 + イ + 3 = 10 より、イ = 10 − 1 − 3 = 6 です。

百の位 くり上がりがあるから、ウ = 1 + 2 + 7 = 10 より、ウ = 0 です。

千の位 くり上がりがあります。1 + エ + 6 = 0 にはならないので、1 + エ + 6 = 10 より、エ = 10 − 1 − 6 = 3 です。

一万の位 くり上がりがあるから、オ = 1 + 7 + 1 = 9 です。

(4) 右のように、4つの□を、ア、イ、ウ、エとします。

$$\begin{array}{r} \overset{7}{\cancel{8}}\,\boxed{ウ}\,9\,\boxed{ア} \\ -\ 3\,6\,\boxed{イ}\,4 \\ \hline \boxed{エ}\,5\,4\,3 \end{array}$$

一の位 ア − 4 = 3 より、ア = 3 + 4 = 7 です。

十の位 9 − イ = 4 より、イ = 9 − 4 = 5 です。

百の位 ウ − 6 = 5 はできないので、千の位からくり下げて、10 + ウ − 6 = 5 より、ウ = 5 + 6 − 10 = 1 です。

千の位 百の位にくり下げたので、エ = 8 − 1 − 3 = 4 です。

5 ちがいを求めるので、ひき算を使います。

6 まず、AとBの機械で作ったおもちゃをあわせた数を求め、これをCの機械で作ったおもちゃの数からひきます。

★★★ 最高レベル　　　問題14ページ

1 (1)
$$\begin{array}{r} 2\,4\,\boxed{7}\,1\,6 \\ \boxed{3}\,1\,8\,5\,\boxed{2} \\ +\ 1\,\boxed{8}\,9\,2\,3 \\ \hline 7\,5\,4\,\boxed{9}\,1 \end{array}$$

(2)
$$\begin{array}{r} 3\,1\,8\,\boxed{2}\,4 \\ 2\,0\,\boxed{3}\,6\,7 \\ +\ \boxed{5}\,4\,7\,0\,\boxed{3} \\ \hline 1\,0\,\boxed{6}\,8\,9\,4 \end{array}$$

(3)
$$\begin{array}{r} 9\,\boxed{0}\,3\,0\,\boxed{2} \\ -\ \boxed{5}\,6\,\boxed{4}\,9\,5 \\ \hline 3\,3\,8\,\boxed{0}\,7 \end{array}$$

(4)
$$\begin{array}{r} \boxed{4}\,1\,5\,6\,8 \\ -\ 2\,5\,\boxed{3}\,7\,\boxed{9} \\ \hline 1\,\boxed{6}\,1\,8\,9 \end{array}$$

2 (式) 87480 − 17880 = 69600
　　　69600 − 46150 = 23450
（答え）23450 円

3 (式) 27491 + 18364 = 45855
　　　45855 − 6208 = 39647
（答え）39647 さつ

4 (式) 12500 + 12500 = 25000
　　　25000 − 8493 = 16507
（答え）16507 円

5 (式) 21634 − 3418 = 18216
　　　42396 − 18216 = 24180
　　　24180 − 18537 = 5643
（答え）5643 人ふえた

6 (式) 73026 − 28539 = 44487
　　　44487 − 17246 = 27241
　　　27241 + 35918 = 63159
（答え）63159 人

解説

1 (1) 右のように、5つの□を、ア、イ、ウ、エ、オとします。

$$\begin{array}{r} \overset{1\ \ 2\ \ \ 1}{2\,4\,\boxed{ウ}\,1\,6} \\ \boxed{オ}\,1\,8\,5\,\boxed{ア} \\ +\ 1\,\boxed{エ}\,9\,2\,3 \\ \hline 7\,5\,4\,\boxed{イ}\,1 \end{array}$$

一の位 6 + ア + 3 = 1 にはならないので、6 + ア + 3 = 11 より、ア = 11 − 6 − 3 = 2 です。

十の位 くり上がりがあるから、イ = 1 + 1 + 5 + 2 = 9 です。

百の位 くり上がりはないので、ウ + 8 + 9 = 4 にはなりません。ウ + 8 + 9 = 14 にもならないので、ウ + 8 + 9 = 24 より、ウ = 24 − 8 − 9 = 7 です。

千の位 くり上がりが２あるから，

２＋４＋１＋エ＝５にはならないので，

２＋４＋１＋エ＝15より，

エ＝15－２－１－４＝８です。

一万の位 くり上がりがあるから，

１＋２＋オ＋１＝７より，

オ＝７－１－２－１＝３です。

── 中学入試に役立つ アドバイス ──

入試では，右のような筆算のAからCの文字にあてはまる数字を求める問題が出されることがあります。この単元で習ったことを使えば解くことができるので，しっかりと練習しましょう。

```
   B A
+ B A C
  5 6 9
```

2 冷蔵庫の値段から 17880 円をひくと，電子レンジと掃除機をあわせた代金が求められます。ここから電子レンジの値段をひくと掃除機の値段が求められます。

3 まず，小学校の図書室の本と，となりの小学校の図書室の本をあわせます。そして，市の図書館に引き取ってもらった本をひくと小学校の図書室に残っている本の冊数が求められます。

4 まず，お兄さんがはじめに持っていたお金を求めます。残りのお金がちょうど半分になったので，はじめに持っていたお金は，12500 ＋ 12500 ＝ 25000（円）です。そこから，靴の代金をひくと，服を買う前に持っていたお金が求められます。

5 まず，今日の女の人の入場者数を求めます。昨日の 21634 人より 3418 人減ったから，21634 － 3418 ＝ 18216（人）です。次に，今日の入場者数から女の人の入場者数をひいて，今日の男の人の入場者数を求めます。そして，昨日の入場者数とのちがいをひき算で求めます。

6 まず，南町の人口は，西町の人口 73026 人より 28539 人少ないことから，南町の人口をひき算で求めます。次に，南町の人口より 17246 人少ない北町の人口をひき算で求めます。最後に，北町の人口より 35918 人多い東町の人口をたし算で求めます。

問題 **16** ページ

1 (1) ＜ (2) ＝

2 (1) 7 (2) 5 (3) 十万の位 (4) 一億の位

3 (1)
```
  2 7 4 5
+ 6 1 5 3
  8 8 9 8
```
(2)
```
  7 2 9 5 8
+ 1 6 4 5 3
  8 9 4 1 1
```
(3)
```
  3 7 9 2
  4 8 2 5
+ 2 6 8 9
1 1 3 0 6
```
(4)
```
  8 5 4 7
- 3 2 1 6
  5 3 3 1
```
(5)
```
  9 1 6 3
- 5 8 2 7
  3 3 3 6
```
(6)
```
  7 3 4 8 2
- 1 8 6 3 9
  5 4 8 4 3
```

4 (1) 41832 (2) 38914

(3) 65136 (4) 86279

5 (1)
```
  1 7 5 2 [6]
+ 3 [5] 4 9 8
  [5] 3 0 2 4
```
(2)
```
  [4] 6 [2] 9 3
+ 2 8 5 [1] [9]
  7 4 [8] 1 2
```
(3)
```
  5 2 [4] 1 [6]
+ [3] 7 8 5
  9 [0] 3 0 1
```
(4)
```
  6 [8] 5 [4]
- 1 9 [3] 6
  [4] 9 1 8
```
(5)
```
  7 [1] 6 [3] 5
- [2] 4 [3] 9 6
  4 7 2 3 9
```
(6)
```
  5 [1] 6 [9] 7
- [4] 3 5 9 [8]
  8 [0] 9 9
```

6 （式）128000 × 10 ＝ 1280000

（答え）1280000 人

7 （式）9634 ＋ 17369 ＋ 20486 ＝ 47489

（答え）47489 人

解 説

1 (1) けた数が同じなので，上の位から順に比べていきます。十万の位と一万の位は同じです。千の位は右のほうが大きいので，486792 ＜ 487692 です。

(2) 500000000 × 10 ＝ 5000000000 ＝ 50 億なので，左の数と右の数は等しいです。

4 (1) ☐ ＝ 69527 － 27695 ＝ 41832

(2) ☐ ＝ 131649 － 92735 ＝ 38914

(3) ☐ ＝ 38957 ＋ 26179 ＝ 65136

(4) ☐ ＝ 91483 － 5204 ＝ 86279

5 (2) 右のように，5つの□
を，ア，イ，ウ，エ，オ
とします。

$$\begin{array}{r} 1\ \ 1\ 1 \\ \boxed{オ}\boxed{エ}2\ 9\ 3 \\ +\ 2\ 8\ 5\ \boxed{イ}\boxed{ア} \\ \hline 7\ 4\ \boxed{ウ}\ 1\ 2 \end{array}$$

[一の位] 3＋ア＝2には
ならないので，3＋ア＝
12より，ア＝12－3＝9です。

[十の位] くり上がりがあります。1＋9＋イ
＝1にはならないので，1＋9＋イ＝11より，
イ＝11－1－9＝1です。

[百の位] くり上がりがあるから，ウ＝1＋2
＋5＝8です。

[千の位] エ＋8＝4にはならないので，エ＋
8＝14より，エ＝14－8＝6です。

[一万の位] くり上がりがあるから，1＋オ＋
2＝7より，オ＝7－1－2＝4です。

(5) 右のように，5つの□を，
ア，イ，ウ，エ，オとし
ます。

$$\begin{array}{r} 6\quad 5\ \boxed{イ}\text{-}1 \\ \not{\boxed{エ}}\ \not{6}\ \not{\boxed{イ}}\ \boxed{ア} \\ -\ \boxed{オ}\ 4\ \boxed{ウ}\ 9\ 6 \\ \hline 4\ 7\ 2\ 3\ 9 \end{array}$$

[一の位] アー6＝9はで
きないので，十の位からくり下げて，10＋アー
6＝9より，ア＝9＋6－10＝5です。

[十の位] 一の位にくり下げています。
イー1－9＝3はできないので，百の位から
くり下げて，10＋イー1－9＝3より，
イ＝3＋1＋9－10＝3です。

[百の位] 十の位にくり下げたので，5－ウ＝
2より，ウ＝5－2＝3です。

[千の位] エー4＝7はできないので，一万の
位からくり下げて，10＋エー4＝7より，
エ＝7＋4－10＝1です。

[一万の位] 千の位にくり下げたので，6－オ
＝4より，オ＝6－4＝2です。

6 B市の今年の人口は，A町の今年の人口の10
倍なので，かけ算を使って求めます。

7 金曜日と土曜日と日曜日の
入園者数をたし算で求めます。

$$\begin{array}{r} 9\ 6\ 3\ 4 \\ 1\ 7\ 3\ 6\ 9 \\ +\ 2\ 0\ 4\ 8\ 6 \\ \hline 4\ 7\ 4\ 8\ 9 \end{array}$$

1 (1) ＜ (2) ＝

2 (1) 6 (2) 1 (3) 千万の位 (4) 一億の位

3 (1)
$$\begin{array}{r} 3\ 1\ 7\ 6 \\ +\ 5\ 6\ 1\ 3 \\ \hline 8\ 7\ 8\ 9 \end{array}$$
(2)
$$\begin{array}{r} 6\ 8\ 2\ 4\ 7 \\ +\ 2\ 4\ 6\ 8\ 5 \\ \hline 9\ 2\ 9\ 3\ 2 \end{array}$$

(3)
$$\begin{array}{r} 1\ 8\ 6\ 3 \\ 3\ 9\ 8\ 2 \\ +\ 4\ 1\ 3\ 7 \\ \hline 9\ 9\ 8\ 2 \end{array}$$
(4)
$$\begin{array}{r} 7\ 8\ 3\ 5 \\ -\ 6\ 4\ 2\ 3 \\ \hline 1\ 4\ 1\ 2 \end{array}$$

(5)
$$\begin{array}{r} 8\ 3\ 9\ 5 \\ -\ 4\ 6\ 8\ 7 \\ \hline 3\ 7\ 0\ 8 \end{array}$$
(6)
$$\begin{array}{r} 4\ 7\ 8\ 3\ 7 \\ -\ 2\ 6\ 9\ 4\ 9 \\ \hline 2\ 0\ 8\ 8\ 8 \end{array}$$

4 (1) 18635 (2) 48193
(3) 47294 (4) 56421

5 (1)
$$\begin{array}{r} 2\ 6\ \boxed{3}\ 7\ 5 \\ +\ 3\ \boxed{2}\ 6\ 2\ \boxed{8} \\ \hline 5\ 9\ 0\ \boxed{0}\ 3 \end{array}$$
(2)
$$\begin{array}{r} 4\ \boxed{2}\ 7\ 6\ \boxed{3} \\ +\ \boxed{3}\ 6\ 3\ 5\ \boxed{9} \\ \hline 7\ 9\ \boxed{1}\ 2\ 2 \end{array}$$

(3)
$$\begin{array}{r} 6\ 7\ \boxed{1}\ \boxed{8}\ 7 \\ +\ \boxed{1}\ 6\ 7\ 5\ \boxed{4} \\ \hline 8\ \boxed{3}\ 9\ 4\ 1 \end{array}$$
(4)
$$\begin{array}{r} 8\ \boxed{1}\ 5\ 2\ \boxed{6} \\ -\ 3\ 2\ 4\ \boxed{8}\ 9 \\ \hline \boxed{4}\ 9\ 0\ 3\ 7 \end{array}$$

(5)
$$\begin{array}{r} 6\ 4\ \boxed{2}\ 9\ 3 \\ -\ \boxed{5}\ 6\ 1\ \boxed{9}\ 7 \\ \hline \boxed{8}\ 0\ 9\ 6 \end{array}$$
(6)
$$\begin{array}{r} 7\ 9\ 6\ \boxed{1}\ \boxed{4} \\ -\ \boxed{5}\ 8\ 9\ 3\ 6 \\ \hline 2\ \boxed{0}\ 6\ 7\ 8 \end{array}$$

6 （式）4500÷10＝450
（答え）450こ

7 (1)（式）86240－20486＝65754
（答え）65754

(2)（式）86420＋86402＝172822
（答え）172822

（解説）

1 (1) 上の位から順に比べていきます。百の位ま
では同じです。十の位が右のほうが大きいの
で，307946 ＜ 307964 です。

(2) 7000000＋6000＝7006000なので，左
の数と右のたし算の答えは等しいです。

4 (1) □＝61151－42516＝18635

(2) □＝87721－39528＝48193

(3) □＝75163－27869＝47294

(4) □＝7885＋48536＝56421

5 (2) 右のように，5つの□を，ア，イ，ウ，エ，オとします。

```
  1 1 1
4 エ 7 6 ア
+ オ 6 3 イ 9
─────────
7 9 ウ 2 2
```

一の位 ア＋9＝2にはならないので，ア＋9＝12より，ア＝12－9＝3です。

十の位 くり上がりがあります。1＋6＋イ＝2にはならないので，1＋6＋イ＝12より，イ＝12－1－6＝5です。

百の位 くり上がりがあるから，ウ＝1＋7＋3＝11より，ウは1で，千の位に1くり上げます。

千の位 くり上がりがあるから，1＋エ＋6＝9より，エ＝9－1－6＝2です。

一万の位 4＋オ＝7より，オ＝7－4＝3です。

(6) 右のように，5つの□を，ア，イ，ウ，エ，オとします。

```
      8 5 イ-1
    7 9 6 X ア
-  オ 8 ウ 3 6
  ─────────
  2 エ 6 7 8
```

一の位 ア－6＝8はできないので，十の位からくり下げて，10＋ア－6＝8より，ア＝8＋6－10＝4です。

十の位 一の位にくり下げています。イ－1－3＝7はできないので，百の位からくり下げて，10＋イ－1－3＝7より，イ＝7＋1＋3－10＝1です。

百の位 十の位にくり下げています。5－ウ＝6はできないので，千の位からくり下げて，10＋5－ウ＝6より，ウ＝10＋5－6＝9です。

千の位 百の位にくり下げたので，エ＝8－8＝0です。

一万の位 7－オ＝2より，オ＝7－2＝5です。

6 10の店で同じ数ずつ販売するので，わり算を使って求めます。

7 5枚のカードを並べてできる5けたの数は，大きい順に，
86420，86402，86240，86204，…です。
また，小さい順に，
20468，20486，20648，…です。

■2章 かけ算
3 かけ算(1)

★ 標準レベル 問題20ページ

1 (1) 68 (2) 48 (3) 168 (4) 408
(5) 188 (6) 415 (7) 532 (8) 342
(9) 752

2 (1)
```
  2 4 3
×     2
───────
  4 8 6
```
(2)
```
  1 6 2
×     4
───────
  6 4 8
```
(3)
```
  3 7 1
×     3
───────
1 1 1 3
```
(4)
```
  5 2 8
×     6
───────
3 1 6 8
```
(5)
```
  8 2 1 7
×       5
─────────
4 1 0 8 5
```
(6)
```
  6 5 4 7
×       8
─────────
5 2 3 7 6
```
(7)
```
  4 9 7 6
×       7
─────────
3 4 8 3 2
```
(8)
```
  5 8 1 3
×       9
─────────
5 2 3 1 7
```
(9)
```
  9 2 5 8
×       4
─────────
3 7 0 3 2
```

3 (1)
```
    6 3
×   1 2
───────
  1 2 6
  6 3
───────
  7 5 6
```
(2)
```
    5 7
×   2 4
───────
  2 2 8
1 1 4
───────
1 3 6 8
```
(3)
```
    4 9
×   3 5
───────
  2 4 5
1 4 7
───────
1 7 1 5
```
(4)
```
    2 8 6
×     1 4
─────────
  1 1 4 4
  2 8 6
─────────
  4 0 0 4
```
(5)
```
    7 1 3
×     6 7
─────────
  4 9 9 1
  4 2 7 8
─────────
4 7 7 7 1
```
(6)
```
    3 9 4
×     4 3
─────────
  1 1 8 2
1 5 7 6
─────────
1 6 9 4 2
```

4 (式) 248×7＝1736 (答え) 1736円

5 (式) 24×36＝864
(答え) 864まい

6 100000円

解説

1 かけ算の答えを積といいます。
(1) 34×2の積は，4×2＝8と30×2＝60の和になります。
(7) 76×7の積は，6×7＝42と70×7＝490の和になります。

14

2 (2)

```
  1 6 2        1 6 2          1 6 2
×     4   →  ×     4    →   ×     4
      8        ² 4 8          ⁶ ² 4 8
```

一の位どうしのかけ算をする。	十の位と一の位のかけ算をする。くり上げるときは，くり上げる数を小さく書く。	百の位と一の位のかけ算をする。くり上げた数をたすのを忘れないようにする。

(5) かけられる数のけた数が多くなっても同じように計算します。

3 (2)

```
   5 7        5 7          5 7
 × 2 4  →   × 2 4   →    × 2 4
 2 2 8      2 2 8        2 2 8
          1 1 4 0      1 1 4 0
                       1 3 6 8
```

57 × 4 の計算をする。	57 × 2 の計算をする。答えを書く位置に注意する。	228 + 1140 を計算する。

(5) かけられる数のけた数が多くなっても同じように計算します。

```
   7 1 3          7 1 3            7 1 3
 ×   6 7   →    ×   6 7    →     ×   6 7
 4 9 9 1        4 9 9 1          4 9 9 1
              4 2 7 8 0        4 2 7 8 0
                               4 7 7 7 1
```

713 × 7 の計算をする。	713 × 6 の計算をする。答えを書く位置に注意する。	4991 + 42780 を計算する。

6 上から1けたの数で表して，1袋のお菓子を500円，参加者を200人と考えて計算します。500 × 200 = 100000 より，およそ100000円になります。

★★ 上級レベル① 問題22ページ

1 (1) 160　(2) 204　(3) 296　(4) 0
　　(5) 9740　(6) 5600

2 (1)
```
    4 2 7 5
  ×       6
  2 5 6 5 0
```
(2)
```
      5 8
  ×  2 4
    2 3 2
  1 1 6
  1 3 9 2
```
(3)
```
      7 2 6
  ×    3 8
    5 8 0 8
  2 1 7 8
  2 7 5 8 8
```

(4)
```
      3 4 8
  ×  1 7 5
  1 7 4 0
  2 4 3 6
    3 4 8
  6 0 9 0 0
```
(5)
```
      4 1 9
  ×  2 7 8
  3 3 5 2
  2 9 3 3
    8 3 8
  1 1 6 4 8 2
```
(6)
```
      5 6 3
  ×  4 1 7
  3 9 4 1
    5 6 3
  2 2 5 2
  2 3 4 7 7 1
```

3 (1) 37200　(2) 746000

4 (1)
```
    3 [4] 8
  ×     5
  [1] 7 4 0
```
(2)
```
    8 5 7
  ×   [3]
  [2] 5 7 1
```
(3)
```
  5 [6] 8 3
  ×      [6]
  [3] 4 0 [9] 8
```
(4)
```
    3 [7]
  ×  2 4
  [1] 4 8
  7 [4]
  [8] 8 8
```
(5)
```
    [6] 9
  ×  7 [3]
  2 0 7
  4 [8] 3
  5 0 [3] 7
```
(6)
```
    4 [1] 6
  ×    3 [8]
  [3] 3 2 8
  1 [2] 4 8
  1 [5] 8 0 8
```

5 (1) （式）34 × 26 = 884　（答え）884 わ
　(2) （式）884 × 294 = 259896
　　　（答え）259896 わ

6 （式）34 × 17 = 578　621 − 578 = 43
　（答え）43dL

解説

1 (4) どんな数に0をかけても，答えは0になります。また，0にどんな数をかけても，答えは0になります。

(5) 10をかけると，積はかけられる数に0を1つつけた数になります。

(6) 100をかけると，積はかけられる数に0を2つつけた数になります。

2 (4) かける数のけた数が多くなっても同じように計算します。

1章　大きい数／2章　かけ算　**15**

③ (1) かけ算は, どこから先に計算しても答えは
同じになります。

$372 \times 4 \times 25$
$= 372 \times (4 \times 25)$
$= 372 \times 100 = 37200$

── 中学入試に役立つ **アドバイス** ──

●×▲＝▲×●を「交換法則」といいます。
また, $4 \times 25 = 100$, $8 \times 125 = 1000$
などは, 問題を効率よく解くために必要なの
で, 覚えておきましょう。

(2) 交換法則を使って計算します。

$8 \times 746 \times 125$
$= (8 \times 125) \times 746$
$= 1000 \times 746$
$= 746000$

④ (3) 右の4つの□を, ア, イ,
ウ, エとします。

|一の位×一の位| $3 \times$ アよ
り, 3の段の九九で, 一
の位の数が8になるのは,
$3 \times 6 = 18$ だけだから,
ア＝6です。

|十の位×一の位| $8 \times 6 =$
48より, くり上がりがあ
るから, イ＝1＋8＝9です。

|百の位×一の位| くり上が
りが4あるから, エ×6＝
$40 - 4 = 36$, $6 \times 6 =$
36より, エ＝6です。

|千の位×一の位| $5 \times 6 = 30$ より, ウ＝3
です。

```
  5 エ 8 3
×       ア
ウ 4 0 イ 8
```
↓
```
  5 エ 8 3
×       6
ウ 4 0 イ 8
```
↓
```
  5 エ 8 3
×       6
ウ 4 4 0 4 9 8
```

⑤ (1) 26人で34羽ずつ折るから, かけ算を使
います。

(2) 1日に折った折り鶴は884羽です。これを
294日折ったので, かけ算を使います。

⑥ まず, 34dLの水が入るバケツ17個分の水
の量をかけ算で求めます。これと621dLとのち
がいが求める水の量です。

★★ **上級レベル②**　　問題**24**ページ

① (1) 336　(2) 156　(3) 234　(4) 0
(5) 690　(6) 2100

② (1)
```
    3 9 4 6
×        8
  3 1 5 6 8
```
(2)
```
      6 7
×    5 3
    2 0 1
  3 3 5
  3 5 5 1
```
(3)
```
      8 2 7
×      4 9
  7 4 4 3
3 3 0 8
4 0 5 2 3
```

(4)
```
      2 9 6
×    3 8 2
      5 9 2
  2 3 6 8
  8 8 8
1 1 3 0 7 2
```
(5)
```
      7 5 3
×    2 9 4
  3 0 1 2
  6 7 7 7
  1 5 0 6
2 2 1 3 8 2
```
(6)
```
      6 4 8
×    3 7 1
      6 4 8
  4 5 3 6
1 9 4 4
2 4 0 4 0 8
```

③ (1) 12600　(2) 9000

④ (1)
```
    4 6 [7]
×      4
  [1] 8 6 8
```
(2)
```
    [7] 9 [4]
×        7
  [5] 5 5 8
```
(3)
```
    2 7 [5] 6
×        8
[2] [2] 0 4 8
```

(4)
```
      5 9
×    3 [6]
  3 [5] 4
  1 [7] 7
  2 1 [2] 4
```
(5)
```
      6 [8]
×    [4] 7
    4 7 6
  2 7 2
  3 1 [9] 6
```
(6)
```
      [7] 8 3
×      5 [6]
  4 6 [9] 8
3 [9] 1 5
4 [3] 8 4 8
```

⑤ (式) $485 \times 176 = 85360$
(答え) 85360円

⑥ (式) $(100 - 8) \times (48 + 6) = 4968$
　　$5000 - 4968 = 32$
(答え) 32円

解説

② (4) かける数のけた数が多くなっても同じよう
に計算します。

```
      2 9 6
×    3 8 2
      5 9 2   ← 296 × 2 …⑦
  2 3 6 8 ○   ← 296 × 80 …⑦
  8 8 8 ○ ○   ← 296 × 300 …⑦
1 1 3 0 7 2   ← ⑦＋⑦＋⑦
```

3 (1) 交換法則を使って計算します。

$$25 \times 63 \times 8 = 25 \times 8 \times 63 = 200 \times 63$$
$$= 12600$$

(2) 交換法則を使って計算します。

$$125 \times 18 \times 4 = 125 \times 4 \times 18 = 500 \times 18$$
$$= 9000$$

4 (1) 右の 2 つの □ を，ア，イとします。

$\boxed{\text{一の位×一の位}}$　ア × 4 =
4 ×アより，4 の段の九九で，
一の位の数が 8 になるのは，
4 × 2 = 8 と 4 × 7 = 28
です。ここで，十の位×一の
位を見ると，6 × 4 = 24 で，
答えの十の位は 6 だから，6
= 2 + 4 より，くり上がりが
2 あるので，ア＝ 7 とわかります。

$\boxed{\text{百の位×一の位}}$　4 × 4 = 16 より，くり上
がりが 2 あるから，イ＝ 2 + 6 = 8 です。

(4) 右の 4 つの □ を，ア，イ，ウ，
エとします。

$\boxed{\text{一の位×一の位}}$　9 ×アより，
9 の段の九九で，一の位の数
が 4 になるのは，9 × 6 =
54 だけだから，ア＝ 6 です。

$\boxed{\text{十の位×一の位}}$　5 × 6 =
30 より，くり上がりが 5 あ
るから，イ＝ 5 + 0 = 5 です。

$\boxed{\text{一の位×十の位}}$　9 × 3 = 27
より，2 くり上げます。

$\boxed{\text{十の位×十の位}}$　5 × 3 = 15
より，くり上がりが 2 あるか
ら，ウ＝ 2 + 5 = 7 です。
エは，5 + 7 = 12 より，
エ＝ 2 です。

5 485 円の 176 人分だから，か
け算を使います。かけられる数が
485 円で，かける数が 176 人です。

6 この日のみかん 1 個の値段は，100 − 8 =
92（円）です。また，買った個数は，48 + 6
= 54（個）です。92 円のみかん 54 個の代金は，
92 × 54 = 4968（円）です。

★★★ 最高レベル　問題 **26** ページ

1 (1) 4368　(2) 20436　(3) 199899
　(4) 304278

2 (1) 37400　(2) 48100　(3) 18900
　(4) 234000　(5) 311054　(6) 413364

3 (1) 1331200　(2) 966600

4 ア 8　イ 7　ウ 6

5 （式）136 − 17 − 1 = 118
　　　　5 × 118 + 4 = 594
（答え）594 人

6 （式）20 × 25 = 500
　　　18 × 10 + 21 × 10 + 25 × 5 = 515
　　　515 − 500 = 15
（答え）15 秒

解説

── 中学入試に役立つ **アドバイス** ──

● × ▲ + ● × ■ = ● × （▲ + ■）
● × ▲ − ● × ■ = ● × （▲ − ■） を
「分配法則」といいます。

2 (1) 374 × 63 + 374 × 37
　= 374 × （63 + 37）
　= 374 × 100
　= 37400

(2) 481 × 56 + 481 × 44
　= 481 × （56 + 44）
　= 481 × 100
　= 48100

(3) 12 = 4 × 3 だから，
　　25 × 12 × 63
　= 25 × 4 × 3 × 63
　= 100 × 3 × 63
　= 18900

(4) 24 = 3 × 8 だから，
　　24 × 125 × 78
　= 3 × 8 × 125 × 78
　= 3 × 78 × （8 × 125）
　= 3 × 78 × 1000
　= 234000

(5) 346×899

   $= 346 \times (900 - 1)$

   $= 346 \times 900 - 346 \times 1$

   $= 311400 - 346$

   $= 311054$

(6) 798×518

   $= (800 - 2) \times 518$

   $= 800 \times 518 - 2 \times 518$

   $= 414400 - 1036$

   $= 413364$

3 (2) $358 \diamondsuit 27 = 358 \times 100 \times 27$

            $= 358 \times 27 \times 100$

            $= 9666 \times 100$

            $= 966600$

4 1から9までの数字で1, 2, 3, 4, 5, 9は
すでに使われているので, ア, イ, ウに入る数字
は, 6か7か8のどれかです。一の位×一の位は,
$3 \times 2 = 6$なので, ウ＝6とわかります。したがっ
て, ア, イに入る数字は, 7か8のどちらかで
す。ア＝7と考えて計算をすると, 473×12
$= 5676$より, 答えの十の位が9にならないので,
正しくありません。ア＝8と考えて計算をすると,
$483 \times 12 = 5796$より, 1から9までの9こ
の数字が1つずつ使われます。よって, イは7
になります。

5 子どもが5人ずつ座った長いすの数は,
$136 - 17 - 1 = 118$（脚）です。
118脚に座った子どもの人数は, $5 \times 118 =$
590（人）で, 最後の長いすに4人座ったから,
子どもは全部で, $590 + 4 = 594$（人）です。

6 100mを25回走ると2500mになります。
また, 100mを10回走ると1000m, 100m
を5回走ると500mになるので, このみさんは,
100mを18秒で10回走り, 次に100mを21
秒で10回走り, 最後に100mを25秒で5回
走りました。

問題 **28** ページ

4   かけ算（2）

★   標準レベル

1 (1) ① 10   ② 100   ③ 2800

   (2) ① 100   ② 10000   ③ 180000

   (3) ① 100   ② 1000   ③ 108000

   (4) ① 10   ② 100   ③ 138900

2 (1) 260   (2) 780   (3) 3240

   (4) 4000   (5) 15280   (6) 43470

   (7) 320000   (8) 16500   (9) 100800

3 （式）$240 \times 30 = 7200$

   （答え）7200 円

4 (1)

$$\begin{array}{r} 1820 \\ \times \quad 500 \\ \hline 910000 \end{array}$$

   (2)

$$\begin{array}{r} 37400 \\ \times \quad 680 \\ \hline 2992 \\ 2244 \\ \hline 25432000 \end{array}$$

   (3)

$$\begin{array}{r} 570 \\ \times 390 \\ \hline 513 \\ 171 \\ \hline 222300 \end{array}$$

   (4)

$$\begin{array}{r} 4900 \\ \times \quad 300 \\ \hline 1470000 \end{array}$$

   (5)

$$\begin{array}{r} 28100 \\ \times \quad 750 \\ \hline 1405 \\ 1967 \\ \hline 21075000 \end{array}$$

5 （式）$180 \times 460 = 82800$

   （答え）82800mL

6 （式）$2150 \times 230 = 494500$

   （答え）494500m

解説

2 (1) $13 \times 20 = 13 \times 2 \times 10$ と考えて計算
します。

(4) $80 \times 50 = 8 \times 10 \times 5 \times 10 = 8 \times 5 \times 100$

     $= 4000$

(7) $400 \times 800 = 4 \times 100 \times 8 \times 100$

     $= 4 \times 8 \times 10000 = 320000$

(8)　　150 × 110 = 15 × 10 × 11 × 10
　　　　= 15 × 11 × 100
　　　　= 16500

3 240円の30本分なのでかけ算を使います。
　　240 × 30 = 24 × 10 × 3 × 10 = 24 × 3 × 100
= 72 × 100 = 7200（円）

4 (1) まず, 0を省いた 182 × 5 を計算します。
10 × 100 = 1000 より, 答えは 182 × 5
を 1000倍した数になります。

```
  1820              ←10倍——         182
×  500              ←100倍——      ×   5
910000              ←1000倍——       910
```

(3) まず, 57 × 39 を計算します。
10 × 10 = 100 より, 答えは 57 × 39 を
100倍した数になります。

```
   570      ←10倍——        57
×  390      ←10倍——      × 39
   513                    513
   171                    171
222300      ←100倍——     2223
```

(4) まず, 49 × 3 を計算します。
100 × 100 = 10000 より, 答えは 49 × 3
を 10000倍した数になります。

```
   4900     ←100倍——        49
×   300     ←100倍——      ×  3
1470000     ←10000倍——     147
```

5 180mLの460人分なので
かけ算を使います。
```
  180
×460
108
 72
82800
```

6 2150mを230日泳ぐの
でかけ算を使います。
```
 2150
×  230
 645
430
494500
```

1 (1) 64000　(2) 90000　(3) 7400万
(4) 6兆8000億

2 (1)
```
  6370
×2850
 3185
5096
1274
18154500
```
(2)
```
  9160
×4270
 6412
1832
3664
39113200
```
(3)
```
 3806
× 254
15224
19030
7612
966724
```
(4)
```
   842
×7006
 5052
5894
5899052
```
(5)
```
   631
×5028
 5048
1262
3155
3172668
```
(6)
```
   469
×8030
 1407
3752
3766070
```

3 (1) 7　(2) 2

4 (1) ア 3　イ 5　ウ 0　(2) ア 4　イ 6　ウ 8
```
  3 6 5 2             8 2 4 6
×   2 4 8           ×   5 3 7
  2 9 2 1 6           5 7 7 2 2
1 4 6 0 8           2 4 7 3 8
7 3 0 4             4 1 2 3 0
9 0 5 6 9 6         4 4 2 8 1 0 2
```

5 （式）1860 × 140 = 260400
　　　720 × 210 = 151200
　　　260400 + 151200 = 411600
　　　280 × 411600 = 115248000
（答え）115248000円

6 （式）230万 × 46 = 1億580万
　　　370万 × 19 = 7030万
　　　1億580万 + 7030万 = 1億7610万
（答え）1億7610万円

1 (4) 1億を10000倍すると，1兆になります。
また，1000万を10000倍すると，1000億
になります。

2 (4)(5)(6) かける数の0の位は計算を省けます。

3 (1) 分配法則を使います。

$3 \times 3 \times 2840 - \square \times 2840$
$= 9 \times 2840 - \square \times 2840$
$= (9 - \square) \times 2840 = 2 \times 2840$
$9 - \square = 2$だから，$\square = 9 - 2 = 7$です。

(2) 分配法則を使います。

$56 \times 998 = 56 \times (1000 - 2)$
$= 56 \times 1000 - 56 \times 2$なので，$\square = 2$です。

4 (2) イ×7より，7の段
の九九で，一の位の数
が2になるのは，7×
6 ＝ 42だけなので，イ
＝ 6とわかります。ア
×7より，7の段の九
九で，くり上がりの4
をたして2になるのは
8です。一の位の数が
8になるのは，7×4
＝ 28だけなので，ア
＝ 4とわかります。
8246×7 ＝ 57722な
ので，右のように□に
あてはめます。そして，
かける数の十の位の□
をエとします。
6×エより，6の段の
九九で，一の位の数が
8になるのは，6×3
＝ 18と，6×8 ＝ 48
があります。ここで，エ ＝ 8と考えると，千
の位×エより，8×8 ＝ 64となり，答えの
万の位の数2と合わないので，エ ＝ 3とわか
ります。これより，8246×537を計算する
と，ウ ＝ 8とわかります。

1 (1) 30000 (2) 18000000
(3) 12億6000万 (4) 1080億4200万

2 (1)
```
      3180
    ×4620
       636
      1908
     1272
  14691600
```
(2)
```
      5730
    ×2490
      5157
      2292
     1146
  14267700
```
(3)
```
      2904
    ×  386
     17424
     23232
      8712
   1120944
```
(4)
```
       918
    ×4052
      1836
      4590
     3672
   3719736
```
(5)
```
       463
    ×8704
      1852
      3241
     3704
   4029952
```
(6)
```
       375
    ×2604
      1500
      2250
      750
    976500
```

3 (1) 160 (2) 2

4 (1)ア2 イ6 ウ0
(2)ア6 イ7 ウ8
```
      3 [2] 85
    ×  4 [6] 3
       9855
     19710
    13140
  152 [0] 955
```
```
    5 3 [6][7]
    ×   283
      16101
     42936
    10734
  151 [8] 861
```

5 (式) $120 \times 30 = 3600$
$(120 - 5) \times 20 = 2300$
$(120 - 10) \times 13 = 1430$
$3600 + 2300 + 1430 = 7330$
(答え) 7330 円

6 (式) $(260万 + 190万) \times 12 = 5400万$
(答え) 5400 万本

1 (1) $25 \times 30 \times 40 = 25 \times 40 \times 30$
$= 25 \times 4 \times 10 \times 30 = 100 \times 300 = 30000$

(3) 420 万 $\times 300 = 420$ 万 $\times 100 \times 3$
$= 4$ 億 2000 万 $\times 3 = 12$ 億 6000 万

3 (1) $42 \times 790 + \square \times 790 + 58 \times 790$
$= (42 + \square + 58) \times 790$
$= (100 + \square) \times 790 = 260 \times 790$
$100 + \square = 260$ より，$\square = 260 - 100 = 160$

4 (2) イ×3 より，3 の段
の九九で，一の位の数が 1
になるのは，$3 \times 7 = 21$
だけなので，イ＝7 とわ
かります。ア×3 より，3
の段の九九で，くり上が
りの 2 をたして 0 になる
のは 8 なので，一の位の
数が 8 になるのは，3×6
$= 18$ だけで，ア＝6 とわ
かります。
$5367 \times 3 = 16101$,
$5367 \times 8 = 42936$ を右
のように，□にあてはめま
す。そして，かける数の百
の位の□をエとします。
$5367 \times$ エより，答えが
$107\square\square$ となるのは，エ
＝2 だけです。これより，
5367×283 を計算すると，
ウ＝8 とわかります。

```
      5 3 アイ
  ×    □ 8 3
  □□□□ 0²1
  □□□□ 6
    1 0 7 □□
  □□□□ ウ 6 1
        ↓
      5 3 6 7
  ×    エ 8 3
    1 6 1 0 1
    4 2 9 3 6
    1 0 7 □□
  □□□□ ウ 6 1
        ↓
      5 3 6 7
  ×    エ 8 3
    1 6 1 0 1
    4 2 9 3 6
  1 0 7 3 4
  1 5 1 8 6 1
```

5 ジュース 1 本の値段は 1 本目から 30 本目ま
では 120 円，31 本目から 50 本目までの 20 本
は $120 - 5 = 115$（円），51 本目から 63 本目
までの 13 本は $120 - 10 = 110$(円)になるので，
それぞれの代金を求めてあわせます。

6 まず，1 か月間に生産する牛乳とコーヒー牛
乳をあわせた数を求めます。1 年間は 12 か月あ
るので 12 倍します。

---

1 (1)
```
    3 7 2 5 6
  ×      4 8
  2 9 8 0 4 8
1 4 9 0 2 4
1 7 8 8 2 8 8
```
(2)
```
    8 9 4 1 3
  ×      5 6
  5 3 6 4 7 8
4 4 7 0 6 5
5 0 0 7 1 2 8
```
(3)
```
    7 2 0 9 4
  ×      7 3
  2 1 6 2 8 2
5 0 4 6 5 8
5 2 6 2 8 6 2
```
(4)
```
      4 9 2 7
  ×    8 3 6
    2 9 5 6 2
  1 4 7 8 1
3 9 4 1 6
4 1 1 8 9 7 2
```
(5)
```
      6 5 8 3
  ×    4 9 7
    4 6 0 8 1
  5 9 2 4 7
2 6 3 3 2
3 2 7 1 7 5 1
```
(6)
```
      5 0 0 6
  ×    3 0 9
    4 5 0 5 4
1 5 0 1 8
1 5 4 6 8 5 4
```

2 (1) 37000000 (2) 20兆 (3) 134
(4) 70700

3 (1) ア 0　イ 9　ウ 9　(2) ア 7　イ 6　ウ 8
```
    3 0 6 7 4
  ×      8 9
  2 7 6 0 6 6
2 4 5 3 9 2
2 7 2 9 9 8 6
```
```
    7 8 0 6
  ×    2 4 7
  5 4 6 4 2
3 1 2 2 4
1 5 6 1 2
1 9 2 8 0 8 2
```

4 (1)（式）$100 \times 106 = 10600$
$150 \times 374 = 56100$
$10600 + 56100 = 66700$
（答え）66700 円

(2)（式）$1000 \times 387 = 387000$
$500 \times 916 = 458000$
$387000 + 458000 = 845000$
$845000 - 66700 = 778300$
（答え）778300 円

1 かけられる数が 5 けたになっても同じように
計算できます。

2 (1) $250 \times 37 \times 8 \times 4 \times 125$
$= 37 \times 250 \times 4 \times 8 \times 125$
$= 37 \times 1000 \times 1000 = 37000000$

(2) $64 = 8 \times 8$，$100万 \times 100万 = 1兆$だから，
$125万 \times 64 \times 25万$
$= 125万 \times 8 \times 8 \times 25万$
$= 1000万 \times 200万 = 20兆$

(3) $34 + \boxed{} - 68 = 100$ より，
$\boxed{} = 100 - 34 + 68 = 134$

(4) $567 \times 83 + 567 \times 17 + 324 \times 14 + 676 \times 14$
$= 567 \times (83 + 17) + (324 + 676) \times 14$
$= 567 \times 100 + 1000 \times 14$
$= 56700 + 14000 = 70700$

3 (1) $4 \times$ イより，4の段の九九で，一の位の数が6になるのは，$4 \times 4 = 16$ と $4 \times 9 = 36$ です。ここで，イ $= 4$ と考えると，
十の位 $\times$ イより，$7 \times 4 = 28$ となる。くり上がりの1を加えると，$1 + 8 = 9$ となり，答えの十の位の数6とあわないので，イ $= 9$ とわかります。
$674 \times 9 = 6066$ より，$3\boxed{ア}674 \times 9 = 276066$ となるので，ア $= 0$ とわかります。
これより，30674×89 を計算すると，ウ $= 9$ とわかります。

```
    3 [ア] 6 7 4
  ×       8 [イ]
    2 7 6 [] 6 6
  [] 4 5 [] [] []
  2 [] [] [] [ウ] [] 6
         ↓
    3 [ア] 6 7 4
  ×       8 [9]
    2 7 6⁶0⁶6³6
  [] 4 5 [] [] []
  2 [] [] [] [ウ] [] 6
         ↓
    3 [0] 6 7 4
  ×       8 [9]
      2 7 6 0 6 6
  2 4 5 3 9 2
  2 7 2 9 [9] 8 6
```

4 (1) クーポンを使った大人106人は100円ずつ安くなり，子ども374人は150円ずつ安くなります。
(2) はじめに，昨日の入園者全員がクーポンを使わずに入園したとして計算します。その後，クーポンを使って安くなった金額をひきます。

---

1 (1) 288 (2) 128000

2 (1)
```
    5 2 6 8
  ×       7
  3 6 8 7 6
```
(2)
```
      6 1 7
  ×   3 4
    2 4 6 8
  1 8 5 1
  2 0 9 7 8
```
(3)
```
      8 2 4
  ×   1 6 3
    2 4 7 2
  4 9 4 4
  8 2 4
  1 3 4 3 1 2
```
(4)
```
      4 2 5 0
  ×   3 6 8 0
    3 4 0 0
  2 5 5 0
  1 2 7 5
  1 5 6 4 0 0 0 0
```
(5)
```
      5 0 6 3
  ×     4 1 7
    3 5 4 4 1
    5 0 6 3
  2 0 2 5 2
  2 1 1 1 2 7 1
```
(6)
```
        9 7 3
  ×   2 1 0 6
      5 8 3 8
    9 7 3
  1 9 4 6
  2 0 4 9 1 3 8
```

3 (1) 9600 (2) 37000
4 (1) 58 (2) 3
5 (1)ア 3　イ 4　ウ 9　(2)ア 4　イ 8　ウ 2
(1)
```
    3 [7] 4 8
  ×     2 6 5
    1 8 7 4 0
  2 2 4 8 8
  7 4 9 6
  [9] 3 2 2 0
```
(2)
```
      7 5 3 6
  × [4] 9 [8]
    6 0 2 8 8
  6 7 8 2 4
  3 0 1 4 4
  3 7 5 [2] 9 2 8
```

6 (式) $435 \times 216 = 93960$
(答え) 93960 円
7 (式) $(380万 + 260万) \times 12 = 7680万$
(答え) 7680 万箱

解 説
3 (1) $25 \times 96 \times 4 = 25 \times 4 \times 96 = 100 \times 96$
$= 9600$
4 (1) $7 \times 6 \times 650 + \boxed{} \times 650$
$= 42 \times 650 + \boxed{} \times 650$
$= (42 + \boxed{}) \times 650$
$= 100 \times 650$

42 + □ = 100 だから，

□ = 100 − 42 = 58 です。

(2) 43 × 997 = 43 × (1000 − 3)

= 43 × 1000 − 43 × 3 だから，

□ = 3 です。

5 (2) 右の図1で，6×イより，6の段の九九で，一の位の数が8になるのは，6×3 = 18 と，6×8 = 48 があります。ここで，イ = 3 と考えると，36×イより，36 × 3 = 108 となり，答えの十の位の数8があわないので，イ = 8 とわかります。6×アより，6の段の九九で，一の位の数が4になるのは，6×4 = 24 と，6×9 = 54 があります。ここで，ア = 9 と考えると，536 × 9 = 4824 より，答えの百の位の数1があわないので，ア = 4 とわかります。図1でかける数の十の位の□をエとすると，36×エの答えの十の位の数が2になるのは9だけなので，エ = 9 とわかります。わかる数を書き入れ，かけられる数の千の位の□をオとすると，図2のようになります。オ×9より，9の段の九九で，十の位の数が5か6になるのは，9×6 = 54 と，9×7 = 63 があります。オ = 6 と考えると，6536 × 9 = 58824 となり，答えの一万の位の数6があわないので，オ = 7 とわかります。よって，ウ = 2 とわかります。

図1

```
    □ 5 3 6
×   ア エ イ
  6 □ □ 8 8
6 □ □ □ 2 □
□ □ □ 1 □ 4
□ □ □ □ ウ □ 8
```

↓

図2

```
  オ 5 3 6
×   4 9 8
  6 □ 2 8 8
6 □ 8 2 4
□ □ 1 4 4
□ □ □ ウ □ 8
```

↓

図3

```
    7 5 3 6
×     4 9 8
    6 0 2 8 8
  6 7 8 2 4
3 0 1 4 4
3 7 5 2 9 2 8
```

6 代金は，（お弁当1個の値段）×（人数）で求められます。

7 1か月間のクッキーとチョコレートをあわせた箱数を求め，1年間なので，12をかけます。

1 (1) 258 (2) 189000

2 (1)
```
      3 8
×   7 4
  1 5 2
2 6 6
2 8 1 2
```
(2)
```
      7 3 8
×     4 6
  4 4 2 8
2 9 5 2
3 3 9 4 8
```

(3)
```
        4 9 5
×     7 3 8
    3 9 6 0
  1 4 8 5
3 4 6 5
3 6 5 3 1 0
```
(4)
```
        8 9 4 0
×     2 5 7 0
    6 2 5 8
  4 4 7 0
1 7 8 8
2 2 9 7 5 8 0 0
```

(5)
```
        6 0 7 2
×       3 8 4
  2 4 2 8 8
4 8 5 7 6
1 8 2 1 6
2 3 3 1 6 4 8
```
(6)
```
        5 9 7
×     3 6 0 4
  2 3 8 8
3 5 8 2
1 7 9 1
2 1 5 1 5 8 8
```

3 (1) 14800 (2) 46000

4 (1) 25 (2) 3

5 (1) ア 4 イ 7 ウ 2
```
      5 ④ 6 8
×       3 ⑦ 9
  4 9 2 1 2
3 8 2 7 6
1 6 4 0 4
2 0 7 ② 3 7 2
```
(2) ア 3 イ 6 ウ 8
```
      7 8 ③ ⑥
×       4 9 5
  3 9 1 8 0
7 0 5 2 4
3 1 3 4 4
3 8 7 ⑧ 8 2 0
```

6 （式）240 万 × 27 = 6480 万

190 万 × 38 = 7220 万

7220 万 − 6480 万 = 740 万

（答え）今月 が 740 万円 多かった

7 （式）(93 − 10) × (43 + 5) = 3984

4000 − 3984 = 16

（答え）16 円

解説

3 (1) 8 × 74 × 25 = 8 × 25 × 74 = 200 × 74

= 14800

(2) $125 \times 46 \times 8 = 125 \times 8 \times 46 = 1000 \times 46$
　　$= 46000$

4 (1) $4 \times 7 \times 3760 - 3760 \times \boxed{}$
　　$= 28 \times 3760 - \boxed{} \times 3760$
　　$= (28 - \boxed{}) \times 3760$
　　$= 3 \times 3760$
　　$28 - \boxed{} = 3$ だから，$\boxed{} = 28 - 3 = 25$
　　です。

(2) $86 \times 1003 = 86 \times (3 + 1000)$
　　$= 86 \times 3 + 86 \times 1000$ だから，
　　$\boxed{} = 3$ です。

5 (1) 右の図 I で，かけ
られる数の一の位の□
を エ とします。エ $\times 9$
より，9 の段の九九で，
一の位の数が 2 になる
のは，$9 \times 8 = 72$ だ
けなので，エ $= 8$ とわ
かります。
$68 \times 9 = 612$ より，
ア $\times 9$ の一の位の数は，
くり上がりの 6 をたし
て 2 となる数だから，
$6 + 6 = 12$ より，6
です。9 の段の九九で，
一の位の数が 6 になる
のは，$9 \times 4 = 36$ だ
けなので，ア $= 4$ とわ
かります。
わかっている数を書き
込むと，図 2 のように
なります。
$68 \times イ = \boxed{}76$ となるのは，$68 \times 7 =$
476 だけなので，イ $= 7$ とわかります。
よって，ウ $= 2$ とわかります。

図 I
```
    5 ア 6 エ
 ×    3 イ 9
        2 1 2
        7 6
  1 6 4
      ウ 7 2
```
↓
図 2
```
    5 4 6 8
 ×    3 イ 9
  4 9 2 1 2
      7 6
  1 6 4 0 4
  ウ   7 2
```
↓
図 3
```
    5 4 6 8
 ×    3 7 9
  4 9 2 1 2
  3 8 2 7 6
  1 6 4 0 4
2 0 7 2 3 7 2
```

6 先月の売り上げは，
240 万 $\times 27 = 6480$ 万（円）です。今月の売
り上げは，190 万 $\times 38 = 7220$ 万（円）だから，
今月の売り上げのほうが，
7220 万 $- 6480$ 万 $= 740$ 万（円）多いです。

■ 3章　わり算

5　わり算（1）

★　標準レベル　　　問題 **40** ページ

1 (1) 2　(2) 7　(3) 5　(4) 6　(5) 7　(6) 2
　　(7) 2　(8) 8　(9) 0

2 (1) 6　(2) 4　(3) 8　(4) 2　(5) 5　(6) 8
　　(7) 7　(8) 5　(9) 6　(10) 3　(11) 2　(12) 9
　　(13) 0　(14) 3　(15) 7

3 (1)　$27 \div 3$ ＼　　　　＼ $28 \div 7$
　　　　　　　　✕　　　　　 $72 \div 8$
　　(2)　$16 \div 4$ ＼　　　　＼ $24 \div 4$

4 （式）$15 \div 3 = 5$　（答え）5cm

5 （式）$40 \div 5 = 8$　（答え）8 まい

6 （式）$18 \div 6 = 3$　（答え）3 本

7 （式）$63 \div 9 = 7$　（答え）7 日

8 （式）$42 \div 7 = 6$　（答え）6 週間

解 説

1 (1) 4 の段の九九で，答えが 8 になるものを
　　見つけます。

(2) 3 の段の九九で，答えが 21 になるものを見
つけます。

(7) 3 の段の九九で，答えが 6 になるのは，$3 \times$
$2 = 6$ だから，答えは 2 です。

(9) 0 を 0 ではないどんな数でわっても答えはい
つも 0 になります。

2 わる数の段の九九を使って，答えがわられる
数になるものが答えになります。

(3) 7 の段の九九で，答えが 56 になるのは，
$7 \times 8 = 56$ だから，答えは 8 です。

3 (1) $27 \div 3$ の答えは，$3 \times 9 = 27$ より，9
です。答えが同じになるのは，$8 \times 9 = 72$
より，$72 \div 8 = 9$ だから，$72 \div 8$ です。

(2) $16 \div 4$ の答えは，$4 \times 4 = 16$ より，4 で
す。答えが同じになるのは，$7 \times 4 = 28$ より，
$28 \div 7 = 4$ だから，$28 \div 7$ です。

4 15cm のテープを 3 等分するから，1 つ分の
長さはわり算を使って求めます。

8 1 週間は 7 日だから，$42 \div 7$ を計算します。

1 (1) 40　(2) 80　(3) 60　(4) 80　(5) 90
　　(6) 70　(7) 90　(8) 200　(9) 300
　　(10) 900　(11) 400　(12) 2000　(13) 300
　　(14) 700　(15) 400

2 (1) ア 8　イ 4　ウ 2
　　(2) ア 200　イ 100　ウ 50

3 （式）3000 ÷ 5 = 600　（答え）600dL

4 （式）2m40cm = 240cm　240 ÷ 8 = 30
　　（答え）30cm

5 （式）15 × 60 = 900　900 ÷ 3 = 300
　　（答え）300 人

6 （式）540 ÷ 6 = 90　90 + 5 = 95
　　（答え）95 きゃく

7 （式）36 ÷ 4 = 9　36 ÷ (9 − 3) = 6
　　（答え）6 人

解　説

1 (1) 320 は 32 が 10 個と考えて, 320 ÷ 8 の答えは, 32 ÷ 8 = 4 より, 4 に 10 をかけた 40 になります。

(8) 1400 は 14 が 100 個と考えて, 1400 ÷ 7 の答えは, 14 ÷ 7 = 2 より, 2 に 100 をかけた 200 になります。

(12) 4000 は 4 が 1000 個と考えて, 4000 ÷ 2 の答えは, 4 ÷ 2 = 2 より, 2 に 1000 をかけた 2000 になります。

(15) 2000 は 20 が 100 個と考えて, 2000 ÷ 5 の答えは, 20 ÷ 5 = 4 より, 4 に 100 をかけた 400 になります。

5 まず, 全部のクッキーの数をかけ算を使って求めます。その後, 3 まいずつ等しく配るのだから, わり算を使って人数を求めます。

6 540 ÷ 6 = 90（脚）は子どもが座るのに使った長いすの数です。長いすは 5 脚あまっているので, 5 をたすのを忘れないようにしましょう。

7 A 班の 4 人に等しく分けた 1 人分のあめの数は, 36 ÷ 4 = 9（個）です。B 班の人に等しく分けたあめの数は, A 班の 1 人分の数より 3 個少ないので, 9 − 3 = 6（個）です。

1 (1) 387　(2) 852　(3) 135　(4) 820
　　(5) 60　(6) 80　(7) 9　(8) 12　(9) 61
　　(10) 40

2 （式）(27 + 3) ÷ 6 = 5　（答え）5dL

3 （式）(58 − 3 × 14) ÷ 8 = 2
　　（答え）2 ページ

4 （式）(1000 + 500 × 2 + 100 × 3)
　　　　 − (500 + 100 × 2) = 1600
　　　　1600 ÷ 8 = 200
　　（答え）200 円

5 （れい）(4 + 8 − 9) ÷ 3 = 1

6 (1) （式）300 − 70 × 3 − 30 = 60
　　　　　(60 − 20) ÷ 8 = 5
　　　（答え）5 こ
　　(2) （式）300 − 30 × 4 − 8 × 7 = 124
　　　　　(124 + 16) ÷ 70 = 2
　　　（答え）2 まい

解　説

1 (1) 385 + 12 ÷ 6 = 385 + 2 = 387

(2) 10 ÷ 2 + 847 = 5 + 847 = 852

(3) わり算とひき算が混ざった計算では, わり算を先に計算します。
　　1200 ÷ 3 − 265 = 400 − 265 = 135

(4) 900 − 560 ÷ 7 = 900 − 80 = 820

(5) わり算より ( ) の中を先に計算します。
　　(134 + 166) ÷ 5 = 300 ÷ 5 = 60

(6) 720 ÷ (206 − 197) = 720 ÷ 9 = 80

(7) かけ算とたし算が ( ) の中にあるときは, かけ算を先に計算します。
　　(4 × 7 + 8) ÷ 4 = (28 + 8) ÷ 4 = 36 ÷ 4 = 9

(8) ひき算とわり算が ( ) の中にあるときは, わり算を先に計算します。
　　6 × (5 − 24 ÷ 8) = 6 × (5 − 3) = 6 × 2 = 12

(9) ひき算とわり算とかけ算が混ざった計算では, わり算とかけ算を先に計算します。
　　81 − 35 ÷ 7 × 4 = 81 − 5 × 4 = 81 − 20 = 61

(10) 16 × (83 − 78) ÷ 2 = 16 × 5 ÷ 2 = 80 ÷ 2 = 40

2 6個目のビーカーにあと 3dL 多く水を入れると，すべてのビーカーに同じ量の水が入ります。よって，27dL に 3dL をたしてから等しく 6 つに分けると，1 つ目のビーカーに入れた水の量が求められます。

27 ＋ 3 ＝ 30　30 ÷ 6 ＝ 5 としてもよいですが，1 つの式に表すと，(27 ＋ 3) ÷ 6 ＝ 5 となります。

3 まず，58 ページから始めの 14 日間に計算したページ数をひいて残りのページ数を求めます。次に，残ったページ数を 8 日間で計算するので，わり算を使います。58 － 3 × 14 ＝ 16
16 ÷ 8 ＝ 2 としてもよいですが，1 つの式に表すと，(58 － 3 × 14) ÷ 8 ＝ 2 となります。

4 財布の中に入っていた金額は，
1000 ＋ 500 × 2 ＋ 100 × 3 ＝ 2300（円）
財布の中に残った金額は，
500 ＋ 100 × 2 ＝ 700（円）です。
2300 － 700 ＝ 1600（円）が，あんパン 8 個の代金です。1 つの式に表すと，(1000 ＋ 500 × 2 ＋ 100 × 3) － (500 ＋ 100 × 2) ＝ 1600 となります。あんパン 1 個の値段は，1600 ÷ 8 ＝ 200（円）です。

5 他にも，次のような式がつくれます。
・9 ÷ 3 － 8 ÷ 4 ＝ 1
・(9 － 8) × (4 － 3) ＝ 1
・(4 － 3) × (9 － 8) ＝ 1
・(9 － 8) ÷ (4 － 3) ＝ 1
・(4 － 3) ÷ (9 － 8) ＝ 1　など

6 (1) 300 円から 3 枚のクッキーと，1 個のあめを買った代金をひくと，
300 － 70 × 3 － 30 ＝ 60（円）です。
おつりが 20 円で，ガム 1 個の値段が 8 円だから，ガムを，(60 － 20) ÷ 8 ＝ 5（個）買いました。
(2) 300 円から 4 このあめと，7 個のガムを買った代金をひくと，
300 － 30 × 4 － 8 × 7 ＝ 124（円）です。あと 16 円あると，ちょうど何枚かのクッキーが買えるから，買おうとしたクッキーは，(124 ＋ 16) ÷ 70 ＝ 2（枚）です。

6　わり算(2)

★　標準レベル　　問題**46**ページ

1 (1) ○　(2) △　(3) △　(4) △
(5) ○　(6) △

2 (1) 4 あまり 2　(2) 7 あまり 1
(3) 6 あまり 1　(4) 3 あまり 4
(5) 8 あまり 2　(6) 5 あまり 6
(7) 9 あまり 3　(8) 2 あまり 3
(9) 9 あまり 1　(10) 7 あまり 1

3 (1) 15 ÷ 4 ●　　　　　● 53 ÷ 8
　　　　　　　　　　　　38 ÷ 7
　(2) 38 ÷ 6 ●　　　　　● 23 ÷ 3

4 (1) 2 あまり 3
　　たしかめ　5 × 2 ＋ 3 ＝ 13
　(2) 5 あまり 6
　　たしかめ　8 × 5 ＋ 6 ＝ 46
　(3) 4 あまり 2
　　たしかめ　6 × 4 ＋ 2 ＝ 26
　(4) 8 あまり 7
　　たしかめ　9 × 8 ＋ 7 ＝ 79

5 (式) 28 ÷ 5 ＝ 5 あまり 3
　(答え) 5 まいになって，3 まいあまる

6 (式) 29 ÷ 3 ＝ 9 あまり 2
　(答え) 9 本入り，2 本あまる

7 (式) 60 ÷ 7 ＝ 8 あまり 4
　(答え) 8 ふくろできて，4 こあまる

8 (式) 11 ÷ 2 ＝ 5 あまり 1　5 ＋ 1 ＝ 6
　(答え) 6 日

解　説

2 (3)(5)(9)(10) あまりは，わる数より小さくなります。

3 (1) 15 ÷ 4 ＝ 3 あまり 3 です。あまりが同じなのは，38 ÷ 7 ＝ 5 あまり 3 です。
(2) 38 ÷ 6 ＝ 6 あまり 2 です。あまりが同じなのは，23 ÷ 3 ＝ 7 あまり 2 です。
なお，53 ÷ 8 ＝ 6 あまり 5 です。

8 11 ÷ 2 ＝ 5 あまり 1 より，5 日と 1 個あまります。あまった 1 個を食べるのに，もう 1 日必要なので，食べ終わるのは，5 ＋ 1 ＝ 6 (日) です。

1 (1) 14 あまり 4　(2) 12 あまり 10
　(3) 36 あまり 8　(4) 6 あまり 20
　(5) 36 あまり 10　(6) 37 あまり 4

2 (1) 68 あまり 1　(2) 96 あまり 3
　(3) 23　(4) 151 あまり 5
　(5) 12 あまり 30　(6) 8 あまり 80

3 (1) 28 あまり 3
　　たしかめ　$4 \times 28 + 3 = 115$
　(2) 75 あまり 4
　　たしかめ　$6 \times 75 + 4 = 454$
　(3) 119 あまり 4
　　たしかめ　$7 \times 119 + 4 = 837$
　(4) 12 あまり 10
　　たしかめ　$80 \times 12 + 10 = 970$

4 (1) 1, 2, 3, 4, 5　(2) 6

5 (1) (式) $600 \div 5 = 120$　(答え) 120 こ
　(2) (式) $600 \div 70 = 8$ あまり 40
　　　　$8 + 1 = 9$
　　(答え) 9 箱
　(3) (式) $(600 - 40) \div (8 - 1) = 80$
　　(答え) 80 こ

解説

4 (1) あまりはわる数 6 より小さくなるので，1，2，3，4，5 が入ります。
(2) $21 \div \boxed{イ} = \boxed{ウ}$ あまり 3　になる $\boxed{イ}$ は，$21 - 3 = 18$ より，$18 \div \boxed{イ}$ のわり切れる場合です。あまりが 3 なので，$\boxed{イ}$ は 3 より大きい数です。このような数で，いちばん小さい数は，$18 \div 6 = 3$ より，$\boxed{イ}$ は 6 です。たしかめをすると，$6 \times 3 + 3 = 21$ であっています。

5 (2) $600 \div 70 = 8$ あまり 40 より，70 個入りの箱が 8 箱できて 40 個あまります。残った 40 個を入れる箱がもう 1 箱必要なので，$8 + 1 = 9$ より，9 箱できます。
(3) 8 箱目には，おはじきが 40 個入りました。よって，7 箱目までに入れたおはじきは，$600 - 40 = 560$ (個) です。

1 (1) 27 あまり 1　(2) 27 あまり 1
　(3) 4 あまり 10　(4) 55 あまり 6
　(5) 83 あまり 2　(6) 33 あまり 2

2 (1) 35 あまり 2　(2) 72 あまり 6
　(3) 133 あまり 1　(4) 57 あまり 4
　(5) 3 あまり 20　(6) 14 あまり 30

3 (1) 19 あまり 7
　　たしかめ　$9 \times 19 + 7 = 178$
　(2) 42 あまり 1
　　たしかめ　$5 \times 42 + 1 = 211$
　(3) 314 あまり 1
　　たしかめ　$3 \times 314 + 1 = 943$
　(4) 18 あまり 10
　　たしかめ　$20 \times 18 + 10 = 370$

4 (1) (式) $2 \times 17 = 34$　$34 \div 3 = 11$ あまり 1
　　(答え) 11 まいで，1 まいあまる
　(2) (式) $34 \div 4 = 8$ あまり 2
　　(答え) 8 まいで，2 まいあまる
　(3) (式) $34 \div 5 = 6$ あまり 4　$6 + 1 = 7$
　　　7 まいずつ分けると，
　　　$7 \times 5 = 35$　$35 - 34 = 1$
　　　1 まいは買えないから，
　　　8 まいずつ分けると，
　　　$8 \times 5 = 40$　$40 - 34 = 6$　$6 \div 2 = 3$
　　(答え) 3 ふくろ

5 (1) (式) $7 \times 25 + 1 = 176$　(答え) 176
　(2) (式) $176 \div 3 = 58$ あまり 2
　　(答え) 58 あまり 2

解説

4 (3) $34 \div 5 = 6$ あまり 4 より，5 人で同じ枚数ずつ分けるには，6 枚より多く，あまりがないようにします。$6 + 1 = 7$ (枚) ずつ分けると，カードは $7 \times 5 = 35$ (枚) 必要で，買うカードは，$35 - 34 = 1$ (枚) ですが，カードは 2 枚入りなので，買えません。8 枚ずつ分けるとカードは $8 \times 5 = 40$ (枚) 必要で，買うカードは，$40 - 34 = 6$ (枚) なので，$6 \div 2 = 3$ より，3 袋買えばよいです。

1 (1) （式）6 × （6 ＋ 7）＝ 78

　　　　78 ÷ 4 ＝ 19 あまり 2

　　（答え）19 まいになって，2 まいあ
　　　　　 まる

(2) （式）5 × 13 ＋ 1 ＝ 66　66 ÷ 6 ＝ 11

　　　　11 － 7 ＝ 4

　　（答え）4 たば

(3) （式）6 × （6 ＋ 7 ＋ 4）＝ 102

　　　　（102 － 4）÷ 7 ＝ 14

　　（答え）14 まい

2 (1) 24，25，26　(2) 5 こ

3 (1) （式）1000 － 35 × 6 ＝ 790

　　　　（790 － 500）÷ 8 ＝ 36 あまり 2

　　　　790 － 8 × 36 ＝ 502

　　（答え）36 こ買えて，502 円のこる

(2) （式）（502 － 34）÷ 9 ＝ 52

　　（答え）52 円

4 (1) （式）25 － 2 ＋ 1 ＝ 24

　　　　24 ÷ 7 ＝ 3 あまり 3

　　　　木曜日から 3 日目だから，土曜日

　　（答え）土曜日

(2) （式）31 － 17 ＋ 1 ＝ 15

　　　　7 × 6 － 15 ＋ 1 ＝ 28

　　（答え）6 月 28 日

(3) （式）30 － 14 ＋ 1 ＝ 17

　　　　17 ＋ 31 ＋ 14 ＝ 62

　　　　62 ÷ 7 ＝ 8 あまり 6

　　　　火曜日から 6 日目だから，日曜日

　　（答え）日曜日

解説

1 (1) 青色の折り紙が 6 束，黄色の折り紙が 7
束で，1 束は 6 枚なので，折り紙は全部で，
6 × （6 ＋ 7）＝ 78 （枚）あります。これを
同じ枚数ずつ 4 人に配るから，78 ÷ 4 ＝ 19
あまり 2 より，1 人分は 19 枚になって，2
枚あまります。

(2) まず，5 × 13 ＋ 1 ＝ 66 （枚）で，配った折
り紙の枚数を求めます。そして，66 ÷ 6 ＝

11 （束）で，何束あるかを求めます。11 束
のうち，黄色の折り紙は 7 束あるから，緑色
の折り紙は，11 － 7 ＝ 4 （束）あります。

(3) 折り紙は全部で，6 ×（6 ＋ 7 ＋ 4）＝ 102（枚）
あります。7 人に同じ枚数ずつ配ると 4 枚あ
まったから，配ったのは，102 － 4 ＝ 98 （枚）
です。98 枚を 7 人に配ると，1 人分は，98
÷ 7 ＝ 14 （枚）です。

2 (1) 20 より大きくて 30 より小さい数につい
て 3 でわったあまりと 4 でわったあまりをま
とめると，次の表にようになります。

	21	22	23	24	25	26	27	28	29
3 でわったあまり	0	1	2	0	1	2	0	1	2
4 でわったあまり	1	2	3	0	1	2	3	0	1

(2) 20 より大きくて 30 より小さい数について 6
でわった商と 7 でわった商をまとめると，次
の表にようになります。

	21	22	23	24	25	26	27	28	29
6 でわった商	3	3	3	4	4	4	4	4	4
7 でわった商	3	3	3	3	3	3	3	4	4

3 (1) 1000 円で，1 個 35 円のあめを 6 個買う
と，残りは 1000 － 35 × 6 ＝ 790 （円）で
す。500 円より多く残るようにするので，あ
めを買うために使えるお金は，790 － 500
＝ 290 （円）より少ないです。1 個 8 円のあ
めは，290 ÷ 8 ＝ 36 あまり 2 より，36 個
買えて，2 円あまります。よって，お金は，
790 － 8 × 36 ＝ 502 （円）残ります。

(2) ビスケットを買うのに使ったお金は，502 －
34 ＝ 468 （円）なので，ビスケット 1 枚の
値段は，468 ÷ 9 ＝ 52 （円）です。

4 (2) 5 月 17 日から 5 月 31 日までは，
31 － 17 ＋ 1 ＝ 15 （日）あります。6 週間
先の金曜日は，7 × 6 ＝ 42 （日後）なので，
42 － 15 ＋ 1 ＝ 28 より，6 月 28 日です。

(3) 9 月 14 日から 9 月 30 日までは，
30 － 14 ＋ 1 ＝ 17 （日）あります。9 月
14 日から 11 月 14 日までは，17 ＋ 31 ＋
14 ＝ 62 （日）あるので，62 ÷ 7 ＝ 8 あま
り 6 より，火曜日から 6 日目の日曜日です。

★ 標準レベル　問題 **54** ページ

1 (1) 30　(2) 8　(3) 60

2

$$
\begin{array}{r}
\boxed{2} \\
3\overline{)\textcircled{8}4} \\
6 \\ \hline
\boxed{2}
\end{array}
\Rightarrow
\begin{array}{r}
2 \\
3\overline{)84} \\
6 \\ \hline
2\,\boxed{4}
\end{array}
\Rightarrow
\begin{array}{r}
2\,\boxed{8} \\
3\overline{)84} \\
6 \\ \hline
\widehat{2\ 4} \\
24 \\ \hline
\boxed{0}
\end{array}
$$

3 (1)
$$
\begin{array}{r}
\boxed{2}\ 4 \\
4\overline{)96} \\
8 \\ \hline
\boxed{1\ 6} \\
1\ 6 \\ \hline
\boxed{0}
\end{array}
$$
(2)
$$
\begin{array}{r}
\boxed{3}\ 9 \\
2\overline{)78} \\
6 \\ \hline
\boxed{1\ 8} \\
\boxed{1\ 8} \\ \hline
0
\end{array}
$$

(3)
$$
\begin{array}{r}
1\ \boxed{6} \\
5\overline{)83} \\
\boxed{5} \\ \hline
3\ 3 \\
3\ 0 \\ \hline
\boxed{3}
\end{array}
$$
(4)
$$
\begin{array}{r}
\boxed{1}\ 3 \\
7\overline{)93} \\
7 \\ \hline
\boxed{2\ 3} \\
\boxed{2\ 1} \\ \hline
\boxed{2}
\end{array}
$$

4 (1)
$$
\begin{array}{r}
3\ 2 \\
2\overline{)64} \\
6 \\ \hline
4 \\
4 \\ \hline
0
\end{array}
$$
(2)
$$
\begin{array}{r}
1\ 5 \\
5\overline{)75} \\
5 \\ \hline
2\ 5 \\
2\ 5 \\ \hline
0
\end{array}
$$
(3)
$$
\begin{array}{r}
3\ 2 \\
3\overline{)96} \\
9 \\ \hline
6 \\
6 \\ \hline
0
\end{array}
$$

(4)
$$
\begin{array}{r}
8 \\
7\overline{)62} \\
5\ 6 \\ \hline
6
\end{array}
$$
(5)
$$
\begin{array}{r}
9 \\
9\overline{)86} \\
8\ 1 \\ \hline
5
\end{array}
$$
(6)
$$
\begin{array}{r}
1\ 3 \\
4\overline{)52} \\
4 \\ \hline
1\ 2 \\
1\ 2 \\ \hline
0
\end{array}
$$

(7)
$$
\begin{array}{r}
8 \\
8\overline{)67} \\
6\ 4 \\ \hline
3
\end{array}
$$
(8)
$$
\begin{array}{r}
1\ 3 \\
6\overline{)81} \\
6 \\ \hline
2\ 1 \\
1\ 8 \\ \hline
3
\end{array}
$$

5 (1) 18　(2) 9 あまり 5　(3) 12 あまり 5

6 （式）96 ÷ 8 ＝ 12　（答え）12 こ

解説

1 わり算では，わられる数とわる数に同じ数を
かけても，同じ数でわっても商は同じになること
を利用します。

(1) $600 \div 20 = 30$
　　↓÷10↓÷10
　　$60 \div 2 = 30$

(2) $560 \div 70 = 8$
　　↓÷10↓÷10
　　$56 \div 7 = 8$

4 (2) 十の位÷わる数を計算します。
　　$7 \div 5$ で十の位に 1 をたてます。
　　$5 \times 1 = 5$，$7 - 5 = 2$，一の位
　　から 5 をおろします。
　　$25 \div 5$ で，一の位に 5 をたてます。
　　$5 \times 5 = 25$，$25 - 25 = 0$ です。

$$
\begin{array}{r}
1 \\
5\overline{)75} \\
5 \\ \hline
2\ 5
\end{array}
\quad\downarrow\quad
\begin{array}{r}
1\ 5 \\
5\overline{)75} \\
5 \\ \hline
2\ 5 \\
2\ 5 \\ \hline
0
\end{array}
$$

(4) わられる数の十の位の数とわる数
　　の大きさを比べます。十の位の数
　　がわる数より小さいときは，十の
　　位に商はたたないので，$62 \div 7$
　　で，一の位に 8 をたてます。
　　$7 \times 8 = 56$，$62 - 56 = 6$ です。
　　6 はこれ以上わることはできない
　　ので，あまりになります。

$$
\begin{array}{r}
 \\
7\overline{)62}
\end{array}
\quad\downarrow\quad
\begin{array}{r}
8 \\
7\overline{)62} \\
5\ 6 \\ \hline
6
\end{array}
$$

5 (1)
$$
\begin{array}{r}
1\ 8 \\
4\overline{)72} \\
4 \\ \hline
3\ 2 \\
3\ 2 \\ \hline
0
\end{array}
$$
(2)
$$
\begin{array}{r}
9 \\
6\overline{)59} \\
5\ 4 \\ \hline
5
\end{array}
$$
(3)
$$
\begin{array}{r}
1\ 2 \\
7\overline{)89} \\
7 \\ \hline
1\ 9 \\
1\ 4 \\ \hline
5
\end{array}
$$

1 (1)
```
    47
3)141
  12
   21
   21
    0
```
(2)
```
    76
6)456
  42
   36
   36
    0
```

(3)
```
    34
8)275
  24
   35
   32
    3
```
(4)
```
   192
2)385
  2
  18
  18
   5
   4
   1
```

(5)
```
   369
5)1845
  15
   34
   30
    45
    45
     0
```
(6)
```
   319
7)2237
  21
   13
    7
    67
    63
     4
```

(7)
```
   586
9)5274
  45
   77
   72
    54
    54
     0
```
(8)
```
   853
4)3415
  32
   21
   20
    15
    12
     3
```

2 (1) 256　(2) 124 あまり 5
(3) 146 あまり 4　(4) 238
(5) 370 あまり 3　(6) 718 あまり 1

3 (1)
```
   208
6)1248
  12
   48
   48
    0
```
(2)
```
   264
3)793
  6
  19
  18
   13
   12
    1
```

4 (式) 4m50cm = 450cm　450 ÷ 6 = 75
(答え) 75cm

5 (式) 7655 ÷ 9 = 850 あまり 5
(答え) 850 こ入り, 5 こあまる

解説

2 (1)
```
   256
3)768
  6
  16
  15
   18
   18
    0
```
(2)
```
   124
8)997
  8
  19
  16
   37
   32
    5
```

(3)
```
   146
5)734
  5
  23
  20
   34
   30
    4
```
(4)
```
   238
6)1428
  12
   22
   18
    48
    48
     0
```

(5)
```
   370
7)2593
  21
   49
   49
    3
```
(6)
```
   718
4)2873
  28
   7
   4
   33
   32
    1
```

3 (1) 百の位に商2をたてた後，十の位に0を書かずに一の位にたてる8を十の位に書いているのが間違っています。

4 1m = 100cm だから，4m50cm = 450cm です。

1 (1)
```
    93
7)651
  63
  21
  21
   0
```

(2)
```
   164
5)823
  5
  32
  30
  23
  20
   3
```

(3)
```
   38
9)347
  27
  77
  72
   5
```

(4)
```
  176
4)705
  4
  30
  28
  25
  24
   1
```

(5)
```
   241
6)1449
  12
  24
  24
   9
   6
   3
```

(6)
```
   582
3)1748
  15
  24
  24
   8
   6
   2
```

(7)
```
   327
8)2617
  24
  21
  16
  57
  56
   1
```

(8)
```
   984
2)1969
  18
  16
  16
   9
   8
   1
```

2 (1) 237 (2) 127 あまり 4
(3) 127 あまり 3 (4) 368 あまり 2
(5) 714 (6) 452 あまり 8

3 (1)
```
   101
4)405
  4
  5
  4
  1
```

(2)
```
   1017
7)7124
  7
  12
   7
  54
  49
   5
```

4 (式) 247 ÷ 5 = 49 あまり 2
(答え) 49 セットできて、2 こあまる

5 (式) 9780 ÷ 6 = 1630 (答え) 1630 円

解説

2 (1)
```
   237
4)948
  8
  14
  12
  28
  28
   0
```

(2)
```
   127
7)893
  7
  19
  14
  53
  49
   4
```

(3)
```
   127
6)765
  6
  16
  12
  45
  42
   3
```

(4)
```
   368
8)2946
  24
  54
  48
  66
  64
   2
```

(5)
```
   714
3)2142
  21
  4
  3
  12
  12
   0
```

(6)
```
   452
9)4076
  36
  47
  45
  26
  18
   8
```

3 (1) 百の位に商1をたてた後、4×1=4の4を書く位置が間違っています。

1 (1)
$$\begin{array}{r} 38 \\ 24\overline{)912} \\ 72 \\ \hline 192 \\ 192 \\ \hline 0 \end{array}$$

たしかめ
$24 \times 38 = 912$

(2)
$$\begin{array}{r} 37 \\ 19\overline{)721} \\ 57 \\ \hline 151 \\ 133 \\ \hline 18 \end{array}$$

たしかめ
$19 \times 37 + 18 = 721$

(3)
$$\begin{array}{r} 15 \\ 36\overline{)548} \\ 36 \\ \hline 188 \\ 180 \\ \hline 8 \end{array}$$

たしかめ
$36 \times 15 + 8 = 548$

(4)
$$\begin{array}{r} 16 \\ 52\overline{)863} \\ 52 \\ \hline 343 \\ 312 \\ \hline 31 \end{array}$$

たしかめ
$52 \times 16 + 31 = 863$

(5)
$$\begin{array}{r} 12 \\ 49\overline{)607} \\ 49 \\ \hline 117 \\ 98 \\ \hline 19 \end{array}$$

たしかめ
$49 \times 12 + 19 = 607$

(6)
$$\begin{array}{r} 9 \\ 73\overline{)693} \\ 657 \\ \hline 36 \end{array}$$

たしかめ
$73 \times 9 + 36 = 693$

2 (1)
$$\begin{array}{r} 3\boxed{7} \\ \boxed{2}3\overline{)86\boxed{1}} \\ \boxed{6}\boxed{9} \\ \hline \boxed{17}1 \\ 161 \\ \hline \boxed{10} \end{array}$$

(2)
$$\begin{array}{r} 2\boxed{3} \\ 3\boxed{4}\overline{)7\boxed{9}6} \\ 68 \\ \hline 116 \\ \boxed{10}2 \\ \hline \boxed{14} \end{array}$$

(3)
$$\begin{array}{r} 1\boxed{3} \\ 59\overline{)80\boxed{6}} \\ \boxed{5}\boxed{9} \\ \hline 216 \\ 177 \\ \hline \boxed{3}\boxed{9} \end{array}$$

3 (式) $45 \times 21 + 18 = 963$
$963 \div 54 = 17$ あまり 45
(答え) 17 あまり 45

4 (1)（式）$763 \div 12 = 63$ あまり 7
$895 \div 18 = 49$ あまり 13
（答え）49 ふくろ
(2)（式）$763 - 12 \times 49 = 175$
（答え）赤い玉　175 こ, 白い玉 13 こ
5（式）$16 \div 8 \times 2 = 4$
$1540 \div (4 + 7) = 140$
$(140 \times 2) \div 8 = 35$
（答え）えん筆 35 円, ボールペン 140 円

〔解　説〕

3 ある数を□とすると, 間違えて計算した式は, □ ÷ 45 = 21 あまり 18 です。これより, たしかめの式を使って, 45 × 21 + 18 = 963 と求めます。
ある数を求めるのではなく, 正しい答えを求めるのだから, 963 ÷ 54 = 17 あまり 45 です。

4 (1) 赤い玉 763 個を 12 個ずつ袋に入れると, 763 ÷ 12 = 63 あまり 7 より, 63 袋できて, 7 個あまります。白い玉 895 個を 18 個ずつ袋に入れると, 895 ÷ 18 = 49 あまり 13 より, 49 袋できて, 13 個あまります。このうち, 赤い玉 12 個と白い玉 18 個の両方を入れることができるのは, 袋の数の少ないほうの 49 袋です。

5 鉛筆 16 本の値段は, 16 ÷ 8 × 2 = 4 より, ボールペン 4 本の値段と同じになります。よって, ボールペン 4 + 7 = 11（本）の代金が 1540 円だから, ボールペン 1 本の値段は, 1540 ÷ 11 = 140（円）です。鉛筆 1 本の値段は,（140 × 2）÷ 8 = 35（円）です。

── 中学入試に役立つ アドバイス ──

整数には次のような性質があります。

・3 でわり切れる数は, 各位の数を全部たすと, 3 でわり切れます。
・4 でわり切れる数は, 下 2 桁の数が 4 でわり切れます。
・5 でわり切れる数は, 一の位の数が 0 か 5 です。
・9 でわり切れる数は, 各位の数を全部たすと, 9 でわり切れます。

1 (1) 80　(2) 80　(3) 50　(4) 700
　　(5) 700　(6) 900　(7) 37 あまり 3
　　(8) 46 あまり 2　(9) 64 あまり 3
　　(10) 96 あまり 2　(11) 5 あまり 60
　　(12) 8 あまり 10

2 (1)
```
      59
  4)236
    20
    36
    36
     0
```
(2)
```
      79
  6)479
    42
    59
    54
     5
```
(3)
```
      37
  3)112
     9
    22
    21
     1
```
(4)
```
      54
  9)486
    45
    36
    36
     0
```
(5)
```
     648
  2)1297
    12
     9
     8
    17
    16
     1
```
(6)
```
     469
  8)3752
    32
    55
    48
    72
    72
     0
```
(7)
```
     922
  5)4610
    45
    11
    10
    10
    10
     0
```
(8)
```
     517
  7)3623
    35
    12
     7
    53
    49
     4
```

3 (式) 630 ÷ 7 = 90　90 + 8 = 98
（答え）98 まい

4 (1) (式) 9 × 28 + 5 = 257
　　　（答え）257
　　(2) (式) 257 ÷ 4 = 64 あまり 1
　　　（答え）64 あまり 1

5 (式) 4587 ÷ 6 = 764 あまり 3
　　（答え）764 わおれて，3 まいあまる

解説

2 (2) わられる数の百の位の数とわる数の大きさを比べます。百の位の数がわる数より小さいときは，百の位に商はたたないので，47 ÷ 6 で，十の位に 7 をたてます。
6 × 7 = 42，47 − 42 = 5 です。一の位から 9 をおろして，59，一の位に 9 をたてて，6 × 9 = 54，59 − 54 = 5，5 はこれ以上わることはできないので，あまりになります。

```
      7
  6)479
    42
    59
   ↓
      79
  6)479
    42
    59
    54
     5
```

(5) わられる数が 4 けたになっても同じように計算します。わられる数の千の位の数とわる数の大きさを比べます。千の位の数がわる数より小さいときは，千の位に商はたたないので，12 ÷ 2 で，百の位に 6 をたてます。2 × 6 = 12，12 − 12 = 0 です。十の位から 9 をおろして 9，あとは同じように計算を進めます。

```
     64
  2)1297
    12
     9
     8
    17
   ↓
     648
  2)1297
    12
     9
     8
    17
    16
     1
```

3 630 個のあめを 7 個ずつ入れるのに必要な袋は，630 ÷ 7 = 90（枚）です。入れた後に袋は 8 枚あまっているので，袋は全部で，90 + 8 = 98（枚）ありました。

4 (1) ある数を□とします。□を間違えて 9 でわってしまったので，□ ÷ 9 = 28 あまり 5 になりました。□を求めるには，たしかめの式を使います。□ = 9 × 28 + 5 = 257 です。

5 4587 ÷ 6 = 764 あまり 3 より，1 人ではつるが 764 羽折れて，折り紙は 3 枚あまります。

1 (1) 40　(2) 80　(3) 70　(4) 300
　　(5) 800　(6) 300　(7) 60 あまり 2
　　(8) 41 あまり 6　(9) 82 あまり 3
　　(10) 42 あまり 1　(11) 7 あまり 10
　　(12) 4 あまり 10

2 (1)
```
     36
 5)184
   15
   34
   30
    4
```
(2)
```
     84
 6)504
   48
   24
   24
    0
```
(3)
```
   187
 2)374
   2
   17
   16
    14
    14
     0
```
(4)
```
    89
 7)623
   56
   63
   63
    0
```
(5)
```
    483
 6)2898
   24
    49
    48
     18
     18
      0
```
(6)
```
    794
 3)2384
   21
    28
    27
     14
     12
      2
```
(7)
```
    587
 9)5286
   45
    78
    72
     66
     63
      3
```
(8)
```
   1873
 4)7492
   4
   34
   32
    29
    28
     12
     12
      0
```

3 （式）24 ÷ 4 = 6　6 + 2 = 8
　　　　24 ÷ 8 = 3
　　（答え）3 箱

4 (1)（式）900 ÷ 90 = 10　（答え）10 列
　　(2)（式）(900 − 4) ÷ (8 − 1) = 128
　　　　（答え）128 本

5（式）9225 ÷ 5 = 1845　（答え）1845 円

解説

2 (1) わられる数の百の位の数とわ
る数の大きさを比べます。百の
位の数がわる数より小さいとき
は，百の位に商はたたないので，
18 ÷ 5 で，十の位に 3 をたて
ます。
5 × 3 = 15，18 − 15 = 3 です。
一の位から 4 をおろして，34，
一の位に 6 をたてて，
5 × 6 = 30，34 − 30 = 4 です。
4 はこれ以上わることはできな
いので，あまりになります。
```
     36
 5)184
   15
   34
```
⬇
```
     36
 5)184
   15
   34
   30
    4
```

(6) わられる数が 4 けたになって
も同じように計算します。
わられる数の千の位の数とわ
る数の大きさを比べます。千
の位の数がわる数より小さい
ときは，千の位に商はたたな
いので，
23 ÷ 3 で，百の位に 7 をた
てます。3 × 7 = 21，
23 − 21 = 2 です。十の位
から 8 をおろして，28，あと
は同じように計算を進めます。
```
      7
 3)2384
   21
    28
```
⬇
```
    794
 3)2384
   21
    28
    27
     14
     12
      2
```

4 (2) 8 列目には，4 本植えたから，7 列までに
花の苗は，900 − 4 = 896（本）植えました。
よって，1 列には，896 ÷ 7 = 128（本）ず
つ植えていきました。

5 ゆうたさんが買ったプラモデルの値段は，わ
り算を使って求めます。9225 ÷ 5 = 1845（円）
です。

1 (1) 783　(2) 9　(3) 17　(4) 99
2 (1) 45→54→18→81→27→9→3→1
　　(2) 18, 27, 45, 54, 72, 81
3 45

解 説

1 (1) 計算をして最も大きくなるのは，計算式が
かけ算になる場合です。まず，かける数が9
のときを考えます。かけられる数が最も大き
くなるのは87で，87×9＝783です。次に，
かけられる数の十の位が9で，かける数が8
のときに最も大きくなる場合を考えると，97
×8＝776です。よって，783です。

(2) 計算式がたし算の場合，97になるのは，
96＋1，95＋2，94＋3，93＋4，92＋5，
91＋6の6個あります。
計算式がひき算の場合は，98－1の1個，
計算式がかけ算の場合は，97×1の1個，
計算式がわり算の場合は，97÷1の1個だ
から，全部で，6＋1＋1＋1＝9（個）です。

(3) 計算式がたし算の場合，48になるのは，
47＋1，46＋2，45＋3，43＋5，42＋6，
41＋7の6個です。計算式がひき算の場合は，
49－1，51－3，52－4，54－6，56－
8，57－9の6個，計算式がかけ算の場合は，
48×1，16×3，12×4の3個，計算式
がわり算の場合は，48÷1，96÷2の2個
だから，全部で，6＋6＋3＋2＝17（個）
です。

(4) 計算式がかけ算の場合，かける数が5のとき
は，5で割り切れる数になります。100÷5
＝20より，かけられる数が20より大きい
とき，答えは3桁になります。かけられる
数の十の位が2のとき，21，23，24，26，
27，28，29の7個あります。同じように，
十の位が3，4，6，7，8，9のときも7個
ずつあります。よって，かける数が5の場合は，
全部で，7×7＝49（個）あります。
次に，かけられる数が5で割り切れる15，

25，35，45，65，75，85，95の場合を考
えます。100÷15＝6あまり10より，か
けられる数が15のとき，かける数は7，8，
9の3個です。同じように考えると，25，
35，45のときは，5個ずつ，65，75，85，
95のときは，6個ずつあります。よって，か
けられる数が5で割り切れる場合は全部で，
3＋5×3＋6×4＝42（個）あります。
計算式がたし算の場合，100と105は5で
割り切れるから，98＋2，97＋3，96＋4，
94＋6，93＋7，92＋8，98＋7，97＋
8の8個あります。よって，全部で49＋42
＋8＝99（個）です。

2 (1) 1にたどり着く場合の逆を考えます。
1×3＝3，3×3＝9，9×3＝27，27
×3＝81なので，27と81になったときだ
け1にたどり着けます。45÷3＝15なので，
1にたどり着けません。45を操作1で54に
すると，54÷3＝18，18は操作1で81
になるので，81÷3＝27，27÷3＝9，
9÷3＝1となり，1にたどり着けます。

(2) 27と81になったとき，1にたどり着けま
す。また，27と81に操作1を行うと72と
18になります。ここで，18×3＝54です。
54は(1)で考えた数で，45も1にたどり着け
ます。よって，1にたどり着ける2桁の数は，
18，27，45，54，72，81です。

3 ①と⑥の質問は「はい」なので，A君が思い
うかべた整数は，32か32より大きくて，2で
割った余りが1となるので，33，35，37，39，
41，43，45，47，49，51，53，55，57，59，
61，63です。これらのうち，②の質問は「いいえ」
なので，4で割った余りが1となるのは，33，
37，41，45，49，53，57，61です。さらに，
③の質問は「はい」なので，8で割った余りが4
か4より大きくなるのは，37，45，53，61で
す。そして，④の質問は「はい」なので，16で
割った余りが8か8より大きくなるのは，45と
61です。最後に，⑤の質問は「いいえ」なので，
32で割った余りが16より小さくなるのは45
です。

8　小数

1 (1) ① 2　② 3　③ 7　(2) 6.95

2 (1) ① 0.2　② 1.6　③ 2.9

(2) ① 1.84　② 1.98　③ 2.05

3 (1) <　(2) <　(3) >　(4) >　(5) <

(6) <

4 (1) 5.4　(2) 8　(3) 90.6　(4) 3.7

(5) 64.3　(6) 5.1　(7) 32.7　(8) 19.1

5 (1) (式) 1.6 + 0.7 = 2.3

　　　(答え) 2.3m

(2) (式) 1.6 − 0.9 + 0.7 = 1.4

　　　(答え) 1.4m

6 (式) 1.3 − 0.5 = 0.8　(答え) 0.8L

解 説

2 (1) 数直線の1目もりは, 1を10等分してい
るから, 0.1です。

(2) 数直線の1目もりは, 0.1を10等分してい
るから, 0.01です。

3 (1) どちらも一の位の数が0なので, 小数第
一位の数を比べます。小数第一位の数が大き
いほど大きい数です。

(2) 一の位の数を比べます。

(3) 0.1は0.10と同じです。

(5) 小数第一位の数まで同じなので, 小数第二位
の数を比べます。

(6) 3は3.00と同じです。

4 小数点の位置をそろえて計算します。

5 (1) 合わせるので, たし算を使います。

(2) 1.6mのテープから0.9m使った後のテープ
の長さは, 1.6 − 0.9 = 0.7 (m) です。こ
れと短いテープ0.7mを合わせると, 0.7 +
0.7 = 1.4 (m) になります。これを1つの
式にまとめると答えのようになります。

6 AのやかんとBのやかんに入っているお茶の
量を合わせたものから, Bのやかんに入っている
お茶の量をひくと, Aのやかんに入っているお茶
の量が求められます。

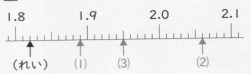

1 (1) 3.284　(2) 1.07

2

1.8		1.9		2.0		2.1

（れい）　(1)　　(3)　　　(2)

3 0.997

4 (1) >　(2) <　(3) >　(4) >　(5) >

(6) >

5 (1) 　3 . 1 6
　　　＋2 . 0 3
　　　　5 . 1 9

(2) 　5 . 8 2
　　＋4 . 3 7
　　1 0 . 1 9

(3) 　4 . 7 9
　　－1 . 5 6
　　　3 . 2 3

(4) 　7 . 2 4
　　－3 . 5 9
　　　3 . 6 5

6 (1) 0.6　(2) 3.5　(3) 3.7　(4) 2.7

7 (1) ① 0.64　② 0.8

(2) ① 1.2　② 0.5

8 (1) (式) 17.3 + 6.8 = 24.1

　　　(答え) 24.1dL

(2) (式) 24.1 − 3.12 = 20.98

　　　(答え) 20.98dL

解 説

7 (1) 0.16 − 0 = 0.16, 0.32 − 0.16 = 0.16
より, 0.16ずつ大きくなっています。よって,
①は, 0.48 + 0.16 = 0.64,
②は, 0.64 + 0.16 = 0.8
です。

(2) 4 − 3.3 = 0.7, 3.3 − 2.6 = 0.7より, 0.7
ずつ小さくなっています。よって,
①は, 1.9 − 0.7 = 1.2,
②は, 1.2 − 0.7 = 0.5
です。

8 (2) 飲んだ残りの量を求めるの
で, ひき算を使います。
24.1 − 3.12 = 20.98 (dL)
です。小数点の位置に気をつ
けて計算します。

　　2 4 . 1
　− 　3 . 1 2
　2 0 . 9 8

1 (1) ① 4　② 7　③ 3　(2) 20.5

2

```
0.09        0.1         0.11        0.12
|┬┬┬┬┬┬┬┬┬┬|┬┬┬┬┬┬┬┬┬┬|┬┬┬┬┬┬┬┬┬┬|┬┬┬┬
    ↑          ↑           ↑           ↑
  (れい)      (3)         (1)         (2)
```

3　3.01

4　(1) ＞　(2) ＜　(3) ＜　(4) ＞　(5) ＞
　　(6) ＜

5

```
(1)   5 . 6 2        (2)   2 . 8 4
    ＋ 1 . 3 7          ＋ 6 . 5 9
    ─────────          ─────────
      6 . 9 9            9 . 4 3

(3)   7 . 4 8        (4)   4 . 9 3
    － 3 . 0 9          － 3 . 9 5
    ─────────          ─────────
      4 . 3 9            0 . 9 8
```

6　(1) 3.8　(2) 5.7　(3) 4.8　(4) 0.4

7　(式) 5.31 － 1.35 ＝ 3.96
　　(答え) 3.96

8　(1) (式) 266.57 － 258 － 4.67 ＝ 3.9
　　　(答え) 3.9
　　(2) (式) 3.9 ＋ 2.58 ＋ 4.67 ＝ 11.15
　　　(答え) 11.15

解説

4 (5) 右側の式を計算すると，9となるので，
9.1 ＞ 9 です。

(6) 左側の式を計算すると，0.8 となるので，
0.8 ＜ 0.9 です。

6 (4) 0.04 ＋ 0.36 ＝ 0.40 です。小数点より
右にあるいちばん端の 0 は省略できるので，
答えは 0.4 です。

7 1，3，5 をあてはめてできる小数第二位ま
での数は，1.35，1.53，3.15，3.51，5.13，
5.31 の 6 つです。これより，いちばん大きい数
は 5.31，いちばん小さい数は 1.35 です。

8 (1) ある数を□とします。
　□ ＋ 258 ＋ 4.67 ＝ 266.57 より，□は，
266.57 － 258 － 4.67 ＝ 3.9 と求められます。

1 (1) 12.3　(2) 2.31　(3) 3.388
　　(4) 1.02　(5) 0.498　(6) 1.757

2 (1) 45.763　(2) 76.354

3 (1) (式) 4.743 － 2.835 ＋ 3.419 ＝
　　　　5.327
　　　(答え) 5.327
　　(2) (式) 5.327 ＋ 3.419 － 2.835 ＝
　　　　5.911
　　　(答え) 5.911

4 (1) (式) 48.3 ＋ 191.7 － 83.7 ＝ 156.3
　　　(答え) 156.3cm
　　(2) (式) 191.7 － 83.7 － 46.5 ＝ 61.5
　　　(答え) 61.5cm

5 (1) (式) 7.72 ＋ 8.81 ＋ 9.47 ＝ 26
　　　　26 ÷ 2 ＝ 13
　　　　13 － 8.81 ＝ 4.19
　　　(答え) 4.19L
　　(2) (式) 7.72 － 4.19 ＝ 3.53
　　　　9.47 － 4.19 ＝ 5.28
　　　　5.28 － 3.53 ＝ 1.75
　　　(答え) 1.75L

解説

1 (3) 小数第三位までの数になっても同じように
計算できます。

```
  1 . 9 4 3          2 . 7 7
＋ 0 . 8 2 7   ⇒   ＋ 0 . 6 1 8
─────────          ─────────
  2 . 7 7 0          3 . 3 8 8
```

```
(4)   3 . 3 8          2 . 8 9
    － 0 . 4 9   ⇒   － 1 . 8 7
    ─────────          ─────────
      2 . 8 9            1 . 0 2
```

```
(5)   2 . 8 7 9        1 . 4 1 6
    － 1 . 4 6 3   ⇒   － 0 . 9 1 8
    ─────────          ─────────
      1 . 4 1 6          0 . 4 9 8
```

```
(6)   3 . 1 6 5        0 . 2 1 8
    － 2 . 9 4 7   ⇒   ＋ 1 . 5 3 9
    ─────────          ─────────
      0 . 2 1 8          1 . 7 5 7
```

2 (1) 46 より小さくていちばん近い数は、45.763 で、46 とのちがいは、

46 − 45.763 = 0.237 です。

また、46 より大きくていちばん近い数は 46.357 で、46 とのちがいは 46.357 − 46 = 0.357 です。

よって、46 にいちばん近い数は、45.763 です。

(2) 大きいほうから順に並べていきます。

76.543、76.534、76.453、76.435、76.354、76.345、…だから、大きいほうから 5 番目の数は 76.354 です。

3 (1) ある小数を□とします。

□ − 3.419 + 2.835 = 4.743 より、□は、4.743 − 2.835 + 3.419 = 5.327 です。

4 (1) 床から天井までの高さは、48.3 + 191.7 = 240（cm）です。よって、ウの箱の上から天井までの高さは、240 − 83.7 = 156.3（cm）です。

(2)

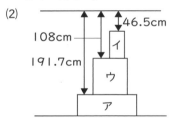

3 つの箱を積み重ねたようすを表すと上の図のようになります。アの箱の上から天井までの高さは 191.7cm なので、アの箱の上にウの箱を積み重ねたときの天井までの高さは、191.7 − 83.7 = 108（cm）です。よって、イの箱の高さは、108 − 46.5 = 61.5（cm）とわかります。

5 (1) A + B = 7.72（L）、A + C = 8.81（L）、B + C = 9.47（L）です。この 3 つをたすと、7.72 + 8.81 + 9.47 = 26（L）です。

これは、A、B、C が 2 つずつあるときの量なので、A、B、C が 1 つずつの量は、26 ÷ 2 = 13（L）です。B の容器に入っている水の量は、ここから、A と C の容器に入っている水の量をひけばよいから、13 − 8.81 = 4.19（L）と求められます。

(2) A の容器の水は、7.72 − 4.19 = 3.53（L）C の容器の水は、9.47 − 4.19 = 5.28（L）なので、ちがいは、5.28 − 3.53 = 1.75（L）です。

1 (1) $\frac{2}{5}$　(2) $\frac{3}{4}$　(3) $\frac{1}{6}$　(4) $\frac{5}{7}$

2 (1) ① $\frac{1}{9}$　② $\frac{7}{9}$　(2) $\frac{5}{8}$

3 (1) <　(2) >　(3) <　(4) =　(5) <
(6) <

4 (1) $\frac{2}{3}$　(2) $\frac{4}{5}$　(3) $\frac{6}{7}$　(4) $\frac{1}{6}$

(5) $\frac{5}{8}$　(6) $\frac{1}{3}$

5 (1) 小さい　(2) 大きい　(3) 1

6 (1) $1\frac{3}{5}$　(2) $\frac{11}{4}$

解説

1 (1) 1 を 5 個に分けた 2 つ分です。

(2) 1 を 4 個に分けた 3 つ分です。

(3) 1 を 6 個に分けた 1 つ分です。

(4) 1 を 7 個に分けた 5 つ分です。

3 (1) 図で、$\frac{1}{2}$ は $\frac{2}{3}$ より左側にあるので、

$\frac{1}{2} < \frac{2}{3}$ です。

(4) 図で、$\frac{2}{4}$ と $\frac{1}{2}$ は同じ位置にあるので、

$\frac{2}{4} = \frac{1}{2}$ です。

4 分母が同じ分数のたし算、ひき算は分子だけを計算します。

(6) 1 を分母が 3 の分数に直すと、$\frac{3}{3}$ なので、

$\frac{3}{3} - \frac{2}{3} = \frac{1}{3}$ です。

5 (3) 図は 0 から 1 を 4 個に分けているので、

1 目もりは $\frac{1}{4}$ です。アは、1 から 1 目もり分

大きい数なので、1 と $\frac{1}{4}$ を合わせた数です。

1 (1) $1\frac{2}{5}$　(2) $2\frac{1}{4}$　(3) $5\frac{1}{2}$　(4) $3\frac{3}{6}$

(5) $\frac{5}{3}$　(6) $\frac{7}{2}$　(7) $\frac{25}{6}$　(8) $\frac{21}{10}$

2 (1) ＞　(2) ＜　(3) ＝　(4) ＞　(5) ＞
(6) ＜

3 (1) ① $1\frac{2}{7}$　② $1\frac{2}{7}$　③ $5\frac{2}{7}$

(2) ① $\frac{1}{7}$　② $\frac{1}{7}$　③ $2\frac{1}{7}$

4 (1) $5\frac{3}{4}$　(2) 4　(3) $6\frac{1}{3}$　(4) $2\frac{2}{8}$

(5) $3\frac{2}{6}$　(6) $1\frac{2}{5}$

5 (1)（式）$1\frac{2}{8} + 2\frac{7}{8} = 4\frac{1}{8}$

（答え）$4\frac{1}{8}$ m

(2)（式）$\frac{11}{8} - 1\frac{2}{8} = \frac{1}{8}$

（答え）$\frac{1}{8}$ m

(3)（式）$\frac{11}{8} + 1\frac{2}{8} = 2\frac{5}{8}$

$2\frac{7}{8} - 2\frac{5}{8} = \frac{2}{8}$

（答え）なつさんのリボンが $\frac{2}{8}$ m 長い

解 説

2 (3) $\frac{16}{3}$ を帯分数に直すと，$5\frac{1}{3}$ なので，$\frac{16}{3}$

$= 5\frac{1}{3}$ です。

(4) $2\frac{4}{8}$ を仮分数に直すと，$\frac{20}{8}$ なので，

$\frac{20}{8} > \frac{19}{8}$ より，$2\frac{4}{8} > \frac{19}{8}$ です。

1 (1) $1\frac{2}{7}$　(2) $4\frac{2}{3}$　(3) $2\frac{5}{8}$　(4) 4

(5) $\frac{23}{10}$　(6) $\frac{23}{4}$　(7) $\frac{16}{9}$　(8) $\frac{19}{6}$

2 (1) ＜　(2) ＞　(3) ＜　(4) ＞　(5) ＜
(6) ＞

3 (1) ① $1\frac{1}{5}$　② $1\frac{1}{5}$　③ $6\frac{1}{5}$

(2) ① $\frac{3}{5}$　② $\frac{3}{5}$　③ $2\frac{3}{5}$

4 (1) $4\frac{1}{9}$　(2) 15　(3) $5\frac{1}{6}$　(4) $2\frac{6}{8}$

(5) $\frac{3}{4}$　(6) $1\frac{4}{7}$

5 (1)（式）$1\frac{4}{5} - 1\frac{3}{5} = \frac{1}{5}$

（答え）$\frac{1}{5}$ 時間

(2)（式）$2\frac{1}{5} - 1\frac{3}{5} = \frac{3}{5}$

（答え）$\frac{3}{5}$ 時間

(3)（式）$1\frac{4}{5} + 1\frac{3}{5} + 2\frac{1}{5} = 5\frac{3}{5}$

（答え）$5\frac{3}{5}$ 時間

解 説

2 (1) $\frac{7}{4}$ を帯分数に直すと，$1\frac{3}{4}$ なので，

$1\frac{3}{4} < 2\frac{1}{4}$ より，$\frac{7}{4} < 2\frac{1}{4}$ です。

4 (3) $3\frac{2}{6} + 1\frac{5}{6} = 3 + 1 + \frac{2}{6} + \frac{5}{6} = 4 +$

$\frac{7}{6} = 4 + 1\frac{1}{6} = 5\frac{1}{6}$

(4) $\frac{3}{8}$ から $\frac{5}{8}$ はひけないので，$4\frac{3}{8}$ を $3\frac{11}{8}$ に

直して計算します。

1 (1) $6\frac{1}{5}$　(2) 5　(3) $\frac{6}{7}$　(4) $2\frac{5}{8}$

　　(5) $2\frac{5}{6}$　(6) 2

2 (1) （式）$60 \div 6 + 8 = 18$　$60 - 18 = 42$
　　　（答え）42 こ
　　(2) （式）$42 \div 7 \times 2 + 5 = 17$
　　　（答え）17 こ
　　(3) （式）$42 - 17 = 25$　$25 \div 5 \times 4 = 20$
　　　　　　　$25 - 20 = 5$
　　　（答え）5 こ

3 (1) （式）$\frac{11}{8} + 3\frac{4}{8} = 4\frac{7}{8}$

　　　（答え）$4\frac{7}{8}$ L

　　(2) （式）$\frac{11}{8} + 2\frac{7}{8} = 4\frac{2}{8}$

　　　　　　$4\frac{2}{8} - 3\frac{4}{8} = \frac{6}{8}$

　　　（答え）$\frac{6}{8}$ L

4 (1) $\frac{3}{4}$　(2) $\frac{3}{8}$　(3) $\frac{3}{6}$

解説

1 (2) $2\frac{2}{3} + \frac{7}{3} = 2\frac{9}{3}$ です。$\frac{9}{3}$ は $\frac{3}{3}$ の 3 個

分なので，$\frac{9}{3} = 3$ です。よって，$2\frac{9}{3} = 2$
$+ 3 = 5$ です。

(5) 左から順に計算していきます。

$2\frac{2}{6} + 2\frac{1}{6} - 1\frac{4}{6} = 4\frac{3}{6} - 1\frac{4}{6} = 3\frac{9}{6} - 1\frac{4}{6}$

$= 2\frac{5}{6}$

(6) $5\frac{1}{4} - 1\frac{2}{4} - \frac{7}{4} = 4\frac{5}{4} - 1\frac{2}{4} - \frac{7}{4} = 3\frac{3}{4} - \frac{7}{4}$

$= 2\frac{7}{4} - \frac{7}{4} = 2$

2 (1) あめ 60 個の $\frac{1}{6}$ は，60 を 6 個に分けた 1

個分なので，$60 \div 6 = 10$（個）です。けん
とさんは，$10 + 8 = 18$（個）とったので，
残りは，$60 - 18 = 42$（個）です。

(2) 42 個の $\frac{2}{7}$ は，42 を 7 個に分けた 2 個分な

ので，$42 \div 7 \times 2 = 12$（個）です。ななみ
さんは $12 + 5 = 17$（個）とりました。

(3) ななみさんがとった残りは，$42 - 17 = 25$

（個）です。25 個の $\frac{4}{5}$ は，25 を 5 個に分け

た 4 個分なので，れんさんは，$25 \div 5 \times 4$
$= 20$（個）とり，残ったあめは，$25 - 20$
$= 5$（個）です。

3 (1) 青いびんと赤いびんに入っている水を合わ
せるので，たし算を使います。

$\frac{11}{8} + 3\frac{4}{8} = 3\frac{15}{8} = 4\frac{7}{8}$（L）です。

(2) 青いびんと白いびんに入っている水を合わせ
たかさを求め，そこから赤いびんに入ってい
る水のかさをひきます。

4 (1) 図 1 より，$\frac{1}{2}$ と $\frac{2}{4}$ の大きさは等しいので，

$\frac{1}{2} + \frac{1}{4} = \frac{2}{4} + \frac{1}{4} = \frac{3}{4}$ と，分母がちがう

分数の計算も分母をそろえることで計算でき
るようになります。

(3) 図 2 より，$\frac{1}{3}$ と $\frac{2}{6}$ の大きさは等しいので，

$\frac{1}{3} + \frac{1}{6} = \frac{2}{6} + \frac{1}{6} = \frac{3}{6}$ です。

── 中学入試に役立つ **アドバイス** ──

分母がちがう分数も，分母をそろえれば，た
し算やひき算をすることができます。分母を
そろえることを「通分する」といいます。ま
た，本書では扱っていませんが，分数をこれ
以上簡単にできない分数にすることを「約分
する」といいます。通分や約分は分数の計算
をするときに欠かせない作業です。

1 6.98

2 (1) $2\dfrac{2}{3}$　(2) $2\dfrac{6}{9}$　(3) $\dfrac{13}{4}$　(4) $\dfrac{22}{5}$

3 (1) ＜　(2) ＜　(3) ＜　(4) ＞　(5) ＜
　　(6) ＞　(7) ＝　(8) ＞

4 (1)
```
   4 . 5 7
 + 2 . 6 4
 ─────────
   7 . 2 1
```
　(2)
```
   3 . 2 9
 + 8 . 4 1
 ─────────
  1 1 . 7
```
　(3)
```
   9 . 1 4
 - 5 . 7 6
 ─────────
   3 . 3 8
```
　(4)
```
   7 . 0 6
 - 1 . 4 9
 ─────────
   5 . 5 7
```

5 (1) 5.4　(2) 6.8　(3) 4.9　(4) 0.63

6 (1) $3\dfrac{2}{6}$　(2) 6　(3) $9\dfrac{1}{5}$　(4) $1\dfrac{2}{7}$

　(5) $4\dfrac{4}{9}$　(6) $\dfrac{3}{4}$

7 （式）$8.75 - 3.18 - 2.72 = 2.85$
　（答え）2.85m

8 （式）$3\dfrac{2}{7} + 2\dfrac{5}{7} + 1\dfrac{6}{7} = 7\dfrac{6}{7}$

　　（答え）$7\dfrac{6}{7}$L

解説

1 5つの数のうち，7より小さくて，7に最も近い数は6.98です。7より大きくて，7に最も近い数は7.03です。

2 (1) $8 \div 3 = 2$ あまり 2 より，$\dfrac{3}{3}$ が2個と

$\dfrac{1}{3}$ が2個だから，$\dfrac{8}{3} = 2\dfrac{2}{3}$ です。

3 (7) 帯分数か仮分数のどちらかにそろえて大き

さを比べます。$\dfrac{15}{8}$ を帯分数に直すと，$1\dfrac{7}{8}$

なので，$\dfrac{15}{8} = 1\dfrac{7}{8}$ です。

5 (1) $\boxed{} = 9.1 - 3.7 = 5.4$
(4) $\boxed{} = 0.35 + 0.28 = 0.63$

---

1 9.03

2 (1) $1\dfrac{9}{11}$　(2) $4\dfrac{5}{8}$　(3) $\dfrac{26}{7}$　(4) $\dfrac{28}{12}$

3 (1) ＜　(2) ＞　(3) ＜　(4) ＞　(5) ＜
　　(6) ＞　(7) ＜　(8) ＝

4 (1)
```
   7 . 3 8
 + 3 . 4 6
 ─────────
  1 0 . 8 4
```
　(2)
```
   6 . 9 3
 + 5 . 4 8
 ─────────
  1 2 . 4 1
```
　(3)
```
   5 . 2 2
 - 3 . 6 4
 ─────────
   1 . 5 8
```
　(4)
```
   8 . 1 4
 - 7 . 9 4
 ─────────
   0 . 2
```

5 (1) 3.9　(2) 0.6　(3) 0.47　(4) 7.3

6 (1) $5\dfrac{3}{4}$　(2) $4\dfrac{2}{7}$　(3) $7\dfrac{1}{9}$　(4) $3\dfrac{2}{3}$

　(5) $\dfrac{4}{8}$　(6) $1\dfrac{5}{6}$

7 （式）$12.25 + 28.6 + 7.45 = 48.3$
　　　$48.3 - 7.45 - 2.86 = 37.99$
　（答え）37.99

8 （式）$1\dfrac{2}{9} + \dfrac{8}{9} = 2\dfrac{1}{9}$

　$2\dfrac{3}{9} - 2\dfrac{1}{9} = \dfrac{2}{9}$

　（答え）テレビを見た時間が $\dfrac{2}{9}$ 時間長かった

解説

1 5つの数のうち，9より小さくて，9に最も近い数は8.96です。9より大きくて，9に最も近い数は9.03です。

6 (2) $1\dfrac{4}{7} + 2\dfrac{5}{7} = 1 + 2 + \dfrac{4}{7} + \dfrac{5}{7}$

　　$= 3 + \dfrac{9}{7} = 3 + 1\dfrac{2}{7} = 4\dfrac{2}{7}$

(4) $5\dfrac{1}{3} - 1\dfrac{2}{3} = 4\dfrac{4}{3} - 1\dfrac{2}{3}$

　　$= (4 - 1) + \left(\dfrac{4}{3} - \dfrac{2}{3}\right) = 3 + \dfrac{2}{3} = 3\dfrac{2}{3}$

10　時こくと時間

★	標準レベル	問題88ページ

1 (1) 30　(2) 3
　(3) ① 1　② 40　③ 4　④ 30

2 (1) 3420　(2) 160　(3) ① 3　② 17
　(4) 20880　(5) 4620
　(6) ① 2　② 43　③ 52
　(7) ① 7　② 50　(8) 2555

3 (1) ① 60　② 60　③ 15　④ 15
　(2) ① 60　② 12　③ 12　④ 12
　　⑤ 3　⑥ 36
　(3) ① 180　② 20　③ 180　④ 20
　　⑤ 200

4 (1) ＞　(2) ＜　(3) ＞　(4) ＜　(5) ＝
　(6) ＞

解　説

2 (3) 197 ÷ 60 ＝ 3 あまり 17 より，
197 秒 ＝ 3 分 17 秒です。

(5) 1 時間は 60 分だから，1 時間 17 分 ＝ 77 分
です。60 × 77 ＝ 4620 より，
1 時間 17 分 ＝ 4620 秒です。

(6) 1 時間 ＝ 60 分 ＝ 3600 秒なので，2 時間 ＝
7200 秒です。(9832 － 7200) ÷ 60 ＝ 43
あまり 52 より，9832 秒 ＝ 2 時間 43 分 52
秒です。

4 (1) 60 × 118 ＝ 7080 より，7080 秒 ＞
7050 秒なので，118 分＞ 7050 秒です。

(2) 254 分は，4 時間 14 分です。また，$\frac{1}{2}$ 時間は，

1 時間の半分なので，30 分より，$4\frac{1}{2}$ 時間は

4 時間 30 分です。

(4) 2 時間 38 分 ＝ 158 分 ＝ 9480 秒です。

(5) $\frac{16}{6}$ 時間 ＝ $2\frac{4}{6}$ 時間 ＝ 2 時間 40 分です。

(6) 1 日は 24 時間なので，
1 日 7 時間 23 分 ＝ 31 時間 23 分 ＝ 1883 分
＝ 112980 秒です。

★★	上級レベル	問題90ページ

1 (1)
```
    分  秒
    4 3 6
  +2 2 4
  7 0 0
```
(2)
```
  時  分  秒
  7 1 2  5
 + 6 3 9 4 8
 13 51 53
```
(3)
```
  日  時    分
  3  2 46
 +5 11 52
  8 14 38
```
(4)
```
  分  秒
  8 1 4
 -5 3 7
  2 3 7
```
(5)
```
  時  分  秒
  6 25  3
 -2 47 51
  3 37 12
```
(6)
```
  日  時  分
  4  1 32
 -1  8 33
  2 16 59
```

2 (1) ① 3　② 11　③ 13
　(2) ① 1　② 8　③ 54　④ 40
　(3) ① 1　② 22　③ 23
　(4) ① 9　② 57　③ 37

3 (1) 2400　(2) 28　(3) 175　(4) 201

4 (1) (式) 午後 2 時 8 分－ 23 分
　　　　＝午後 1 時 45 分
　　(答え) 午後 1 時 45 分
　(2) (式) 午後2時8分＋1時間47分＋23分
　　　　＝午後 4 時 18 分
　　(答え) 午後 4 時 18 分

5 (1) (式) 185 秒 ＝ 3 分 5 秒
　　　　3 分 5 秒× 6 ＝ 18 分 30 秒
　　(答え) 18 分 30 秒
　(2) (式) 2 分 43 秒 ＝ 163 秒
　　　　185 秒－ 163 秒 ＝ 22 秒
　　　　22 秒× 7 ＝ 154 秒
　　(答え) 154 秒

解　説

1 (3) 分の列は，60 になると時の列へ 1 繰り上
がります。時の列は，24 になると日の列へ 1
繰り上がります。

2 (1) 27 分× 7 ＝ 189 分 ＝ 3 時間 9 分，19
秒× 7 ＝ 133 秒 ＝ 2 分 13 秒なので，合わ
せて，3 時間 9 分＋ 2 分 13 秒 ＝ 3 時間 11
分 13 秒です。

1

(1)

日	時	分	秒
1	11	53	26
+2	16	42	38
4	4	36	4

(2)

日	時	分	秒
6	8	27	19
−3	13	54	48
2	18	32	31

(3)

日	時	分	秒
5	10	46	53
−	18	59	24
4	15	47	29

(4)

日	時	分	秒
2	1	33	28
−1	19	46	39
	5	46	49

2

(1) ① 1　② 32　③ 20

(2) ① 15　② 13　③ 44

(3) ① 1　② 5　③ 14　④ 49

(4) ① 3　② 40　③ 58

(5) 22790　(6) 88

3

(1) （式）午前 11 時 27 分−午前 8 時 10 分

　　　　＝ 3 時間 17 分

　　　　3 時間 17 分＝ 197 分

　　　　197 ÷（45 ＋ 10）

　　　　＝ 3 あまり 32 より，

　　　　45 × 3 ＋ 32 ＝ 167

　　　　167 分＝ 2 時間 47 分

　　（答え）2 時間 47 分

(2) （式）午後 4 時 13 分−午後 1 時 30 分

　　　　＝ 2 時間 43 分

　　　　2 時間 43 分＝ 163 分

　　　　163 ÷（60 ＋ 5）

　　　　＝ 2 あまり 33 より，

　　　　60 × 2 ＋ 33 ＝ 153

　　　　153 分＝ 2 時間 33 分

　　（答え）2 時間 33 分

4

(1) （式）2 分 24 秒＝ 144 秒

　　　　144 秒 ÷ 24 ＝ 6 秒

　　（答え）6 秒

(2) （式）今日の午前 6 時から

　　　　明日の午前 10 時までは，28 時間

　　　　6 秒 × 28 ＝ 168 秒＝ 2 分 48 秒

　　　　2 分 24 秒＋ 2 分 48 秒＝ 5 分 12 秒

　　（答え）5 分 12 秒

2 (1) （14 分 26 秒＋ 8 分 39 秒）× 4

　　＝ 23 分 5 秒 × 4 ＝ 92 分 20 秒

　　＝ 1 時間 32 分 20 秒

(2) （5 時間 48 分 23 秒− 3 時間 37 分 51 秒）× 7

　　＝ 2 時間 10 分 32 秒 × 7

　　＝ 14 時間 70 分 224 秒

　　＝ 15 時間 13 分 44 秒

(3) 2 時間 39 分 25 秒 × 13 − 5 時間 17 分 36 秒

　　＝ 26 時間 507 分 325 秒− 5 時間 17 分 36 秒

　　＝ 21 時間 490 分 289 秒

　　＝ 1 日 5 時間 14 分 49 秒

(4) 28 分 17 秒 × 6 ＋ 2 時間 33 分 48 秒 ÷ 3

　　＝ 168 分 102 秒＋ 153 分 48 秒 ÷ 3

　　＝ 2 時間 49 分 42 秒＋ 51 分 16 秒

　　＝ 2 時間 100 分 58 秒＝ 3 時間 40 分 58 秒

(6) （53 分 23 秒＋ 41 分 57 秒）÷ 1 分 5 秒

　　＝ （3203 秒＋ 2517 秒）÷ 65 秒＝ 88

3 (1) 家を出発してから運動公園に着くまでに，

　　午前 11 時 27 分−午前 8 時 10 分＝ 3 時間

　　17 分かかりました。3 時間 17 分＝ 197 分

　　だから，197 ÷（45 ＋ 10）＝ 3 あまり 32

　　より，45 分歩いて 10 分休憩することを，3

　　回繰り返し，あと 32 分歩きます。よって，

　　りくさんが歩いた時間は，全部で，45 × 3

　　＋ 32 ＝ 167（分）だから，2 時間 47 分です。

(2) 運動公園を出発してから家に着くまでに，

　　午後 4 時 13 分−午後 1 時 30 分＝ 2 時間

　　43 分かかりました。2 時間 43 分＝ 163 分

　　だから，163 ÷（60 ＋ 5）＝ 2 あまり 33 より，

　　60 分歩いて 5 分休憩することを，2 回繰り

　　返し，あと 33 分歩きます。よって，帰りに

　　りくさんが歩いた時間は，全部で，60 × 2

　　＋ 33 ＝ 153（分）だから，2 時間 33 分です。

4 (2) 今日の午前 6 時から明日の午前 10 時ま

　　での 28 時間で，6 秒 × 28 ＝ 168 秒＝ 2 分

　　48 秒遅れます。今日の午前 6 時にはすでに，

　　2 分 24 秒遅れているので，合わせると，

　　2 分 24 秒＋ 2 分 48 秒＝ 5 分 12 秒遅れます。

1 (1) 6000　(2) 3000　(3) 280000
　　(4) 416000　(5) 702000　(6) 63000

2 (1) 360　(2) 1460　(3) 2800

3 (1) ア→エ→ウ→イ　(2) ア→ウ→エ→イ

4 (式) 1t350kg = 1350kg
　　　　　 1350kg + 27kg + 74kg = 1451kg
　　(答え) 1451kg

5 (1) (式) 1850kg + 2470kg = 4320kg
　　　　(答え) 4320kg
　　(2) (式) 4t165kg = 4165kg
　　　　　　4320kg − 4165kg = 155kg
　　　　(答え) 155kg

6 (1) (式) 4kg120g − 1kg250g = 2kg870g
　　　　　 2kg870g = 2870g
　　　　(答え) 2870g
　　(2) (式) 2kg870g − 1kg250g = 1kg620g
　　　　(答え) 百科じてんが 1kg620g 重い

解　説

1 (1) 1kg = 1000g なので, 6kg = 6000g です。
(2) 1t = 1000kg なので, 3t = 3000kg です。
2 (1) いちばん小さい1目もりは 10g です。
(2) いちばん小さい1目もりは 20g です。
(3) いちばん小さい1目もりは 40g です。
3 (1) アは 2kg350g, イは 2035kg,
ウは 234kg, エは 2kg400g です。
(2) アは 7kg30g, イは 7300kg, ウは 7kg400g,
エは 7030kg です。
4 単位を kg にそろえてから計算します。
車の重さは, 1t350kg = 1350kg だから,
1350kg + 27kg + 74kg = 1451kg です。
5 (2) ゾウの体重は 4t165kg = 4165kg です。
キリンとカバの体重を合わせた重さ 4320kg
のほうが重いから, 違いは, キリンとカバの
体重を合わせた重さから, ゾウの体重をひい
て求めます。
6 (1) 4kg120g から箱の重さ 1kg250g をひく
と百科事典の重さが求められます。

1 (1) 7.36　(2) 0.428　(3) 0.052
　　(4) 0.006　(5) 17000000　(6) 0.091

2 (1) 8340　(2) 1.03　(3) 1740
　　(4) 0.957　(5) 67.31　(6) 0.109
　　(7) 5.063　(8) 6.641

3 (1) (式) 1.6 + 0.7 = 2.3　(答え) 2.3kg
　　(2) (式) 2.3kg = 2kg300g
　　　　　　 2kg300g − 900g = 1kg400g
　　(答え) 1kg400g

4 (1) (式) 290g = 0.29kg
　　　　　 1.487 + 0.29 = 1.777
　　(答え) 1.777kg
　　(2) (式) 1.777 − 0.654 = 1.123
　　　　　 1.123kg = 1kg123g
　　(答え) 1kg123g

5 (式) 2040g + 1870g − 370g = 3540g
　　(答え) 3540g

6 5こ

解　説

1 (4) 1kg = 0.001t なので, 6kg = 0.006t です。
2 (3) 1.4t + 340kg = 1400kg + 340kg = 1740kg
(4) 684kg + 273kg = 957kg = 0.957t
(6) 416g − 0.307kg = 0.416kg − 0.307kg
= 0.109kg
(7) 5.1t − 37kg = 5.1t − 0.037t = 5.063t
6 図1の左右の皿に■1個
をのせると, 右の図アの
ようになります。これは,
図2の左の皿と同じな
ので, 右の皿を比べると,
●1個が■2個と等しい
ことがわかります。図2
の●1個を■2個に置き
換えると図イとなります。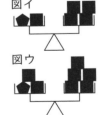
図イの左右の皿に■1個
をのせると図ウとなります。左の皿の■2個
は●1個と等しいので, 図3の左の皿と同じ
で, 右の皿には■が5個のっています。

1 (1) 0.00192　(2) 840000　(3) 0.00073
　(4) 15　(5) 36000000　(6) 0.5

2 (1) 9.522　(2) 55540　(3) 3.693
　(4) 0.352　(5) ① 50　② 535
　(6) ① 618　② 700

3 （式）0.595kg = 595g
　　　920g − 595g = 325g
　　　325g ÷ 5 = 65g
　（答え）65g

4 （式）130g × 3 + 160g × 4 + 210g × 4
　　　= 1870g
　　　1870g = 1.87kg
　　　1.87kg + 0.76kg = 2.63kg
　（答え）2.63kg

5 （式）170g × 4 + 280g × 3 = 1520g
　　　1520g = 1kg520g
　　　1kg935g − 1kg520g = 415g
　　　415g = 0.415kg
　（答え）0.415kg

6 （式）118 × （700 ÷ 100）= 826
　　　396 × （800 ÷ 200）= 1584
　　　826 + 1584 = 2410
　（答え）2410 円

7 （式）2kg400g × 2 = 4kg800g
　　　2kg850g × 5 = 14kg250g
　　　14kg250g−4kg800g=9kg450g
　　　9kg450g÷(5×5−2×2)=450g
　（答え）450g

解説

1 (1) 1920g = 1.92kg です。
1kg = 0.001t なので,1.92kg = 0.00192t です。
(2) 0.84t = 840kg = 840000g

2 (2) 0.037t + 18.54kg = 37kg + 18.54kg
　= 55.54kg = 55540g
(3) 8219g − 4.526kg = 8.219kg − 4.526kg
　= 3.693kg
(4) 7.39t − 7038kg = 7.39t − 7.038t = 0.352t
(5) 16kg845g × 3 = 48kg2535g

= 50kg535g
(6) 5t568kg300g ÷ 9 = 5568300g ÷ 9
　= 618700g = 618kg700g

3 0.595kg = 595g だから，まんじゅう5個の重さは，920 − 595 = 325 (g) です。よって,まんじゅう1個の重さは,325 ÷ 5 = 65 (g) とわかります。

4 にんじん3本の重さは，130 × 3 = 390 (g)，ジャガイモ4個の重さは，160 × 4 = 640 (g)，玉ねぎ4個の重さは，210 × 4 = 840 (g) です。合わせると,390 + 640 + 840 = 1870(g)です。1870g = 1.87kg だから，豚肉も合わせた材料全部の重さは，1.87 + 0.76 = 2.63 (kg) です。

5 バナナ4本の重さは，170 × 4 = 680 (g)，りんご3個の重さは，280 × 3 = 840 (g) です。これらを合わせると，680 + 840 = 1520 (g) です。1520g = 1kg520g より，かごの重さは，1kg935g − 1kg520g = 415g = 0.415kg です。

6 700g は100g の7倍なので，とり肉700g の代金は，118 × 7 = 826（円）です。
800g は200g の4倍なので，豚肉800g の代金は，396 × 4 = 1584（円）です。
合わせると，826 + 1584 = 2410（円）です。

7 白いボール2個と青いボール5個を2組用意すると，白いボール4個と青いボール10個になります。その重さは，
2kg400g × 2 = 4kg800g です。
白いボール5個と青いボール2個を5組用意すると，白いボール25個と青いボール10個になります。その重さは，
2kg850g × 5 = 14kg250g です。
どちらも，青いボールは10個なので，重さの差は，白いボール 25 − 4 = 21（個）分の重さです。
14kg250g − 4kg800g = 9kg450g より，
白いボール1個の重さは，
9kg450g ÷ 21 = 9450g ÷ 21 = 450g とわかります。

1 (1) 3000 (2) 8 (3) 2065

(4) ① 4 ② 196

2 (1) 15000 (2) 92 (3) 6070 (4) 5590

3 記号 ウ 道のり 8100m

4 (1) (式) 650m + 455m = 1105m

1105m = 1km105m

(答え) 1km105m

(2) 780m

(3) (式) 520m + 650m = 1170m

390m + 455m = 845m

1170m − 845m = 325m

(答え) 花屋の前を通って行くほうが

325m 近い

5 (1) 21cm² (2) 24cm²

解説

1 (3) 2km65m = 2000m + 65m = 2065m

(4) 4196m = 4000m + 196m = 4km196m

2 (1) 6000m + 9km = 6000m + 9000m

= 15000m

(2) 34km + 58000m = 34km + 58km = 92km

(3) 7km − 930m = 7000m − 930m = 6070m

3 道のりは, 2つの地点を結ぶ道に沿って測っ

た長さです。

アの道のりは, 1km600m + 1km900m +

1km200m = 4km700m です。

イの道のりは, 3km400m + 4km600m = 8km

です。

ウの道のりは, 1km900m + 1km600m +

4km600m = 8km100m です。

よって, いちばん道のりが長いのは, ウです。

4 (2) 距離は, 2つの地点をまっすぐに測った長

さです。

5 (1) 縦が3cm, 横が7cmの長方形だから, 面

積は, 3 × 7 = 21 (cm²) です。

(2) 縦が4cm, 横が6cmの長方形だから, 面積は,

4 × 6 = 24 (cm²) です。

1 (1) 0.673 (2) 4.019

(3) ① 395 ② 200 (4) 82.965

2 (1) 17.5 (2) 3.574 (3) 200

(4) 13.6 (5) 2.437 (6) 900

3 (1) (式) 54cm × 8000 = 432000cm

432000cm = 4320m

(答え) 4320m

(2) (式) 4320m × 30 = 129600m

129600m = 129.6km

(答え) 129.6km

4 (式) 5.2km = 5200m

5200m ÷ 2 = 2600m

(答え) 2600m

5 (式) 18 × 22 = 396 (答え) 396cm²

6 (式) 34 × 27 = 918 (答え) 918m²

7 (式) 14 × 14 = 196 196 ÷ 7 = 28

(答え) 28cm

8 (1) ① 1 ② 100 ③ 10000

(2) 40000 (3) 600000 (4) 5 (5) 23

解説

1 (1) 1000m = 1km, 100m = 0.1km, 10m =

0.01km なので, 673m = 0.673km です。

2 (2) 4km650m − 1.076km

= 4.65km − 1.076km = 3.574km

(4) 3km400m × 4 = 12km1600m = 13km600m

= 13.6km

(5) 1.873km + 564m = 1.873km + 0.564km

= 2.437km

7 1辺の長さが14cmの正方形の面積は,

14 × 14 = 196 (cm²) です。これと面積が同

じ長方形の縦の長さを□cmとすると, 長方形の

面積は, □ × 7 = 196 で求められるから, □ =

196 ÷ 7 = 28 (cm) です。

8 (3) 1m² = 10000cm² だから,

60m² = 600000cm² です。

(4) 10000cm² = 1m² だから, 50000cm² = 5m²

です。

★★ 上級レベル②

1 (1) 0.027　(2) 804.006
　　(3) ① 59　② 600　(4) 70.707
2 (1) 11.16　(2) 2.29　(3) 450
　　(4) ① 33　② 733　(5) 9.26　(6) 497
3 (1)（式）16.2＋8.1＋16.2＋8.1＝48.6
　　　（答え）48.6m
　　(2)（式）16.2 ＋（8.1 － 5.4）＝ 18.9
　　　　8.1 ＋ 16.2 ＝ 24.3
　　　　24.3 － 18.9 ＝ 5.4
　　　（答え）5.4m
4（式）480m＝0.48km　670m＝0.67km
　　　0.48km＋37km＋0.67km＝38.15km
　　（答え）38.15km
5（式）80 ÷ 4 ＝ 20　20 × 20 ＝ 400
　　（答え）400cm²
6（式）50 × 25 ＝ 1250　（答え）1250m²
7 (1) ① 200　② 300　③ 60000
　　(2) 70000　(3) 160000　(4) 8　(5) 42

解　説

1 (1) 10m ＝ 0.01km，1m ＝ 0.001km なので，
27m ＝ 0.027km です。
2 (1) 620m × 18 ＝ 11160m ＝ 11.16km
(2) 6.35km － 4km60m ＝ 6.35km － 4.06km
　＝ 2.29km
(3) 27km ÷ 60 ＝ 27000m ÷ 60 ＝ 450m
(4) 4.819km × 7 ＝ 4819m × 7 ＝ 33733m
　＝ 33km733m
3 (1) AB 間と，CD 間の長さをたすと，EF 間の
長さと同じ 16.2m になります。BC 間と DE
間の長さをたすと，AF 間の長さと同じ 8.1m
になります。
(2) BC 間の長さは，AF 間の長さから DE 間の長
さをひいた長さと同じだから，
8.1 － 5.4 ＝ 2.7（m）です。
5 正方形の 1 辺の長さはすべて同じなので，は
じめに，いちばん大きい正方形の 1 辺の長さを
求めます。
7 (2) 1m² ＝ 10000cm² だから，
7m² ＝ 70000cm² です。

★★★ 最高レベル

1（式）2700÷100＝27　55m×27＝1485m
　　　1485m ＝ 1.485km
　　（答え）1.485km
2（式）1.8km ＝ 1800m
　　　1800 ÷（50 ＋ 150）＝ 9
　　（答え）9 分後
3（式）5.7 －（1.6 ＋ 1.6）＝ 2.5
　　（答え）2.5km
4（式）24 × 35 ＝ 840
　　　8 ×（35 － 13 － 6）＝ 128
　　　840 － 128 ＝ 712
　　（答え）712cm²
5（式）6 ×（10 － 1 × 2）＝ 48
　　（答え）48m²
6 (1)（式）6 ＋ 9.6 ＋ 6 ＋ 9.6 ＝ 31.2
　　　（答え）31.2m
　　(2)（式）6m ＝ 600cm，3.6m ＝ 360cm
　　　　9.6m ＝ 960cm，
　　　　43.2m² ＝ 432000cm²
　　　　600 × 360 ＝ 216000
　　　　432000 － 216000 ＝ 216000
　　　　216000 ÷（960 － 360）＝ 360
　　　　600 － 360 ＝ 240
　　　　240cm ＝ 2.4m
　　　（答え）2.4m
7 (1)（式）（4×4）×3－（2×2）×2＝40
　　　（答え）40cm²
　　(2)（式）（4×4）×8－（2×2）×7＝100
　　　（答え）100cm²

解　説

1 2700 歩は 100 歩の 27 倍だから，学校から
図書館までは，55 × 27 ＝ 1485（m）です。
2 池の周りは，1.8km ＝ 1800m です。のぞ
みさんとゆうきさんは 1 分間に，50 ＋ 150 ＝
200（m）ずつ近づくので，2 人が出会うのは，
1800 ÷ 200 ＝ 9（分後）です。
3 みのりさんが家に戻ったとき，しょうたさん
は 1.6 ＋ 1.6 ＝ 3.2（km）進んでいます。よって，

みのりさんの家から，5.7 − 3.2 = 2.5（km）のところにいます。

4 縦が 24cm，横が 35cm の大きい長方形から，縦が 8cm，横が，35 −（13 + 6）= 16（cm）の小さい長方形の面積をひいて求めます。大きい長方形の面積は，24 × 35 = 840（cm²），小さい長方形の面積は，8 × 16 = 128（cm²）なので，求める面積は，840 − 128 = 712（cm²）です。

5 幅 1m の 2 本の道を右端に寄せて考えると，道を除いた部分は，縦が 6m，横が，10 − 1 × 2 = 8（m）の長方形になるので，道を除いた部分の面積は，6 × 8 = 48（m²）となります。

6 (1) 右の図のように，周りの 2 か所を移動させると，周りの長さは，長方形の周りの長さと等しくなります。

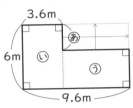

(2) 図のように⊙と⊙の 2 つの長方形に分け，単位を cm に直して考えます。6m = 600cm，3.6m = 360cm，9.6m = 960cm，43.2m² = 432000cm² だから，⊙の面積は，600 × 360 = 216000（cm²）です。
⊙の面積は，
432000 − 216000 = 216000（cm²）です。
⊙の長方形の横の長さは，960 − 360 = 600（cm）なので，縦の長さを□ cm とすると，□ × 600 = 216000 より，
□ = 216000 ÷ 600 = 360（cm）とわかります。よって，⊛の長さは，
600 − 360 = 240（cm）= 2.4（m）です。

─── 中学入試に役立つ **アドバイス** ───
図形のまわりの長さを求める問題では，辺を移動させて長方形や正方形をつくると，求めやすくなります。

7 (1) 重なる部分は 1 辺の長さが 2cm の正方形で，それが 2 か所あります。

(2) 重なる部分は 1 辺の長さが 2cm の正方形で，それが 7 か所あります。

復習テスト⑨　　　　問題**108**ページ

1 (1)
	時	分	秒
	3	38	27
+	5	26	59
	9	5	26

(2)
	日	時	分
	4	19	53
+	8	13	26
	13	9	19

(3)
	時	分	秒
	7	41	39
−	4	53	46
	2	47	53

2 (1) 0.264　(2) 4000000　(3) 8.619
(4) 3.072　(5) 90000　(6) 15

3 (1) 1.416　(2) 77　(3) 4.14　(4) 1117

4 (1) 36　(2) 40　(3) 234　(4) 188

5 （式）214秒 × 8 = 1712秒
　　　3分8秒 = 188秒
　　　188秒 × 9 = 1692秒
　　　1712秒 − 1692秒 = 20秒
　　（答え）のぞみさんが 20 秒はやくおれた

6 （式）3.56kg = 3560g
　　　3560g ÷ 2 + 210g = 1990g
　　　2.08kg = 2080g
　　　2080g − 1990g = 90g
　　（答え）90g

7 （式）2km30m − 490m = 1km540m
　　　1km620m + 1km540m = 3km160m
　　（答え）3.16km

8 （式）16 × 16 = 256
　　　256 ÷ 8 = 32
　　（答え）32m

解説

5 ゆうまさんがつるを 8 羽折るのにかかる時間と，のぞみさんがつるを 9 羽折るのにかかる時間をそれぞれ求めて比べます。

6 Ｃの重さはＡの重さの半分より 210g 重いから，3560g ÷ 2 + 210g = 1990g と求められます。これとＢの重さとのちがいを求めます。

8 畑の面積は，16 × 16 = 256（m²）です。花壇の横の長さを□ m とすると，8 × □ = 256 より，□ = 256 ÷ 8 = 32（m）とわかります。

1
(1)
時	分	秒
6	45	32

+ 3 18 47
―――――――――
10 4 19

(2)
時	分	秒
9	26	19

− 2 38 51
―――――――――
6 47 28

(3)
日	時	分
5	6	43

− 1 16 45
―――――――――
3 13 58

2 (1) 0.038　(2) 0.719
　　(3) ① 29　② 52　(4) 46.915
　　(5) 530000　(6) 8.1

3 (1) 2993　(2) 86.85　(3) 4.099　(4) 900

4 (1) 3000　(2) 42　(3) 279　(4) 118

5 （式）2分25秒＝145秒
　　　　（168秒− 145秒）×14 ＝ 322秒
　　　　322秒 ＝ 5分22秒
　　（答え）5分22秒

6 （式）1.47kg ＋ 3.09kg ＝ 4.56kg
　　　　4.56kg ＝ 4560g
　　　　4560g ÷ 3 ＝ 1520g
　　（答え）1520g

7 （式）48cm × 30 × 2 ＝ 2880cm
　　　　2880cm × 500 ＝ 1440000cm
　　　　1440000cm ＝ 14.4km
　　（答え）14.4km

8 （式）4 × 9 ＝ 36　36 ＝ 6 × 6
　　（答え）6cm

解説

6 A と B の重さを合わせた 4.56kg が C の重さのちょうど3倍なので，4.56kg を 4560g に直してから3でわります。

7 はじめに1人が両手に1つずつ持つポンポンを作るのに必要なリボンの長さを cm で求め，それを 500 倍し，単位を km に直します。

8 長方形の紙の面積は，4 × 9 ＝ 36（cm²）です。正方形の紙の1辺の長さを□cm とすると，□×□＝ 36 より，6 × 6 ＝ 36 なので，正方形の紙の1辺の長さは 6cm とわかります。

1 (1) 4 か所　(2) 3 人　(3) 7

2 (1) バター　32g　薄力粉　64g
　　(2) 16 個
　　(3) 牛乳が 30mL 不足，
　　　　薄力粉が 72g 不足

解説

1 (1) 1人目の警察官は右の図1の矢印で示した所までかけつけられます。そこで，○で示した交差点にかけつけられるように2人目の警察官を配置します。考えられる交差点は，図2の●の交差点で，4か所あります。

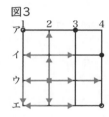

(2) 外側の交差点に警察官を配置すると，移動できる場所が少なくなるので，図3の■の交差点に1人目を配置すると，矢印で示した所までかけつけられます。1人目の警察官が○で示した1−アと4−エの交差点にかけつけることはできません。●で示した3−アと4−イに配置すればよいので，考えられる最も少ない人数は3人です。

(3) 縦に15本，横に15本の道が通っている街で，1−アから15−ソまで進むのに，14 ＋ 14 ＝ 28（km）あります。28km を4人の警察官で移動するには，1人，28 ÷ 4 ＝ 7（km）です。1−アに 7km の移動距離でかけつけられる交差点は4−オです。同じようにして，15−アに 7km の移動距離でかけつけられる交差点は 11−エ，1−ソに 7km の移動距離でかけつけられる交差点は 5−シ，15−ソに 7km の移動距離でかけつけられる交差点は 12−サです。この4つの交差点を図4の■で示します。また，1人の警察官がかけつ

けることのでき
る交差点の範囲
も示しています。
他の3人の警察
官がかけつける
ことのできる交
差点の範囲も同
じです。これよ

図4

り，7km までの移動距離で配置すれば，街の
すべての交差点にかけつけることができます。

2 シュークリーム1個分の材料を計算します。
バター…40 ÷ 10 = 4（g）
薄力粉…シュー生地とカスタードクリームの分を
　　　　合わせて，（60 + 20）÷ 10 = 8（g）
グラニュー糖…70 ÷ 10 = 7（g）
牛乳…200 ÷ 10 = 20（mL）

(1) シュークリームを8個作るのに，
　バターは（40 ÷ 10）× 8 = 32（g），
　薄力粉は（80 ÷ 10）× 8 = 64（g）必要です。

(2) 与えられた材料で作れる個数を求めます。
　牛乳…550 ÷ 20 = 27（個）あまり 10（mL）
　グラニュー糖…210 ÷ 7 = 30（個）
　薄力粉…135 ÷ 8 = 16（個）あまり 7（g）
　バター…155 ÷ 4 = 38（個）あまり 3（g）
　最も少ないのは，薄力粉の16個です。
　ここで，卵は 10 ÷ 4 = 2 あまり 2（個）より，
　シュークリームを 20 個より多く作ることが
　できるので，与えられた材料では最大16個
　作れます。

(3) シュークリームを34個作るのに必要な材料
　を計算します。
　牛乳…20 × 34 = 680（mL）
　グラニュー糖…7 × 34 = 238（g）
　薄力粉…8 × 34 = 272（g）
　バター…4 × 34 = 136（g）
　また，卵は 17 ÷ 4 = 4 あまり 1（個）より，
　シュークリームを 40 個より多く作ることが
　できます。よって，牛乳が 680 − 650 = 30
　（mL）不足し，薄力粉が 272 − 200 = 72（g）
　不足しています。

■ 6章　図形

13 三角形(1)

★ 標準レベル　　　　　　　問題114ページ

1 (1) ① 2　② 2　(2) ① 3　② 3
2 (1) あ，お，か　(2) え，け
　　(3) い，き　(4) う，く
3 (1) う，え　(2) あ，お　(3) い，か
4 (1) 75°　(2) 150°
5 (1) 50°　(2) 40°

解説

2 二等辺三角形，正三角形，直角三角形の特徴
は次の通りです。

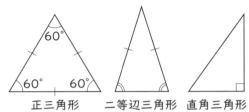

正三角形　　二等辺三角形　　直角三角形

(1) 2つの辺の長さが等しい三角形を選ぶので，
　あ，お，かです。

(2) 3つの辺の長さが等しい三角形を選ぶので，
　え，けです。

(3) 1つの角が直角（90°）になっている三角形
　を選ぶので，い，きです。

(4) (1)〜(3)以外のものなので，う，くです。

3 (1)(2)(3) 角の大きさが90°のとき，その角を
　直角といいます。

4 三角定規の角の大きさは次の通りです。

(1) 45°の角と30°の角を合わせているので，45°
　+ 30° = 75°

(2) 90°の角と60°の角を合わせているので，90°
　+ 60° = 150°

5 (1) 180° −（90° + 40°）= 50°

(2) 180° −（80° + 60°）= 40°

1 (1) ○　(2) ×　(3) ○　(4) ×

2 (1) 二等辺三角形　(2) 直角三角形
　　(3) 正三角形　(4) 二等辺三角形

3 (1) 二等辺三角形　(2) 正三角形
　　(3) 二等辺三角形

4 (1) 45°　(2) 15°　(3) 135°
　　(4) 30°　(5) 75°　(6) 135°

5 (1) 48°　(2) 23°　(3) 76°　(4) 60°

解説

1 3辺のうち，いちばん長い辺の長さが残りの2辺の長さの合計より短いと三角形ができます。

(1) 6 + 7 = 13（cm）で，8cm のほうが短いので，三角形ができます。

(2) 4 + 7 = 11（cm）で，12cm のほうが長いので，三角形はできません。

(3) 9 + 5 = 14（cm）で，11cm のほうが短いので，三角形ができます。

(4) 6 + 7 = 13（cm）で，13cm と同じなので，三角形はできません。

3 (1) 6cm の辺が2本と8cm の辺が1本の二等辺三角形ができます。

(2) 8cm の辺が3本の正三角形ができます。

(3) 10cm の辺が2本と8cm の辺が1本の二等辺三角形ができます。

4 (1) 90° − 45° = 45°

(2) 45° − 30° = 15°

(3) 180° − 45° = 135°

(4) 90° − 60° = 30°

(5) 180° −（60° + 45°）= 75°

(6) 右の図で，さの角の大きさは，
60° − 45° = 15°
かの角の大きさは，
180° −（30° + 15°）
= 135°となります。

5 (1) 180° −（64° + 68°）= 48°

(2) 180° −（44° + 113°）= 23°

(3) （180° − 28°）÷ 2 = 76°

(4) 正三角形は3つの角がすべて60°です。

1 (1) 113°　(2) 28°　(3) 114°　(4) 69°

2 124°

3 144°

4 18cm

5 15cm，20cm

6 9cm，10cm，11cm，12cm，13cm

7 (1) 27 こ　(2) 34 こ

解説

1 (1) かの角の大きさは，
180° −（81° + 32°）
= 67°なので，
あの角の大きさは，
180° − 67° = 113°となります。

(2) きの角の大きさは，
180° − 92° = 88°なので，いの角の大きさは，180° −（88° + 64°）= 28°となります。

(3) くの角の大きさは，
（180° − 48°）÷ 2
= 66°なので，けの角の大きさは，
180° − 66° = 114°となります。
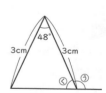

(4) けの角の大きさは，
180° − 138° = 42°なので，えの角の大きさは，（180° − 42°）÷ 2 = 69°となります。
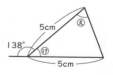

─ 中学入試に役立つ **アドバイス** ─

右の図で，エの角はウの角の外角といいます。
また，エの角の大きさはアの角とイの角の大きさの合計と等しくなります。
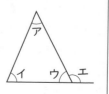

2 右の図で、⑩の角の大きさは、

90° − (19° + 45°)
= 26° です。よって、⑧
の角の大きさは、180° − (26° + 30°) = 124°
となります。

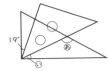

3 ⑩の角 10 個分の大きさが 360° だから、⑩の角の大きさは、360° ÷ 10 = 36° です。よって、⑤の角の大きさは、

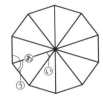

(180° − 36°) ÷ 2 = 72° です。
同じ紙を並べているので、⑧の角の大きさは⑤の角の大きさの 2 倍になります。したがって、⑧の角の大きさは、72° × 2 = 144° となります。

4 ⑧の長さの半分が 9cm になります。よって、⑧の長さは、9 × 2 = 18 (cm) です。

5 二等辺三角形は 2 辺の長さが等しい三角形なので、15cm の辺が 2 本と 20cm の辺が 1 本の二等辺三角形か、15cm の辺が 1 本と 20cm の辺が 2 本の二等辺三角形ができます。

6 14cm の辺が最も長くなるように三角形を作るから、残りの 2 辺の長さの合計は 14cm より長くなります。よって、15 − 6 = 9 (cm)、16 − 6 = 10 (cm)、17 − 6 = 11 (cm)、18 − 6 = 12 (cm)、19 − 6 = 13 (cm) のひごがあれば、14cm の辺が最も長くなるように三角形を作ることができます。

7 (1) 1 辺の長さが 1cm の正三角形は 16 個あります。1 辺の長さが 2cm の正三角形は 7 個あります。1 辺の長さが 3cm の正三角形は 3 個あります。1 辺の長さが 4cm の正三角形は 1 個あります。よって、全部で、16 + 7 + 3 + 1 = 27 (個) の正三角形があります。

(2) 1 辺の長さが 1cm の正三角形は 21 個あります。1 辺の長さが 2cm の正三角形は 10 個あります。1 辺の長さが 3cm の正三角形は 3 個あります。よって、全部で、21 + 10 + 3 = 34 (個) の正三角形があります。

1 (1) 21cm (2) 15cm (3) 12cm
2 (1) ① 底辺 ② 2
(2) ① 9 ② 6 ③ 9 ④ 6 ⑤ 2
⑥ 27
(3) ① 14 ② 7 ③ 14 ④ 7
⑤ 2 ⑥ 49
3 (1) 48cm² (2) 72cm² (3) 44cm²
(4) 35cm² (5) 18cm² (6) 32cm²
(7) 96cm² (8) 30cm²

解 説

1 (1) 正三角形は 3 つの辺の長さが等しいので、まわりの長さは、7 × 3 = 21 (cm) です。

(2) 正三角形は 3 つの辺の長さが等しいので、1 辺の長さは、45 ÷ 3 = 15 (cm) です。

(3) ア 2 つ分の長さは、40 − 16 = 24 (cm) です。よって、アの長さは、24 ÷ 2 = 12 (cm) となります。

3 (1) 底辺が 12cm、高さが 8cm なので、面積は、12 × 8 ÷ 2 = 48 (cm²) です。

(2) 底辺が 16cm、高さが 9cm なので、面積は、16 × 9 ÷ 2 = 72 (cm²) です。

(3) 底辺が 11cm、高さが 8cm なので、面積は、11 × 8 ÷ 2 = 44 (cm²) です。

(4) 底辺が 10cm、高さが 7cm なので、面積は、10 × 7 ÷ 2 = 35 (cm²) です。

(5) 底辺が 6cm、高さが 6cm なので、面積は、6 × 6 ÷ 2 = 18 (cm²) です。

(6) 1 つの角の大きさが 45° の直角三角形は、直角二等辺三角形です。底辺が 8cm、高さが 8cm なので、面積は、8 × 8 ÷ 2 = 32 (cm²) です。

(7) 底辺が 12cm、高さが 16cm なので、面積は、12 × 16 ÷ 2 = 96 (cm²) です。

(8) 底辺が 5cm、高さが 12cm なので、面積は、5 × 12 ÷ 2 = 30 (cm²) です。

1 (1) 54cm　(2) 42cm

2 8cm と 14cm，11cm と 11cm

3 (1) 42cm²　(2) 64cm²

4 (1) 81cm²　(2) 46cm²　(3) 118cm²
　　(4) 48cm²

5 (1) 16cm　(2) 8cm

解　説

3 (2) 右の図のように，
アからイウに垂直
な直線アエをひく
と，三角形アイエ
は正三角形を半分
にした直角三角形だから，アエの長さは，16
÷ 2 = 8（cm）です。よって，三角形アイウ
は底辺が16cm，高さが8cm の三角形だから，
面積は，

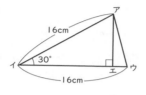

16 × 8 ÷ 2 = 64（cm²）になります。

― 中学入試に役立つ **アドバイス** ―

角の大きさが30°，60°，90°の直角三角形
のいちばん短い辺の長さは，いちばん長い辺
の長さの半分になります。

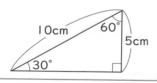

4 (4) かげをつけた 3 つの三角形は，どれも高
さが8cm の三角形です。それぞれの三角形の
底辺の和は12cm だから，かげをつけた部分
の面積は，12 × 8 ÷ 2 = 48（cm²）となり
ます。

― 中学入試に役立つ **アドバイス** ―

底辺が同じ長さのいくつかの三角形の
面積の和は，
（底辺）×（高さの和）÷ 2 で求められます。
高さが同じ長さのいくつかの三角形の
面積の和も同じように，
（底辺の和）×（高さ）÷ 2 で求められます。

1 24cm

2 7cm と 7cm と 11cm，8cm と 8cm と
　9cm，9cm と 9cm と 7cm，10cm と
　10cm と 5cm，11cm と 11cm と 3cm，
　12cm と 12cm と 1cm

3 48cm²

4 50cm²

5 25cm²

6 25cm²

7 18cm²

8 3cm

解　説

1 1m = 100cm だから，正三角形にかけたひも
の長さは，100 − 28 = 72（cm）です。正三角
形はすべての辺の長さが等しいので，正三角
形の 1 辺の長さは，72 ÷ 3 = 24（cm）です。

3 かげをつけた部分は，底辺が8cm の 2 つの
三角形に分けることができます。2 つの三角形の
高さの和は 12cm だから，かげをつけた部分の
面積は，8 × 12 ÷ 2 = 48（cm²）となります。

4 かげをつけた 6 つの三角形は，どれも高さが
5cm の三角形です。それぞれの三角形の底辺の
和は 20cm だから，かげをつけた部分の面積は，
20 × 5 ÷ 2 = 50（cm²）となります。

5 かげをつけた部分を
面積を変えないように
移動させて考えます。
かげをつけた部分を右
の図のように移動さ
せると，1 辺の長さが
10cm の正方形の 4 分
の 1 になります。よって，面積は，

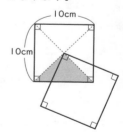

10 × 10 ÷ 4 = 25（cm²）となります。

6 次の図のように，直線 AB の延長上に C から
垂直な直線をひくと，アの角の大きさは，
180° − 150° = 30° だから，三角形 BCD は 30°，
60°，90°の直角三角形になります。

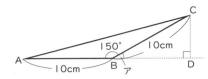

よって，CD の長さは，10 ÷ 2 = 5 (cm) で，これは，三角形 ABC で辺 AB を底辺としたときの高さになるので，三角形 ABC の面積は，10 × 5 ÷ 2 = 25 (cm²) となります。

7 下の図のように，同じ三角形をもう 1 つ合わせて，底辺が 12cm として考えます。

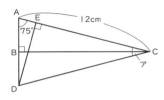

アの角の大きさは，
{180° − (90° + 75°)} × 2 = 30° だから，三角形 CED は 30°，60°，90° の直角三角形になります。DE の長さは，12 ÷ 2 = 6 (cm) だから，三角形 ADC の面積は，12 × 6 ÷ 2 = 36 (cm²) です。よって，三角形 ABC の面積は，36 ÷ 2 = 18 (cm²) となります。

8 三角形アイウの面積は，24 × 7 ÷ 2 = 84 (cm²) です。下の図のように，三角形アイウを，3 つの三角形アイエ，イウエ，ウアエに分けると，三角形アイエは，底辺が 25cm，高さがエオ，三角形イウエは，底辺が 24cm，高さがエカ，三角形ウアエは，底辺が 7cm，高さがエキの三角形です。

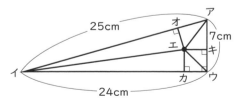

3 つの三角形は高さが等しいから，合わせると，底辺が，25 + 24 + 7 = 56 (cm)，高さがエオの三角形の面積と等しくなります。56 × エオ ÷ 2 = 84 だから，エオ = 84 × 2 ÷ 56 = 3 (cm) です。

15 四角形

★ 標準レベル　　問題 126 ページ

1 (1) お，き　(2) い，け，し　(3) か，く
　　(4) あ，さ　(5) う，こ　(6) え

2 (1) ① 4　② 4　(2) 4

3 (1) 2　(2) 辺の長さ　(3) 1

4 台形

5 (1) 長方形　(2) 平行四辺形

6 正方形

解説

1 (1) 長方形は，4 つの角がすべて直角で，向かい合った 2 組の辺の長さがそれぞれ等しい四角形です。

(2) 正方形は，4 つの角がすべて直角で，4 つの辺すべての長さが等しい四角形です。

(3) 平行四辺形は，向かい合った 2 組の辺がそれぞれ平行で長さが等しい四角形です。

(4) ひし形は，4 つの辺すべての長さが等しい四角形です。

(5) 台形は，向かい合った 1 組の辺が平行な四角形です。

4 長方形は，向かい合った 2 組の辺がそれぞれ平行な四角形です。三角形アイオを切り取ると，イウとオエだけが平行になるので，四角形オイウエは台形になります。

5 (1) 4 つの角がすべて 90° の四角形ができるので，長方形です。

(2) 2 組の辺が平行な四角形ができるので，平行四辺形です。

6 図の三角定規は，角の大きさが 90°，45°，45° の直角二等辺三角形です。右の図のように，長さがいちばん長い辺どうしが重なるように

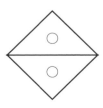

並べると，4 つの辺の長さがすべて等しく，すべての角の大きさが 90° になるので，正方形ができます。

1 (1) 対角線　(2) すい直　(3) すい直

2 (1) 長方形　(2) 平行四辺形　(3) ひし形

3 (1) 56°　(2) 124°

4 17cm

5 19cm, 11cm, 11cm

6 96cm

7 26cm

8 316cm

解説

3 平行四辺形の角の特徴を覚えましょう。

(1) 平行四辺形の向かい合う角の大きさは等しいので, ⑧の角の大きさは 56° です。

(2) 平行四辺形のとなり合う角の大きさの和は 180° になるので, ⓘの角の大きさは,
180° − 56° = 124° です。

4 大きいほうの正方形を作るのに使うひもの長さは, 28 × 4 = 112 (cm) だから, 小さいほうの正方形を作るのに使うひもの長さは,
180 − 112 = 68 (cm) です。
よって, 小さいほうの正方形の 1 辺の長さは,
68 ÷ 4 = 17 (cm) です。

5 平行四辺形の向かう合う辺の長さは等しいので, 1 本は長さが 19cm です。残り 2 本の辺の長さが等しくなるので, その長さは,
(60 − 19 × 2) ÷ 2 = 11 (cm) です。

6 4 つの辺の長さがすべて 24cm のひし形になるので, まわりの長さは, 24 × 4 = 96 (cm) となります。

7 横の長さと縦の長さの合計は,
128 ÷ 2 = 64 (cm) です。短いほうの辺 2 本分の長さは, 横の長さと縦の長さの合計より 12cm 短いから, 短いほうの辺の長さは,
(64 − 12) ÷ 2 = 26 (cm) です。

8 できる図形は平行四辺形で, 短いほうの辺の長さが 8cm, 長いほうの辺の長さが, 5 × 30 = 150 (cm) です。よって, まわりの長さは, 8 × 2 + 150 × 2 = 316 (cm) となります。

1 36 こ

2 8cm

3 20°

4 34cm

5 (1) 16cm, 20cm

(2) (れい)

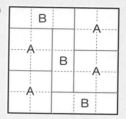

(3) 14 こ, 15 こ, 16 こ
(れい)

解説

1 小さい正方形を 1 個使ってできる四角形は 9 個あります。小さい正方形を 2 個使ってできる四角形は 12 個あります。小さい正方形を 3 個使ってできる四角形は 6 個あります。小さい正方形を 4 個使ってできる四角形は 4 個あります。小さい正方形を 6 個使ってできる四角形は 4 個あります。小さい正方形を 9 個使ってできる四角形は 1 個あります。よって, 四角形は全部で,
9 + 12 + 6 + 4 + 4 + 1 = 36 (個) あります。

2 20 × 20 = 400 だから, 長方形の長いほうの辺と短いほうの辺の長さの合計は 20cm です。また, 4 × 4 = 16 より, 中の小さい正方形の 1 辺の長さは 4cm だから, 長方形の短いほうの辺の長さは長いほうの辺の長さより 4cm 短くなります。よって, 長方形の短いほうの辺の長さは,
(20 − 4) ÷ 2 = 8 (cm) となります。

4 右の図のように，辺を移動させて考えると，アの長さはイとウの長さの合計に等しくなります。右の図の点線の四角形は１辺の長さがアの長さの２倍の正方形になります。

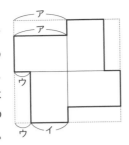

この正方形のまわりの長さはもとの図形のまわりの長さと同じ80cmだから，

アの長さは，80 ÷ 4 ÷ 2 = 10（cm）とわかります。長方形１個の面積は，280 ÷ 4 = 70（cm²）だから，イの長さは，70 ÷ 10 = 7（cm）になります。よって，長方形のまわりの長さは，10 × 2 + 7 × 2 = 34（cm）になります。

5 (1) 考えられる四角形は，次の２通りあります。

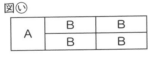

図あのときは，１辺の長さが4cmの正方形になるから，まわりの長さは，4 × 4 = 16（cm）になります。図いのときは，縦が2cm，横が8cmの長方形になるから，まわりの長さは，2 × 2 + 8 × 2 = 20（cm）になります。

(2) １辺の長さが5cmの正方形の面積は，5 × 5 = 25（cm²）です。正方形A4個分の面積の合計は，2 × 2 × 4 = 16（cm²）だから，(25 − 16) ÷ (1 × 3) = 3より，長方形Bを3個使えばいいことがわかります。

(3) １辺の長さが7cmの正方形を作るとき，正方形Aは縦に3個，横に3個までしか並べることができないから，正方形Aの個数は多くても，3 × 3 = 9（個）となります。１辺の長さが7cmの正方形の面積は，7 × 7 = 49（cm²）だから，正方形の個数が9個までで，面積が49cm²になるような正方形Aと長方形Bの個数は，正方形Aが7個と長方形Bが7個，正方形Aが4個と長方形Bが11個，正方形Aが1個と長方形Bが15個の組み合わせになります。

1 (1) 二等辺三角形　(2) 正三角形
　(3) 二等辺三角形
2 (1) 81°　(2) 42°
3 (1) 117°　(2) 46°
4 (1) 164cm²　(2) 36cm²
　(3) 60cm²　(4) 80cm²
5 (1) 18cm　(2) 7cm
6 34cm

解説

2 (2) 二等辺三角形の２つの角の大きさは等しいので，いの角の大きさは180° − 69° × 2 = 42°となります。

3 (2) 平行四辺形のとなり合う角の大きさの和は180°になるので，うの角の大きさは，180° − 134° = 46°です。

4 (1) かげをつけた部分の四角形は，底辺が8cm，高さが20cmの三角形と，底辺が14cm，高さが12cmの三角形に分けることができます。よって，かげをつけた部分の面積は，8 × 20 ÷ 2 + 14 × 12 ÷ 2 = 164（cm²）となります。

(3) 四角形アイウエの面積から，白い部分の面積をひきます。四角形アイウエの面積は，9 × 9 = 81（cm²）だから，かげをつけた部分の面積は，81 − (9 − 3) × (9 − 2) ÷ 2 = 60（cm²）となります。

(4) かげをつけた３つの三角形は，どれも高さが16cmの三角形です。それぞれの三角形の底辺の和は10cmだから，かげをつけた部分の面積は，10 × 16 ÷ 2 = 80（cm²）となります。

5 (1) あ × 12 ÷ 2 = 108だから，あ = 108 × 2 ÷ 12 = 18（cm）となります。

(2) 24 × い ÷ 2 = 84だから，い = 84 × 2 ÷ 24 = 7（cm）となります。

6 ひし形の１辺の長さは，136 ÷ 4 = 34（cm）です。これは正三角形の１辺の長さでもあるから，アイの長さは34cmです。

1 (1) ○　(2) ×　(3) ×　(4) ○

2 (1) 66cm　(2) 50cm

3 (1) 165°　(2) 105°　(3) 105°

4 (1) 40cm²　(2) 81cm²

　　(3) 57cm²　(4) 42cm²

5 52cm

6 290cm

解説

3 (1) 右の図で，⑰の角の大きさ
は，180° − 60° = 120° だか
ら，⑱の角の大きさは，
180° − (120° + 45°)
= 15° です。よって，⑲の角
の大きさは，
180° − 15° = 165° です。

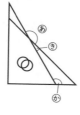

4 (2) 二等辺三角形だから，いちばん小さい角
の大きさは，180° − (75° × 2) = 30° で
す。三角形の底辺を18cmとして，30°，60°，
90°の三角形を利用すると，三角形の高さは，
18 ÷ 2 = 9 (cm) となります。
よって，三角形の面積は，18 × 9 ÷ 2 = 81
(cm²) となります。

(4) かげをつけた部分の三角形は，底辺が，
12 − 5 = 7 (cm) の 2 つの三角形に分ける
ことができます。それぞれの三角形の高さの
和は12cmだから，かげをつけた部分の面積は，
7 × 12 ÷ 2 = 42 (cm²) となります。

5 1辺の長さが13cmのひし形ができます。よっ
て，まわりの長さは，13 × 4 = 52 (cm) とな
ります。

6 台形を2個並べると長いほうの辺の長さが
14cm，短いほうの辺の長さが5cmの平行四辺
形になるから20個並べると，この平行四辺形が
10個並ぶことになります。このとき，長いほう
の辺の長さは，14 × 10 = 140 (cm) だから，
まわりの長さは，140 × 2 + 5 × 2 = 290 (cm)
になります。

16　箱の形

1 (1) 直方体　(2) 立方体

2 (1) 4本　(2) 12本　(3) 8つ　(4) 6つ

　　(5) 3組

3 (1) 108cm　(2) 180cm

4 ⑭, ⑨, ⑥, ⑯, ⑫, ⑪, ⑬

解説

2 (2) 直方体，立方体には辺が12本あります。

(3) 直方体，立方体には頂点が8つあります。

(4) 直方体，立方体には面が6つあります。

(5) 縦8cm，横9cmの長方形の面が2つ，
縦5cm，横9cmの長方形の面が2つ，
縦5cm，横8cmの長方形の面が2つあります。
よって，形も大きさも同じ面は2つずつ3組
あります。

3 (1) それぞれの面にかかっているひもを考える
と，16 × 2 + 18 × 2 + 10 × 4 = 108(cm)
となります。

(2) それぞれの面にかかっているひもを考えると，
15 × 2 × 6 = 180 (cm) となります。

4 組み立てて立方体になる
展開図は形が決まっていま
す。4つの面が図1のよう
に並んでいるときは，⑥や
⑪，⑬のように，上側と下
側に1つずつ面があれば，
面がどの位置にあっても立方体を組み立てるこ
とができます。3つの面が図2のように並んで
いるときは，⑨のように，上側か下側に端の面から
3つ面が並んでいれば立方体を組み立てることが
できます。また，⑭や⑫のように，上側か下側に
端の面から2つ面が並んでいて，反対側に1つ
面があれば，面がどの位置にあっても立方体を組
み立てることができます。2つの面が図3のよ
うに並んでいるときは，⑯のように並んでいれば
立方体を組み立てることができます。

図1

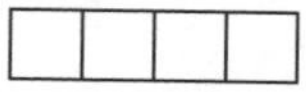

図2

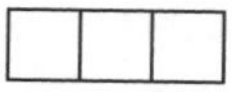

図3

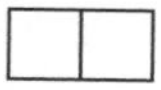

1 (1) 6cm　(2) 9cm
2 辺アイ, 辺ウキ, 辺キサ, 辺コカ
3 ア 4　イ 5　ウ 6
4 (1) 54　(2) 44
5 6
6 80cm

解説

1 (2) 箱にかけた分の長さは, 80 − 30 = 50 (cm) です。それぞれの面にかかっているひもを考えると, 8cm の部分が 2 つ, アの部分が 2 つ, 4cm の部分が 4 つあるから, アの部分が 2 つの長さは, 50 − (8 × 2 + 4 × 4) = 18 (cm) です。よって, アの長さは, 18 ÷ 2 = 9 (cm) です。

4 (1) 真ん中のさいころの見えない面の数の合計は 7 になります。左のさいころと右のさいころは, 見えない面がそれぞれ 1 つずつあるので, この面の数ができるだけ小さければよいことになります。よって, 見えない面の数の合計は, 7 + 1 + 1 = 9 のとき, 最も小さくなります。3 つのさいころの面の数の合計は, (1 + 2 + 3 + 4 + 5 + 6) × 3 = 63 だから, 見えている面の目の数の合計の中で最も大きい数は, 63 − 9 = 54 になります。

5 左前のさいころと左奥のさいころは 2 の面がくっついています。また, 左奥のさいころと右奥のさいころは 4 の面がくっついています。よって, アは 1 か 6 です。アの目の数がイの目の数より大きいので, アは 6 になります。

6 手前の面について, 右の図のように辺を移動させると, 辺の長さの合計は, 6 × 2 + 8 × 2 = 28 (cm) になります。同じように考えると, 奥の面の辺の長さの合計も 28cm になります。手前の面と奥の面をつなぐ 3cm の辺は 8 本あります。

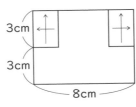
3cm　3cm　8cm

1 (1) 頂点ク, 頂点シ　(2) かの面　(3) 18cm
2 ア 4　イ 5
3 18こ
4 (1) 8こ　(2) 36こ　(3) 600面
5 3
6 2, 4, 5

解説

1 (2) あの面とおの面, いの面とえの面, うの面とかの面がそれぞれ向かい合う面になります。
(3) セスの長さは 5cm, スコの長さは 4cm です。コケはコサと重なるので 5cm です。ケクはサシと重なるので 4cm です。よって, 直線セクの長さは, 5 + 4 + 5 + 4 = 18 (cm) です。

2 図 1 より, 図 2 の上の段の左前のさいころと右前のさいころは 3 の面がくっついています。アはこの面と向かい合う面だから 4 になります。下の段の右前のさいころと右奥のさいころは 4 の面がくっついています。また, 上の段の右奥のさいころと下の段の右奥のさいころは 6 の面がくっついています。4 の面と向かい合う面は 3 で, 6 の面と向かい合う面が 1 であることと図 1 より, イの面は 5 になります。

3 下の段から順に, 赤く塗られている面がいくつあるかを調べると, 下の図のようになります。下の図より, 1 つの面だけが赤く塗られている立方体は 18 個あります。

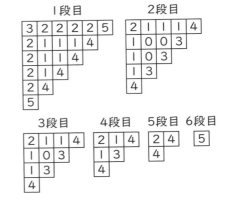

1段目
3	2	2	2	2	5
2	1	1	1	4	
2	1	1	4		
2	1	4			
2	4				
5					

2段目
2	1	1	1	4
1	0	0	3	
1	0	3		
1	3			
4				

3段目
2	1	1	4
1	0	3	
1	3		
4			

4段目
2	1	4
1	3	
4		

5段目
| 2 | 4 |
| 4 | |

6段目
| 5 |

4 下の段から順に色が塗られている面がいくつ
あるかを調べると，次の図のようになります。

1段目
5段目

3	2	2	2	3
2	1	1	1	2
2	1	1	1	2
2	1	1	1	2
3	2	2	2	3

2段目
3段目
4段目

2	1	1	1	2
1	0	0	0	1
1	0	0	0	1
1	0	0	0	1
2	1	1	1	2

(1) 3つの面に色が塗られている立方体は，1段
目と5段目に4個ずつあるので，4＋4＝8
（個）になります。

(2) 2つの面に色が塗られている立方体は，1段
目と5段目に12個ずつ，2段目と3段目と
4段目に4個ずつあるので，12×2＋4×
3＝36（個）になります。

(3) 1つの面に色が塗られている立方体は，
9×2＋12×3＝54（個）です。よって，
色が塗られている面の数の合計は，
3×8＋2×36＋1×54＝150（個）です。
125個の立方体の面の数の合計は，
6×125＝750（面）だから，色が塗られ
ていない面の数の合計は，750－150＝
600（面）になります。

5 さいころを転がしたときに見える面は下の図
のようになります。下の図より，アの位置で上を
向いている面は3です。

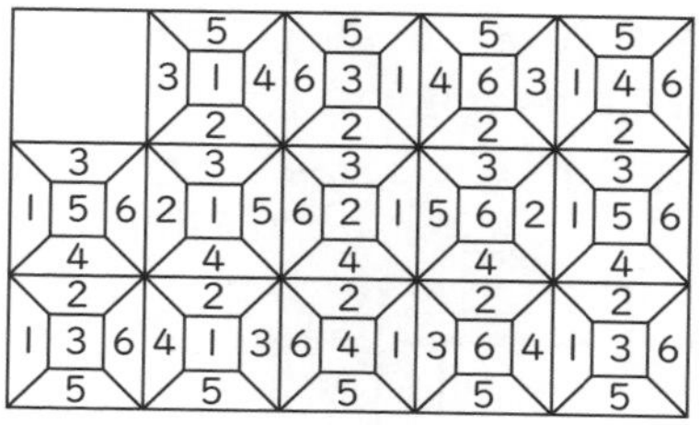

6 面あと面いは向かい合う面だから，6の面と
向かい合う面を考えます。3組の向かい合う面の
数の合計がすべて異なり，いずれも7にならな
いような組み合わせは，(1と2,3と5,4と6),(1
と3，2と4，5と6)，(1と3，2と6，4と5)，
(1と5,2と3,4と6)の4通りあります。よっ
て，6の面と向かい合う面の数として考えられる
ものは2，4，5です。

---

17 円と球

★ 標準レベル　問題142ページ

1 (1) 半径　(2) 直径　(3) 中心　(4) 2
2 (1) イ　(2) 2倍
3 16cm
4 28cm
5 (1) 6cm　(2) ひし形
6 (1) 正三角形　(2) 二等辺三角形
7 (1) 半径　(2) 円　(3) 球の中心

解説

2 (1) 円の中心から円のまわりまでの長さが半径
なので，イです。

(2) ウの直線は直径です。直径の長さは半径の長
さの2倍です。

3 あは円の直径になるので，8×2＝16（cm）
です。

4 正方形の中に円がぴったり入っているので，
円の直径と正方形の1辺の長さは等しくなりま
す。よって，正方形の1辺の長さは，14×2＝
28（cm）です。

5 (1) アイの長さは円の半径の長さと等しいの
で，6cmです。

(2) アウ，アエ，イウ，イエはいずれも円の半径
だから，四角形アエイウは4つの辺の長さが
等しい四角形です。よって，ひし形です。

6 (1) アイ，アウはいずれも円の半径だから
6cm。よって，3つの辺の長さが等しい三角
形なので，正三角形です。

(2) 2つの辺の長さが等しい三角形なので，二等
辺三角形です。

─ 中学入試に役立つ アドバイス ─

円の中心と円周上の2点を結んでできる三
角形は，正三角形や二等辺三角形になります。
正三角形や二等辺三角形の特徴から，円の半
径の長さや三角形の辺の長さ，角の大きさを
求めることができます。

1　16cm

2　6cm

3　(1) 14cm　(2) 2cm　(3) 5cm

4　18cm

5　16cm

6　72cm²

7　54cm

解説

2　アウの長さは 4cm，イエの長さは 7cm，アイの長さは 17cm だから，ウエの長さは，17 − 4 − 7 = 6（cm）になります。

3　(2) 右の図で，アエの長さは，14 ÷ 2 = 7（cm），ウエの長さは，10 ÷ 2 = 5(cm) だから，アウの長さは，7 − 5 = 2（cm）となります。

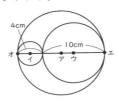

(3) 上の図で，アオの長さは 7cm，イオの長さは，4 ÷ 2 = 2（cm）だから，アイの長さは，7 − 2 = 5（cm）となります。

4　球の直径 2 個分の長さが 12cm だから，球の直径は，12 ÷ 2 = 6（cm）です。あの長さは球の直径 3 個分の長さだから，6 × 3 = 18（cm）です。

5　右の図のように，円の中心をエとすると，三角形アエウは正三角形だから，アエの長さは 8cm です。アエは円の半径だから，直径は，8 × 2 = 16（cm）となります。

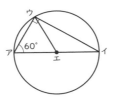

6　正方形の面積は，2 本の対角線で 4 つの直角二等辺三角形に分けられます。円の半径は 6cm だから，正方形の面積は，6 × 6 ÷ 2 × 4 = 72（cm²）です。

7　カア，アイ，イウ，ウエ，エオ，オキの長さはすべて円の半径と等しいから 9cm です。よって，カキの長さは，9 × 6 = 54（cm）となります。

1　(1) 162cm　(2) 253 こ

2　112cm

3　34cm

4　(1) 24cm　(2) 32cm

5　48cm

6　2m

解説

1　(1) 円の直径は，5 × 2 = 10（cm）です。円を 20 個並べたとき，円と円が重なっている部分は，20 − 1 = 19（か所）あるから，アイの長さは，10 × 20 − 2 × 19 = 162(cm) となります。

(2) 円が 1 個のとき，アイの長さは 10cm です。円が 1 個増えると，アイの長さは，10 − 2 = 8（cm）ずつ増えるから，増やした円の個数は，(2026 − 10) ÷ 8 = 252（個）です。よって，円の個数は，252 + 1 = 253（個）となります。

2　円は下の図のように動くので，円の中心は下の図の赤線の部分を動くことになります。円の半径は 4cm だから，カキの長さは，32 − 4 × 2 = 24（cm），キクの長さは，48 − 4 + 4 = 48（cm），クケの長さは，40 − 4 + 4 = 40（cm）です。よって，円の中心が動いた長さは，24 + 48 + 40 = 112（cm）となります。

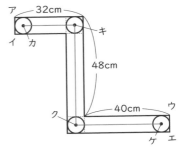

3　円の中心は，次の図の赤線の部分を動きます。円の半径は 2cm だから，赤線の部分は，縦が，11 − 2 × 2 = 7（cm），横が，14 − 2 × 2 = 10(cm) の長方形になります。よって，円の中心が移動する長さは，

$7 \times 2 + 10 \times 2 = 34$（cm）になります。

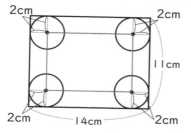

4 (2) 1 段に，$4 \times 3 = 12$（個）のボールが入っているから，$12 \times 4 = 48$ より，ボールは 4 段入っています。よって，⑪の長さは，$8 \times 4 = 32$（cm）となります。

5 下の図で，BF は D の円の直径になるから，長さは，$4 \times 2 = 8$（cm）で，これは B の円の半径です。A の円，B の円，C の円は半径が等しい円だから，AB，BC，CA の長さは，いずれも B の円の半径の 2 倍になります。よって，三角形 ABC のまわりの長さは，$8 \times 2 \times 3 = 48$（cm）となります。

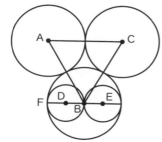

6 三角形アイウの面積は，$6 \times 8 \div 2 = 24$（m²）です。右の図のように，円の中心をエ，円と三角形の辺がくっついているところをオ，カ，キとします。三角形アイウを三角形アエイ，イエウ，ウエアに分けると，三角形アエイは底辺が 10m，高さがエオ，三角形イエウは底辺が 6m，高さがエカ，三角形ウエアは底辺が 8m，高さがエキになります。エオ，エカ，エキは円の半径なので，三角形アイウの面積は，$(10 + 6 + 8) \times$（円の半径）$\div 2$ で求められます。よって，円の半径は，$24 \div 12 = 2$（m）となります。

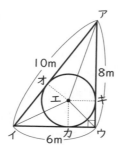

1 6cm

2 辺アイ，辺イウ，辺ウエ，辺エオ

3 224cm

4 40cm

5 (1) 22cm　(2) 3cm　(3) 6cm

6 432cm²

解説

1 箱にかけたひもの長さは，$100 - 24 = 76$（cm）です。それぞれの面にかかっているひもを考えると，12cm の部分が 2 つ，14cm の部分が 2 つ，⑤の部分が 4 つあるから，⑤の部分の合計は，$76 - (12 \times 2 + 14 \times 2) = 24$（cm）です。よって，⑤の長さは，$24 \div 4 = 6$（cm）です。

2 4 つの面が横一列に並んでいるので，上側と下側に 1 つずつ面があれば，面がどの位置にあっても立方体を組み立てることができます。

3 立体には，右の図のような面が 2 つあります。右の図で，$9 +$ ア $+ 4 = 18$（cm）だ

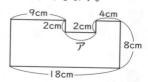

から，上の図の面のすべての辺の長さの合計は，$18 \times 2 + 8 \times 2 + 2 \times 2 = 56$（cm）です。上の図の面 2 つをつなぐ 14cm の辺は 8 本あるから，立体のすべての辺の長さの合計は，$56 \times 2 + 14 \times 8 = 224$（cm）となります。

5 (2) アの円の半径から，ウの円の半径とイの円の直径をひいて求められます。よって，$22 \div 2 - 8 \div 2 - 4 = 3$（cm）

6 アイの長さは，オの円の直径と等しいので，$9 \times 2 = 18$（cm）です。アエの長さは，オの円の直径と，キの円の直径の合計に等しくなります。オの円の直径は，キの円の直径の 3 倍だから，キの円の直径は，$18 \div 3 = 6$（cm）です。よって，アエの長さは，$18 + 6 = 24$（cm）です。したがって，長方形アイウエの面積は，$18 \times 24 = 432$（cm²）となります。

1 12cm

2 辺アイ，辺イウ，辺ウエ，辺ケシ

3 208cm

4 48cm

5 (1) 27cm　(2) 8cm　(3) 3cm

6 224cm^2

解　説

1 箱にかけたひもの長さは，16cm の部分が2つ，18cm の部分が2つ，10cm の部分が4つだから，$16 × 2 + 18 × 2 + 10 × 4 = 108$（cm）です。よって，切り取ったひもの長さは，$150 - 108 - 30 = 12$（cm）です。

2 3つの面が横一列に並んでいるので，上側に1つ面があれば，面がどの位置にあっても立方体を組み立てることができます。また，ケシに正方形をつけて，下側に3つの面が横一列に並ぶようにしても，立方体を組み立てることができます。

4 球の直径は，$32 ÷ 4 = 8$（cm）です。あの長さは球の直径6個分だから，$8 × 6 = 48$（cm）となります。

5 (1) アの円の直径は，$4 + 8 + 14 + 6 = 32$（cm）です。イオの長さは，アの円の直径から，イの円の半径とオの円の半径をひいて求めます。よって，
$32 - 4 ÷ 2 - 6 ÷ 2 = 27$（cm）です。

(2) アの円の半径から，ウの円の半径とイの円の直径をひいて求めます。よって，
$32 ÷ 2 - 8 ÷ 2 - 4 = 8$（cm）です。

(3) アの円の半径から，エの円の半径とオの円の直径をひいて求めます。よって，
$32 ÷ 2 - 14 ÷ 2 - 6 = 3$（cm）です。

6 円の半径の長さは8cmだから，正方形1個の面積は，$8 × 8 ÷ 2 × 4 = 128$（cm^2）です。2個の正方形が重なっている部分の面積は，正方形1個の面積の4分の1で，
$128 ÷ 4 = 32$（cm^2）です。したがって，かげをつけた部分の面積は，$128 × 2 - 32 = 224$（cm^2）となります。

1 (1) 3秒後から 15秒後まで

(2) 34cm^2

(3) 6秒後と 11秒後

2 (1) イ，エ，オ，カ

(2) ① （例）(1, 2, 6, 10, 11, 14)
　　　　　(2, 3, 6, 9, 10, 13)
　　　　　(3, 5, 6, 7, 8, 9)

② 10

③ (1, 2, 6, 10, 11, 15)

解　説

1 (1) 図形Aと図形Bが重なるのは次の図1のように，直角二等辺三角形と長方形の辺が重なったときから，図2のように，直角二等辺三角形と長方形の頂点が重なるときまでです。

図1　　　　　　　　図2

直角二等辺三角形は1秒間に2cmずつ進むので，図1のようになるのは，$6 ÷ 2 = 3$（秒後）です。図2のようになるのは，
$(12 + 6 + 12) ÷ 2 = 15$（秒後）です。

(2) 進み始めてから8秒後には，$2 × 8 = 16$（cm）進むので，図3の位置まで進みます。色をつけた

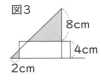

図3
8cm
4cm
2cm

2つの直角二等辺三角形が重なっていない部分です。

(3) 図形Aで図形Bと重なっていない部分の面積が図形B全体の面積と等しくなる場合は2回あります。

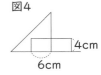

図4
4cm
6cm

1回目は，図4のようになるときです。図形A全体の面積は $12 × 12 ÷ 2 = 72$（cm^2），図形B全体の面積は $4 × 12 = 48$（cm^2）だから，図形Bと重なっている部分の面積は，$72 - 48 = 24$（cm^2）です。図形Bの重なっている部分の横の長さは，$24 ÷ 4 = 6$（cm）なので，$(6 + 6) ÷ 2 = 6$（秒後）です。2

回目は，図5のようにな
るときです。あの直角二
等辺三角形の面積は，8
× 8 ÷ 2 = 32 (cm²)
だから，色をつけた部分の横の長さは，(48
− 32) ÷ 4 = 4 (cm) です。

図5

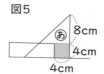

2 (1) 4つの面が一列に並んでいるときは，イ
のように，上側と下側に1つずつ面があれば，
面がどの位置にあっても立方体を組み立てる
ことができます。3つの面が一列に並んでい
るときは，オのように，上側か下側に端の面
から3つ面が並んでいれば立方体を組み立て
ることができます。また，カのように，上側
か下側に端の面から2つ面が並んでいて，反
対側に1つ面があれば，面がどの位置にあっ
ても立方体を組み立てることができます。2
つの面が一列に並んでいるときは，エのよう
に並んでいれば立方体を組み立てることがで
きます。

(2) ①〜③ 2つの数の和が12になる組み合わせ
は，1と11，2と10，3と9，4と8，5と
7で，2つの組み合わせが向かい合う面にな
るのは，次の10通りになります。このうち，
Aが15のときが，最も大きくなります。

1 (1)
漢字テストのせいせき調べ

とく点	2〜3点	4〜5点	6〜7点	8〜9点
人数	17人	24人	28人	18人

(2)
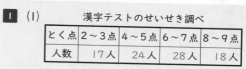

2 (1)
住んでいる町調べ　　(人)

町名　組	1組	2組	合計
東町	8	12	20
西町	11	6	17
南町	8	5	13
北町	7	11	18
合計	34	34	68

(2) 東町　(3) 7人

3 (1)
すきなくだもの　　(人)

くだもの	1組	2組	3組	合計
みかん	8	7	6	21
りんご	4	11	7	22
いちご	9	6	10	25
バナナ	4	3	3	10
合計	25	27	26	78

(2) 78人　(3) 22人

(4)
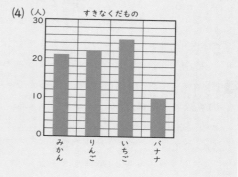

解説

2 (3) いちばん多い町は東町の20人，いちばん
少ない町は南町の13人です。

1 (1) 100円　(2) 1400円　(3) 800円
　　(4) 2倍

2 (1) 122人　(2) 81人　(3) 32人

3 (1) 2　(2) 144点　(3) 5

4 (1) はるきさん 3点
　　　かなさん 8点
　　　つばささん 5点

(2)

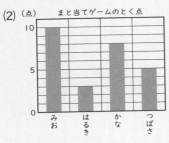

(点)　まと当てゲームのとく点

解説

2 表の空欄
を埋めると右
のようになり
ます。

すきなスポーツ調べ　（人）

		野球		
		すき	きらい	合計
サッカー	すき	73	46	119
	きらい	49	32	81
合　計		122	78	200

3 (2) Aチー
ムの入った回数の合計は，
$1×6+2×8+3×6+4×1+5×2+6×3$
$=72$（回）です。1回入れば2点もらえるので，
合計点は，$2×72=144$（点）です。

(3) Bチームの入った回数の合計は，
$1×ウ+2×4+3×5+4×4+5×4+6×1$
$=ウ+65$（回）です。Bチームの合計点は，
$144-4=140$（点）なので，入った回数
の合計は，$140÷2=70$（回）です。よって，
$ウ+65=70$より，$ウ=70-65=5$です。

4 (1) かなさん，つばささん，はるきさん3人
の点数の合計は，$26-10=16$（点）です。
かなさんは，はるきさんより，$3+2=5$（点）
高いので，はるきさんの点数は，$16-(2+5)$
$÷3=3$（点）とわかります。よって，かな
さんは，$3+5=8$（点），つばささんは，3
$+2=5$（点）です。

1 (1)

かっている動物調べ　（人）

		ねこ		
		かっている	かっていない	合計
犬	かっている	7	15	22
	かっていない	4	9	13
合　計		11	24	35

(2) 9人　(3) 19人

2 (1) 5人　(2) 21人　(3) 18人

3 (1) 18人　(2) 10人　(3) 18人

4 チョキ

解説

1 (3) 犬だけを飼っている人は15人で，猫だけ
を飼っている人は4人だから，犬か猫のどち
らかだけを飼っている人は，$15+4=19$（人）
です。

── 中学入試に役立つ **アドバイス** ──

入試では，表ではなく下のようなベン図で表
されることがあります。ベン図の見方を確認
しましょう。

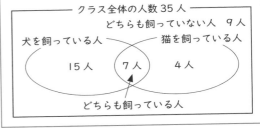

クラス全体の人数 35 人
どちらも飼っていない人　9人
犬を飼っている人　　　　猫を飼っている人
15人　　7人　　4人
どちらも飼っている人

2 各得点の的の入り方は次のようになります。
得点が1点…赤い的だけに入った
得点が4点…黒い的だけに入った
得点が5点…青い的だけに入った
　　　　　　赤い的と黒い的だけに入った
得点が6点…赤い的と青い的だけに入った
得点が9点…黒い的と青い的だけに入った
得点が10点…3つの的すべてに入った

(1) 得点が5点の9人は青い的だけに入った人と
赤い的と黒い的だけに入った人が混ざってい
ます。
ここで，的に1つだけしか入らなかった人は
13人なので，青い的だけに入った人は，

$13 - 3 - 6 = 4$（人）で，赤い的と黒い的
だけに入った人は，$9 - 4 = 5$（人）です。

(2) ２つの的だけに入った人は，(1)で求めた５人
と，得点が６点の８人と得点が９点の８人な
ので，合わせて，$5 + 8 + 8 = 21$（人）です。

(3) 赤い的だけに入った人は，得点が１点の３人
です。赤い的と黒い的だけに入った人は(1)よ
り，５人です。また，赤い的と青い的だけに
入った人は得点が６点の８人です。さらに，
３つの的すべてに入った人は，得点が10点
の２人だから，赤い的に入った人は，
$3 + 5 + 8 + 2 = 18$（人）です。

3 (2) いちばん少ない12月を基準にして，12
月より何人多いかを考えます。９月は18人，
10月は３人，11月は６人多いから，12月
に欠席した児童は，$(75 - 18 - 3 - 6) ÷
4 = 12$（人）となります。よって，➡が指
している目もりは，10人を表しています。

(3) ➡が指している目もりよりも８人多いから，
$10 + 8 = 18$（人）です。

4 勝ったときの得点は次のようになります。
・チョキで勝つと，$2 - 1 = 1$（点）
・グーで勝つと，$4 - 2 = 2$（点）
・パーで勝つと，$4 - 1 = 3$（点）
次の表は，それぞれの回の２人の得点を表して
います。

	１回目	２回目	３回目	４回目	５回目	合計
ゆかりさん	グー	０点	１点	２点	パー	５点
ゆうたさん		２点	０点	０点		３点

ゆうたさんの合計は３点だから，ゆうたさんは，
１回目か５回目にチョキで勝ったことになりま
す。ゆかりさんは５回目にパーを出しているので，
ゆうたさんは，５回目にチョキを出したことがわ
かります。ゆうたさんは，１回目は負けていない
といけないので，１回目はチョキを出したとわか
ります。ゆうたさんが１回目と５回目にチョキ
を出したことを，ゆかりさんの得点で確かめると，
１回目はグーで勝っているので２点，５回目はパー
で負けているので０点となり，合計は，
$2 + 0 + 1 + 2 + 0 = 5$（点）で，あっています。

1 (1) ２台　(2) 27台　(3) ４台　(4) 111台
2 (1) 12人　(2) ３人　(3) 17人
3 (1) ７　(2) 45点　(3) ６
4 (1) ７　(2)

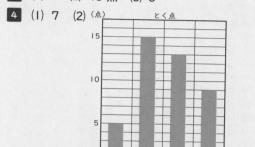

解　説

1 (4) 白が22台，黒が27台，赤が14台，銀
が18台，その他が30台だから，
$22 + 27 + 14 + 18 + 30 = 111$（台）です。

2 表を完成させ
ると次のように
なります。

兄弟姉妹調べ　　（人）

		姉妹		合計
		いる	いない	
兄弟	いる	3	9	12
	いない	8	15	23
合計		11	24	35

(3) 兄弟だけがい
る児童は９人，
姉妹だけがいる児童は８人だから，兄弟か姉
妹のどちらか一方だけがいる児童は，$8 + 9
= 17$（人）です。

3 (3) Ｂチームの合計点は，$45 + 5 = 50$（点）です。
Ｂチームの３点以外の人の合計点は，
$1 × 2 + 2 × 8 + 4 × 1 + 5 × 2 = 32$（点）で，
$50 - 32 = 18$（点）が３点の人だけの合計
点だから，$18 ÷ 3 = 6$より，ウは６です。

4 (1) まことさんの得点はさなえさんの得点の３
倍だからさなえさんのカードは⑤，まことさ
んのカードは⑮とわかります。ゆきさんとは
やたさんの得点の合計は，$42 - 5 - 15 =
22$（点）です。７，９，13のうちの２つをた
すと22になるのは９と13で，ゆきさんは
はやたさんより４点高いので，はやたさんの
カードが⑨，ゆきさんのカードが⑬とわかり
ます。よって，残ったのは⑦のカードです。

I (1) 2人　(2) 41人　(3) 7人　(4) 199人

2 (1) 21人　(2) 6人　(3) 14人

3 (1) 2人　(2) 5

4 (1) パン ジャムパン　飲み物 牛にゅう

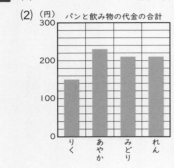

(2)

(円) パンと飲み物の代金の合計

解説

2 表を完成さ
せると次のよう
になります。

(3) ピアノだけ
を習ってい
る児童は11
人，水泳だ

習い事調べ		水泳		（人）合計
		習っている	習っていない	合計
ピアノ	習っている	6	11	17
	習っていない	3	18	21
合計		9	29	38

けを習っている児童は3人だから，ピアノか
水泳のどちらか一方だけを習っている児童は，
11 + 3 = 14（人）です。

3 (2) 表のアは2回とも大皿に入れた人，イは
2回とも中皿に入れた人です。アとイの合計
は9人で，アはイよりも1人多いので，アに
あてはまる数は5です。

4 (1) みどりさんのパンの代金が60円，れ
んさんの飲み物の代金が130円で，2人の代金の
合計が同じになったことから，みどりさんは
150円のコーヒー牛乳，れんさんが80円の
カレーパンを選び，代金の合計は210円だっ
たことがわかります。残ったパンと飲み物の
中で，代金の合計が230円になる組み合わせ
は，70円のクリームパンと160円のグレー
プジュースだから，あやかさんが選んだのは，
クリームパンとグレープジュースです。

■8章　いろいろな問題

19　たし算やひき算の答えにかんする問題

★　標準レベル　　問題164ページ

I (1) （式）(36 - 2) ÷ 2 = 17
　　（答え）17人

(2) （式）17 + 2 = 19　（答え）19人

2 (1) （式）210 ÷ 30 = 7　（答え）7本

(2) （式）100 × 7 = 700
　　（答え）700円

3 (1) （式）8 + 4 = 12　（答え）12まい

(2) （式）12 ÷ (9 - 7) = 6
　　（答え）6人

4 (1) （式）2 × 13 = 26　（答え）26本

(2) （式）36 - 26 = 10　（答え）10本

(3) （式）10 ÷ (4 - 2) = 5
　　（答え）5ひき

解説

I (1) 男子の人数が2人少ないと考えると，男
子の人数は女子の人数と同じになります。
よって，男子の人数は，(36 - 2) ÷ 2 =
17（人）です。

2 (1) 買おうとしていた鉛筆1本の値段と実際
の鉛筆1本の値段の差は，100 - 70 = 30
（円）です。この30円を買った本数分集める
と210円になるので，鉛筆は，210 ÷ 30 =
7（本）買ったとわかります。

(2) 用意したのは，1本100円の鉛筆を7本買
うお金だから，100 × 7 = 700（円）です。

3 (1) 1人に7枚ずつ分けたとき，余ったカー
ドは8枚，1人に9枚ずつ分けたとき，不足
するカードは4枚だから，合わせると，8 +
4 = 12（枚）です。

(2) 1人に分けた枚数の差は9 - 7 = 2（枚）です。
これより，子供の人数は12 ÷ 2 = 6（人）です。

4 (2) 実際の足の数は，36本なので，その差は，
36 - 26 = 10（本）です。

(3) つるとかめの足の本数の差は，4 - 2 = 2（本）
なので，かめは，10 ÷ 2 = 5（匹）います。

1 （式）$(82 - 24) \div 2 = 29$
（答え）29

2 （式）$B = (135 + 2 + 4) \div 3 = 47$
$B \times C = 47 \times (47 - 4) = 2021$
（答え）2021

3 （式）$3 \times 6 = 18$　$18 \div (5 - 3) = 9$
$5 \times 9 = 45$
（答え）45 こ

4 （式）$90 \times 14 = 1260$
$1260 \div (150 - 90) = 21$
（答え）21 さつ

5 （式）$(10 + 14) \div (8 - 5) = 8$
$5 \times 8 + 10 = 50$
（答え）50 こ

6 （式）$(34 + 4) \div (7 - 5) = 19$
$5 \times 19 + 34 = 129$
（答え）129 こ

7 （式）$4 \times 15 = 60$
$(108 - 60) \div (8 - 4) = 12$
（答え）12 きゃく

8 （式）$10 \times 52 = 520$
$(520 - 350) \div (10 - 5) = 34$
$10 \times 34 + 5 \times (52 - 34) = 430$
（答え）430 円

解説

1 和の 82 から差の 24 をひくと，小さいほうの数 2 つ分になります。

3 多くできた 6 箱にクッキーは $3 \times 6 = 18$（個）あります。これは，5 個と 3 個の差の 2 個を集めたものだから，はじめにあった箱は，$18 \div 2 = 9$（箱）で，クッキーは $5 \times 9 = 45$（個）あります。

8 52 枚全部が 10 円玉だと考えると，$10 \times 52 = 520$（円）です。実際の金額との差は，$520 - 350 = 170$（円）です。10 円玉と 5 円玉との金額の差は 5 円なので，5 円玉は，$170 \div 5 = 34$（枚）あります。最後に枚数を逆にした金額を求めます。

1 （式）$(50 + 70 + 80) \div 2 = 100$
$100 - 70 = 30$
（答え）30g

2 （式）$(123 + 1 + 2) \div 3 = 42$
（答え）42

3 （式）$12 \times 3 = 36$
$36 \div (30 - 12) = 2$
$30 \times 2 = 60$
（答え）60 ページ

4 （式）$3 \times 10 = 30$
$(30 + 30 - 45) \div (3 + 2) = 3$
$10 - 3 = 7$
（答え）7 回

5 （式）$(32 + 40) \div (7 - 5) = 36$
$5 \times 36 + 32 = 212$
（答え）生と　36 人，あめ　212 こ

6 （式）$(92 - 20) \div (28 - 25) = 24$
$25 \times 24 - 20 = 580$
（答え）580cm

7 （式）$80 \times 14 = 1120$
$(1360 - 1120) \div (120 - 80) = 6$
（答え）6 こ

8 （式）$110 \times 40 = 4400$
$(4400 - 4230) \div (110 - 100) = 17$
$40 - 17 = 23$
（答え）100 円のジュース　17 本，
110 円のジュース　23 本

解説

1 それぞれの重さの合計をたすと，A と B と C のコイン 2 枚ずつの重さの合計になるので，それを 2 でわると，A と B と C のコイン 1 枚ずつの重さの合計になります。

2 連続する 3 つの整数なので，いちばん小さい数に 2，真ん中の数に 1 をたすといちばん大きい数と同じ大きさになります。

8 40 本全部を 110 円のジュースを買ったと考え，実際の金額との差から，100 円のジュースの本数を求めます。

1 12

2 (3, 6, 7) (5, 10, 1)

3 (式) 1200 － 850 ＝ 350

$(16800 － 11900) ÷ 350 ＝ 14$

(答え) 14ヶ月後

4 (式) $(8 × 3) ÷ 2 ＝ 12$　(答え) 12人

5 (式) $(12×21＋11－23)÷(36－12)$
$＝10$

(答え) 10人

6 (式) $4×(5+6)+26+41－3×5－4×6$
$＝72$

$72÷(6－4)＝36$　$36＋11＝47$

$4 × 47 + 26 ＝ 214$

(答え) 214こ

7 (式) $3000 ÷ 100 ＝ 30$　$3 × 30 ＝ 90$

$(90 － 81) ÷ (3 － 2) ＝ 9$

$3 × (30 － 9) ＝ 63$

(答え) 63こ

8 (式) $(160×25－3000)÷(160－100)$
$＝ 16 あまり 40$ だから,

リンゴは 25 － 17 ＝ 8(こ)い下で,

リンゴの代金が 100 の倍数にな

るものは, 160 × 5 ＝ 800 より,

リンゴを 5 こ買った。

$3000－160×5－100×(25－5)$
$＝200$

$200 ÷ 100 ＝ 2$ より, 20 ＋ 2 ＝ 22

(答え) 22こ

解説

1 A は最も小さい数とわかっていますが, B, C,
D の大きさの順番はわからないので, 場合分けを
します。A＜B＜C＜D とすると,

$(40 － 3 － 5 － 6) ÷ 4 ＝ 6 あまり 2$ とわり切
れないからあてはまりません。

A＜C＜D＜B とすると,

$(40 － 3 － 1 － 2) ÷ 4 ＝ 8 あまり 2$ とわり切
れないからあてはまりません。

A＜D＜C＜B とすると,

D ＝ A となるからあてはまりません。

A＜B＜D＜C とすると,

$(40 － 3 － 5 － 4) ÷ 4 ＝ 7$ となります。

このとき, A ＝ 7, B ＝ 7 ＋ 3 ＝ 10,

C ＝ 10 ＋ 2 ＝ 12, D ＝ 12 － 1 ＝ 11 となります。

2 A＜C のとき, $(16 － 4) ÷ 4 ＝ 3$

A ＝ 3, B ＝ 3 × 2 ＝ 6, C ＝ 3 ＋ 4 ＝ 7

A＞C のとき, $(16 ＋ 4) ÷ 4 ＝ 5$

A ＝ 5, B ＝ 5 × 2 ＝ 10, C ＝ 5 － 4 ＝ 1

4 3人生徒が増えたとき, 1人に配るカードは,
10 － 2 ＝ 8 (枚)
です。最初にいた
生徒を□人とす
ると, 枚数の関係
は, 右の図のよう
になります。

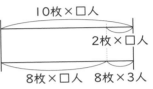

5 女子を□人
とすると, 枚数
の関係は, 図の
ようになりま
す。$12 × 21 + 11 － 23 ＝ 240$ (枚) が, 女
子に 24 枚ずつ配った枚数と等しくなることがわ
かります。

6 残りの生徒
の人数を□人と
して, □人に配
る場合を左側に
かくと, 個数の関係は, 図のようになります。4
× 11 + 26 + 41 － 3 × 5 － 4 × 6 ＝ 72 (個)
が, □人に 2 個ずつ配った個数と等しくなるこ
とがわかります。

8 おつりでオレンジを買い足して, ちょうど
3000 円になるためには, おつりがオレンジ 1 個
の値段 100 円の倍数になる必要があります

――― 中学入試に役立つ **アドバイス** ―――

問題の数量の関係を, 線を使って表したもの
を線分図といいます。線分図に表すと, 数量
の関係がわかりやすくなります。

★ 標準レベル 問題172ページ

1 (1)（式）$3 \times 2 = 6$ （答え）6

　(2)（式）$5000 \div (6 + 3 + 1) = 500$

　　　（答え）500円

2 (1)（式）$3 - 1 = 2$ （答え）2倍

　(2)（式）$(360 + 180) \div 2 = 270$

　　　　　　$270 + 180 = 450$

　　　（答え）450円

3 (1)（式）$290 - 130 = 160$

　　　（答え）160円

　(2)（式）$160 \div 2 = 80$ （答え）80円

4 （式）$3\,m = 300cm$

　　　　$(300 + 25 - 10) \div 3 = 105$

　（答え）105cm

5 （式）$(2000 - 1200) \div (2 - 1) = 800$

　　　　$1200 - 800 = 400$

　（答え）400円

6 （式）$500 \times 2 - 820 = 180$

　　　　$180 \div (2 \times 2 - 3) = 180$

　（答え）180円

★★ 上級レベル① 問題174ページ

1 （式）$(9000 - 600 - 800) \div 4 = 1900$

　　　　$1900 + 600 = 2500$

　（答え）2500円

2 （式）$(119 - 6 + 6) \div (3 + 3 + 1) = 17$

　　　　$17 \times 3 - 6 = 45$

　（答え）45まい

3 （式）$(10000 - 800 \times 2) \div (2 + 1) = 2800$

　　　　$2800 \times 2 + 800 = 6400$

　（答え）6400円

4 （式）$(1500 + 500) \div (1 + 4) = 400$

　　　　$1500 - 400 = 1100$

　（答え）1100円

5 （式）$1100 \times 3 - 1150 \times 2 = 1000$

　　　　$1000 \div (3 \times 3 - 2 \times 2) = 200$

　　　　$(1100 - 200 \times 3) \div 2 = 250$

　（答え）A　200g，B　250g

6 （式）$1100 \times 3 - 2300 = 1000$

　　　　$1000 \div (3 \times 3 - 4) = 200$

　　　　$(1100 - 200 \times 3) \div 2 = 250$

　（答え）250円

解 説

2 (2) 姉と妹のお金の差は，

$180 + 360 = 540$（円）です。これが妹の
お金の2倍なので，使った後の妹のお金は，
$540 \div 2 = 270$（円）です。

4 いちばん短いひもを25cm長くし，いちばん
長いひもを10cm短くすると，2番目に長いひも
の長さと同じになるから，

$300 + 25 - 10 = 315$（cm）は，2番目に長
いひもの長さの3倍の長さです。

5 2人が品物
を買った後の
金額は，図のよ
うになります。

6 りんご4個とみかん4個の値段は，
$500 \times 2 = 1000$（円）です。りんご3個とみ
かん4個の値段は820円です。

2 3人が持っ
ているカード
の枚数の関係
を表すと，図の
ようになります。Aから6枚減らし，Cを6枚
増やすと，AとCはどちらもBの3倍になります。

4 2人のお金
の合計は2000
円で，らん子さ
んにお金を渡
した後のかおりさんのお金を1とすると，らん
子さんのお金は4だから，図の1にあたるお金は，
$2000 \div 5 = 400$（円）です。

6 シュークリーム9個とショートケーキ6個の
値段は，$1100 \times 3 = 3300$（円）です。

1 （式）1300 ÷ 5 = 260　260 × 3 = 780
（答え）780 円

2 （式）（1930 + 10 × 3 − 100 × 2）÷
（10 + 50 + 100）= 11
11 − 3 = 8
（答え）8 まい

3 （式）（51 + 5）÷（1 + 2 + 2 × 2）= 8
8 × 2 × 2 − 5 = 27
（答え）27 こ

4 （式）9800 ÷（4 × 2 + 2 × 2 + 1 × 2）= 700
700 × 4 = 2800
（答え）2800 円

5 （式）2310 × 3 − 2090 × 2 = 2750
2750 ÷（3 × 3 − 2 × 2）= 550
（答え）550 円

6 （式）（6500 × 2）÷（9 + 2 × 2）= 1000
1000 × 3 ÷ 2 = 1500
（答え）1500 円

解説

2 10 円玉，100 円玉ともに，50 円玉の枚数と同じにすると，合計金額は，
1930 + 10 × 3 − 100 × 2 = 1760（円）です。10 円玉と 50 円玉と 100 円玉がそれぞれ 1 枚あるとき，その金額の合計は 10 + 50 + 100 = 160（円）なので，50 円玉の枚数は，
1760 ÷ 160 = 11（枚）です。

4 中学生の入園料は小学生の 2 倍，大人の入園料は小学生の 4 倍です。小学生の入園料を 1 とすると，中学生は 2，大人は 4 なので，大人 2 人，中学生 2 人，小学生 2 人の入園料を小学生の入園料で表すと，4 × 2 + 2 × 2 + 1 × 2 = 14 です。

6 大人 2 人の入館料は子ども 3 人の入館料と同じなので，大人，2 × 3 = 6（人）の入館料は子ども，3 × 3 = 9（人）の入館料と同じです。大人 6 人と子ども 4 人の入館料の合計は，6500 × 2 = 13000（円）です。これは，子ども，9 + 4 = 13（人）の入館料です。

1 （式）C のあめ玉の数を 1 とする。
（2020 + 30 − 50）÷（2 × 6
+ 2 + 1 + 5）= 100
100 × 12 − 30 = 1170
（答え）1170 こ

2 （式）（2240 − 50 × 4 − 100 × 6）÷
（10 + 50 + 100）= 9
9 + 6 = 15
（答え）15 まい

3 （式）A のねだんを 1 とする。
（2690 − 40 × 2 + 30 × 3）÷
（1 + 1 × 2 + 2 × 3）= 300
（答え）300 円

4 （式）900 − 500 + 450 = 850
850 − 300 + 450 = 1000
（答え）1000 円

5 （式）（1470 + 2730）÷ 2 = 2100
2100 ÷ 2 = 1050
2730 − 1050 × 2 = 630
（1470 − 630）÷ 2 = 420
（答え）420 円

6 （式）1470 − 270 = 1200
（1470 − 1200）÷（12 − 9）= 90
（1200 − 90 × 9）÷ 3 = 130
（答え）130 円

解説

1 C の持っているあめ玉の個数を 1 として，4 人の持っているあめ玉の個数の関係を図に表すと次のようになります。

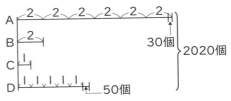

2020 + 30 − 50 = 2000（個）が，
2 × 6 + 2 + 1 + 1 × 5 = 20 にあたるので，
1 にあたる数は，2000 ÷ 20 = 100（個）です。

2 50 円玉，100 円玉ともに，10 円玉の枚数と

同じにすると，合計金額は，

2240 − 50 × 4 − 100 × 6 = 1440（円）です。10円玉と50円玉と100円玉がそれぞれ1枚あるとき，その金額の合計は 10 + 50 + 100 = 160（円）なので，10円玉の枚数は，1440 ÷ 160 = 9（枚）です。100円玉の枚数は6枚多いので，

9 + 6 = 15（枚）です。

4 Aは，はじめに持っていた900円からBに500円を渡し，Cから450円もらったので，

900 − 500 + 450 = 850（円）になりました。最後に持っている金額は3人とも同じです。

5 A2冊，B1冊とB1冊，C2冊を合わせると，A2冊，B2冊，C2冊になるから，その代金は，

1470 + 2730 = 4200（円）になります。

これより，A1冊，B1冊，C1冊の代金は，4200 ÷ 2 = 2100（円）です。ここで，AとBを合わせた値段は，Cの値段と同じなので，C1冊の値段は，2100 ÷ 2 = 1050（円）です。

6 なし1個の値段は，かき1個の値段の2倍だから，なし5個の値段は，かき10個の値段と同じです。かき2個，りんご3個，なし5個，すなわち，かき12個，りんご3個の代金は1470円です。また，かきとなしの個数を入れ替えた，かき5個，りんご3個，なし2個，すなわち，かき9個，りんご3個の代金は，

1470 − 270 = 1200（円）です。代金の差，1470 − 1200 = 270（円）は，かき 12 − 9 = 3（個）の代金となるので，かき1個の値段は，270 ÷ 3 = 90（円）です。

── 中学入試に役立つ **アドバイス** ──

わからない数量が2つあるとき，それらの関係を整理して，どちらか一方の数量を消去して1つの数量だけにして答えを求める問題を消去算といいます。消去する方法は，次の2通りがあります。

① ある数量を同じにして，ひいて消去する。

② ある数量を他の数量に置きかえて，消去する。

┌─────────────────────
│ **21** きそくせいにかんする問題
└─────────────────────

★ 標準レベル　　　　　問題 **180** ページ

1 (1)（式）75 ÷ 5 = 15　（答え）15
　　(2)（式）15 + 1 = 16　（答え）16本

2 (1)（式）120 ÷ 5 = 24　（答え）24
　　(2) 24本

3 (1) 5こ
　　(2)（式）5 × 4 = 20　（答え）20こ

4 (1)（式）38 ÷ 5 = 7あまり3
　　　　（答え）7番目までできて，
　　　　　　　　3こあまる
　　(2) 白

【解説】

1 (1) 公園の端から端までが75mで，5mおきに旗をならべるから，間の数は，75 ÷ 5 = 15 になります。

(2) 旗の数は間の数より1つ多くなるので，必要な旗の本数は，15 + 1 = 16（本）です。

2 (2) 池のまわりに木を植える場合，間の数と木の数は同じになります。間の数が24だから，必要な木の数は24本です。

── 中学入試に役立つ **アドバイス** ──

等しい間隔で木が並んでいるとき，植える間隔から木の本数を求めるような問題を植木算といいます。直線に植える場合は，

・両端に植えるとき，木の数＝間の数＋1

・両端に植えないとき，木の数＝間の数−1

円周に植える場合は，木の数＝間の数

という関係があります。

3 (2) いちばん外側の1列を4つに分けた1つ分にご石は5個あるので，4つ分の数を求めます。

4 (1) ●●○○○の5個を1区切りとして繰り返し並んでいます。碁石は全部で38個だから，38 ÷ 5 = 7あまり3より，7番目までできて，3個余ります。

(2) 余った3個の碁石は，●●○のように並んでいるので，最後の碁石は白色です。

1 （式）(113 − 8) ÷ (8 − 1) = 15
   1 + 15 = 16
  （答え）16 まい

2 （式）5 × 20 + 2 × (30 − 20) = 120
  （答え）120m

3 （式）4 × 4 = 16 （答え）16 こ

4 （式）1 + 5 + 9 + 13 + 17 = 45
  （答え）45 こ

5 （式）(31 − 7 + 1) + 30 + 31 + 24
    = 110 110 ÷ 7 = 15 あまり 5
  （答え）火曜日

6 (1) （式）(1 + 2 + 3 + 4 + 5 + 6 + 5
     + 4 + 3 + 2 + 1) − (1 + 2 + 3
     + 4 + 5 + 4 + 3 + 2 + 1) = 11
    （答え）11
  (2) （式）6 + 7 + 8 + 9 + 10 + 9 +
     8 + 7 + 6 + 5 = 75
    （答え）75

解 説

1 最初のテープの長さが8cmで，1枚つなぐごとに，8 − 1 = 7 (cm) ずつ長くなります。
最初のテープに，(113 − 8) ÷ 7 = 15 (枚) つなぐので，テープは全部で，1 + 15 = 16 (枚) です。

2 木の本数は 30 本，木と木の間隔が 5m の所が 20 か所なので，間隔が 2m の所は，
30 − 20 = 10 (か所) です。

3 ○の碁石は 1 番目が，1 × 4 = 4 (個)，2 番目が，2 × 4 = 8 (個)，3 番目が，3 × 4 = 12 (個) なので，4 番目は，4 × 4 = 16 (個) です。

5 金曜日から木曜日までの 7 日間を 1 まとまりと考えます。3 月 7 日から 3 月 31 日までは，31 − 7 + 1 = 25 (日) あります。3 月 7 日から 6 月 24 日までは，25 + 30 + 31 + 24 = 110 (日) あります。110 ÷ 7 = 15 あまり 5 より，6 月 24 日は，木曜日の 5 日後の火曜日です。

6 (2) 10 番目の図形は，

1	2	3	4	5	6	7	8	9	10	9	8	7	6	5	4	3	2	1

なので，赤い数の和を求めます。

1 （式）480 ÷ 30 + 1 = 17
  （答え）17 本

2 (1) （式）10 + (10 − 2) × (10 − 1) = 82
    （答え）82cm
  (2) （式）(210 − 10) ÷ 8 = 25
     1 + 25 = 26
    （答え）26 こ

3 （式）210 = 14 × 15 より，7 しゅう
    目だから，
    (2 × 3) + (6 × 7 − 4 × 5) + (10
    × 11 − 8 × 9) + (14 × 15 −
    12 × 13) = 120
  （答え）120 こ

4 （式）1 + 2 + 3 + 4 + 5 + 6 + 7 + 8
    + 9 + 10 + 11 + 12 + 13 = 91
    100 − 91 = 9
  （答え）9

5 （式）2 + 3 + 4 + 5 + 6 + 7 + 8 =
    35 より，分母が 8 の分数の 8 番目
    だから，$\frac{1}{8}$
    （答え）$\frac{1}{8}$

解 説

1 両端に木を植えるので，木の数＝間の数＋1 より，480 ÷ 30 + 1 = 17 (本) 必要です。

2 (2) 最初のリングに，(210 − 10) ÷ 8 = 25 (個) つなぐので，リングは全部で 1 + 25 = 26 (個) です。

3 外側の縦の辺の碁石の数は，1 周目から，2 個，4 個，6 個，8 個，10 個，12 個，14 個，… と増えていきます。また，横の辺の碁石の数は，縦の数＋1 (個) です。210 = 14 × 15 より，黒白あわせて 210 個の碁石を使うのは 7 周目です。黒のご石は，1 周目，3 周目，5 周目，7 周目です。

4 1, | 1, 2, | 1, 2, 3, | 1, 2, 3, 4, | 1, … と，1 から順に整数が 1 個ずつ増えたかたまりで考えます。

1 （式）10 × 22 ÷（14 − 10）= 55

　　　　10 ×（55 + 22）= 770

　（答え）770m

2 （式）35 +（35 − 2）×（40 − 1）= 1322

　（答え）1322cm

3 （式）1 + 2 + 3 + 4 + 5 + 6 + 7 + 8

　　　　+ 9 + 10 + 11 + 12 + 13 + 14

　　　　+ 15 + 16 + 17 + 18 + 19 =

　　　　190 より，1 辺のご石は，19 こ

　（答え）19 こ

4 （式）1 + 3 + 5 + 7 + 9 + 11 + 13

　　　　= 49（まい）より，はじめて 50

　　　　まいい上になるのは，1 辺の長さ

　　　　が 8cm の正三角形にしたとき

　（答え）8cm

5 （式）7 ×（20 − 1）+ 4 = 137

　　　　（31 − 1）+ 28 + 31 + 30 = 119

　　　　137 − 119 = 18

　（答え）5 月 18 日

6 (1) （式）（1 + 14）× 14 ÷ 2 = 105

　　　　　105 + 15 = 120

　　　　　15 だん目は白いカードからは

　　　　　じまるから，106 + 108 +

　　　　　110 + 112 + 114 + 116 +

　　　　　118 + 120 = 904

　　（答え）904

　　(2) 11 だん目と 122 だん目

解説

1 A 地点と B 地点の間に 14m おきに木を植え，それと同じ本数の木を 10m おきに植えたときの残りの長さは，10 × 22 = 220（m）です。これより，14m おきに植えた木の間の数は，220 ÷（14 − 10）= 55 です。A 地点と B 地点は 10m おきに木を植えるとき，間の数が，55 + 22 = 77 あります。

2 最初の画用紙の横の長さが 35cm で，1 枚重ねてつなぐごとに，35 − 2 = 33（cm）ずつ長くなります。最初の画用紙に，40 − 1 = 39（枚）つなぐので，全体の横の長さは，35 + 33 × 39

= 1322（cm）になります。

3 碁石の数はいちばん上の段から 1 個，2 個，3 個，…と 1 つずつ増えていきます。1 + 2 + 3 +…の和が 190 になったときの，いちばん下の段の数が 1 辺の碁石の数です。

4 1 辺が 1cm の正三角形は，正三角形が 1 枚，1 辺が 2cm の正三角形は，正三角形が，1 + 3 = 4（枚），1 辺が 3cm の正三角形が，正三角形が，1 + 3 + 5 = 9（枚），…と増えていきます。1 辺が 7cm の正三角形は，正三角形が，1 + 3 + 5 + 7 + 9 + 11 + 13 = 49（枚）だから，はじめて 50 枚以上になるのは，1 辺の長さが 8cm の正三角形にしたときです。

5 2021 年の 20 番目の火曜日は，2021 年 1 月 1 日の，7 ×（20 − 1）+ 4 = 137（日）後です。2021 年はうるう年ではないので，1 月 2 日から 4 月 30 日までは，

（31 − 1）+ 28 + 31 + 30 = 119（日）あります。よって，137 − 119 = 18 より，2021 年の 20 番目の火曜日は 5 月 18 日とわかります。

6 (2) 白いカードと黒いカードの枚数が同じ段と，白いカードの枚数が黒いカードの枚数より 1 枚多い段があるので，分けて考えます。

白いカードと黒いカードの枚数が同じ段は，2 段目，4 段目，6 段目，…と，2 で割り切れる段になります。このとき，2 段目の差は 1，4 段目の差は 2，6 段目の差は 3 と，段の数の半分になります。よって，61 × 2 = 122 より，122 段目の差は 61 になります。

白いカードの枚数が黒いカードの枚数より 1 枚多い段は，1 段目，3 段目，5 段目，…と，2 で割り切れない段になります。2 で割り切れない段は，白いカードから始まるので，差は，3 段目は，4 + 1 = 5，

5 段目は，11 + 1 + 1 = 13

7 段目は，22 + 1 + 1 + 1 = 25 のように，1 をたす回数が順に増えています。このように考えると，9 段目は，37 + 1 + 1 + 1 + 1 = 41

11 段目は，56 + 1 + 1 + 1 + 1 + 1 = 61 となります。

1 （式）$(65 - 5 + 3) \div 3 = 21$

　（答え）21

2 （式）$(5 \times 32) \div (7 - 5) = 80$

　　　　$7 \times 80 = 560$

　（答え）560m

3 （式）$(36 + 44) \div (8 - 3) = 16$

　　　　$3 \times 16 + 36 = 84$

　（答え）生と 16 人，ボールペン 84 本

4 （式）$180 \times 18 = 3240$

　　　　$(3240 - 2850) \div (180 - 150) = 13$

　　　　$18 - 13 = 5$

　（答え）5 こ

5 A 368，B 7

6 （式）$(120 - 13 + 5) \div (4 + 1 + 3) = 14$

　　　　$14 \times 4 + 13 = 69$

　（答え）69 こ

7 （式）$1 + 3 + 5 + 7 + 9 + 11 + 13 + 15 = 64$

　　　　$2 + 4 + 6 + 8 + 10 + 12 + 14 = 56$

　（答え）56 こ

8 （式）$2 + 4 + 6 + 8 + 4 + 6 + 8 +$

　　　　$2 + 6 + 8 + 2 + 4 + 8 + 2 +$

　　　　$4 + 6 = 80$

　　　　$50 \div 16 = 3$ あまり 2

　　　　$80 \times 3 + 2 + 4 = 246$

　（答え）246

解 説

5 $B \times 52 + 4 + B = 375$

$B \times 52 + B = 375 - 4$

$B \times 53 = 371$

$B = 371 \div 53 = 7$

$A = 7 \times 52 + 4 = 368$

7 黒の碁石は，2 個，4 個，6 個，…と 2 個ず
つ増えていきます。

8 2，4，6，8，4，6，8，2，6，8，2，4，8，2，
4，6 の 16 個を 1 まとまりとして繰り返し並ん
でいます。$50 \div 16 = 3$ あまり 2 より，1 番目
から 50 番目までの数は，16 個の数字を 3 回繰
り返した後，2，4 まで並んでいます。

---

1 (1) 369cm²

　(2) 702cm²

　(3) 1890cm²

2 (1) 64

　(2) 91

　(3) 上から 45 段目，左から 4 番目

　(4) 9

解 説

1 (1) 正方形が 1 個のとき，その面積は，
$9 \times 9 = 81$（cm²）です。2 個の正方形を並
べたとき，2 個目の正方形の面積は，$81 -$（3
$\times 3$）$= 72$（cm²）です。3 個目からの正方
形も同じだから，5 個の正方形を並べてでき
る図形の面積は，
$81 + 72 \times (5 - 1) = 369$（cm²）です。

別の考え方

5 個の正方形を並べたとき，重なる部分は，
$5 - 1 = 4$（か所）あります。重なる部分の
面積は，$3 \times 3 = 9$（cm²）なので，5 個の
正方形を並べてできる図形の面積は，81×5
$- 9 \times 4 = 369$（cm²）です。

(2) 4 回目にできた図形は，正方形が，
$1 + 2 + 3 + 4 = 10$（個）で，重なる部分は，
$2 + 4 + 6 = 12$（カ所）あります。よって，
4 回目にできた図形の面積は，
$81 \times 10 - 9 \times 12 = 702$（cm²）です。

(3) 1 回目から順に，正方形を並べたときの正方
形の数と，重なった部分の数を調べてまとめ
ると次の表のようになります。

回目	1	2	3	4	5	6	7
正方形（個）	1	3	6	10	15	21	28
重なった部分（カ所）	0	2	6	12	20	30	42

7 回目に重なった部分が 42 カ所になり，正
方形は 28 個使うことがわかります。よって，
$81 \times 28 - 9 \times 42 = 1890$（cm²）です。

2 (1) それぞれの段の左から 1 番目の数は，1
段目は $1 = 1 \times 1$，2 段目は $4 = 2 \times 2$，3
段目は $9 = 3 \times 3$，4 段目は $16 = 4 \times 4$ で，

（段目の数）×（段目の数）となっていることがわかります。よって，8段目は，$8 \times 8 = 64$ となります。

(2) 10番目の数は，10段目の左から10番目にあります。10段目の左から1番目の数は，$10 \times 10 = 100$ です。10段目の左から10番目までの数は，左から1ずつ小さくなるように並んでいます。よって，10段目の左から10番目は，$100 - 10 + 1 = 91$ になります。

(3) 2022が何段目にあるかを考えます。それぞれの段の左から1番目の数は，（段目の数）×（段目の数）です。$45 \times 45 = 2025$ で，45段目の左から45番目までの数は，左から1ずつ小さくなるように並んでいるので，2022は45段目にあることがわかります。$2025 - 2022 = 3$ より，2022は2025より3小さい数だから，左から4番目にあります。よって，2022は上から45段目，左から4番目の位置にあります。

(4)【横2行，たて2列目の和】は，$2 \times 2 = 4$（個）の整数があり，$1 + 2 + 3 + 4 = 10$ です。また，【横3行，たて3列目の和】は，$3 \times 3 = 9$（個）の整数があり，$1 + 2 + 3 + 4 + 5 + 6 + 7 + 8 + 9 = 45$ です。$1 + 2 + 3 + \cdots 14 + 15$ のような計算は，（はじめの数＋最後の数）×数字の個数÷2で求められます。

【横 ア 行，たて ア 列目の和】が3321になるとき，はじめの数が1，最後の数を□とすると，数字の個数は最後の数と同じなので□です。よって，$(1 + □) \times □ \div 2 = 3321$ と表せます。$(1 + □) \times □ = 3321 \times 2 = 6642$

$82 \times 81 = 6642$ なので，$□ = 81$ とわかります。$81 = 9 \times 9$ なので，81は上から9段目，左から1番目の整数です。

したがって，【横9行，たて9列目の和】が3321になります。

---

1 (1)
```
  46827
+ 38195
  85022
```
(2)
```
   2418
   5764
 + 4953
  13135
```

(3)
```
  8417
- 6859
  1558
```
(4)
```
  76925
- 29387
  47538
```

2 (1)
```
    783
 ×   29
   7047
   1566
  22707
```
(2)
```
    649
 ×  357
   4543
   3245
   1947
 231693
```

(3)
```
    3960
 ×  4780
    3168
    2772
    1584
18928800
```
(4)
```
    5904
 ×   687
   41328
   47232
   35424
 4056048
```

3 (1)
```
     126
  6)756
     6
     15
     12
      36
      36
       0
```
(2)
```
     78
  4)314
    28
     34
     32
      2
```

(3)
```
      642
   7)4494
     42
      29
      28
       14
       14
        0
```
(4)
```
      486
   5)2431
     20
      43
      40
       31
       30
        1
```

4 (1) 38737 (2) 78642

5 (1) ＞ (2) ＞ (3) ＜ (4) ＞

6 (1) $\begin{array}{r} 5.73 \\ +2.86 \\ \hline 8.59 \end{array}$ (2) $\begin{array}{r} 8.54 \\ -3.79 \\ \hline 4.75 \end{array}$

(3) $\begin{array}{r} 4.92 \\ +7.18 \\ \hline 12.1 \end{array}$ (4) $\begin{array}{r} 6.25 \\ -5.96 \\ \hline 0.29 \end{array}$

(5) $1\frac{5}{7}$ (6) $1\frac{1}{3}$ (7) $5\frac{1}{4}$ (8) $1\frac{4}{5}$

7 (1) 0.817 (2) 40000 (3) 2700

8 (1) 78° (2) 32°

9 (1) 360cm² (2) 56cm²

10 224cm

11 144cm²

12 (1) 16人 (2) 8人 (3) 13人

13 (式) $(20 + 16) \div (15 - 13) = 18$
$15 \times 18 - 20 = 250$
(答え) 子ども 18人, ビー玉 250こ

14 (式) $(5400 + 750 + 150) \div 3 = 2100$
$2100 - 750 = 1350$
(答え) 1350 円

15 (式) $150 \div 7 = 21$ あまり 3
$2 \times 21 + 1 = 43$
(答え) 43こ

解 説

2 (3) まず, 0 を省いた 396×478 を計算します。$10 \times 10 = 100$ より, 答えは 396×478 を 100 倍した数になります。

3 (1) わられる数の百の位の数字とわる数の大きさを比べます。$7 \div 6$ より, 商の見当をつけて, 百の位に 1 をたてて計算していきます。

(2) わられる数の百の位の数字がわる数より小さいときは, 百の位に商はたたないので, $31 \div 4$ より, 商の見当をつけて, 十の位に 7 をたてて計算していきます。

4 (1) $\square = 71684 - 32947 = 38737$

(2) $\square = 86245 - 7603 = 78642$

5 (1) 左側の式を計算すると, 3.87 となるので, $3.87 > 3.79$ です。

(3) 分母が同じ分数は, 分子が大きいほど大きいので, $\frac{4}{8} < \frac{7}{8}$ です。

(4) 分子が同じ分数は, 分母が小さいほど大きいので, $\frac{1}{3} > \frac{1}{7}$ です。

6 (3) 小数点の位置をそろえて計算します。$4.92 + 7.18 = 12.10$ です。小数点より右にあるいちばん端の 0 は省略できるので, 答えは 12.1 です。

(7) $1\frac{3}{4} + 3\frac{2}{4} = 1 + 3 + \frac{3}{4} + \frac{2}{4} = 4 + \frac{5}{4}$
$= 4 + 1\frac{1}{4} = 5\frac{1}{4}$

(8) $4\frac{3}{5} - 2\frac{4}{5} = 3\frac{8}{5} - 2\frac{4}{5} = (3 - 2) +$
$\left(\frac{8}{5} - \frac{4}{5}\right) = 1 + \frac{4}{5} = 1\frac{4}{5}$

7 (1) $100g = 0.1kg$, $10g = 0.01kg$, $1g = 0.001kg$ なので, $817g = 0.817kg$ です。

(2) $1m^2 = 10000cm^2$ だから,
$4m^2 = 40000cm^2$ です。

(3) $\frac{3}{4}$ 時間は, 1 時間を 4 つに等しく分けた 3 つ分で, 1 時間は 60 分だから,
$60 \div 4 \times 3 = 45$ (分) です。1 分は 60 秒なので,
$\frac{3}{4}$ 時間 $= 45 \times 60 = 2700$ (秒) です。

8 (1) $180° - (37° + 65°) = 78°$

(2) 二等辺三角形は 2 つの角は等しいので, ⓘの角の大きさは, $180° - 74° \times 2 = 32°$ となります。

9 (1) かげをつけた部分の四角形は, 底辺が 15cm, 高さが 12cm の三角形と, 底辺が 18cm, 高さが 30cm の三角形に分けることができます。よって, かげをつけた部分の面積は,
$15 \times 12 \div 2 + 18 \times 30 \div 2 = 360$ (cm²) となります。

(2) かげをつけた部分は, 底辺が $20 - 12 = 8$ (cm), 三角形の高さの和は 14cm だから, かげをつけた部分の面積は, $8 \times 14 \div 2 =$

56（cm²）となります。

10 立体には，右の図
のような面が２個あ
ります。右の図で，２
＋ア＋６＝10（cm），
６＋４＋イ＝12（cm）

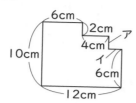

だから，上の図の面のすべての辺の長さの合計は，
10×２＋12×２＝44（cm）です。上の図の
面２個をつなぐ17cm の辺は８本あるから，立
体のすべての辺の長さの合計は，
44×２＋17×８＝224（cm）となります。

11 できた四角形の１辺の長さはすべて同じで，
円の半径の２つ分の長さになります。円の半径
は６cm だから，できた四角形の１辺の長さは，
６×２＝12（cm）です。よって，四角形の面積
は，12×12＝144（cm²）です。

12 表を完成さ
せると右のよ
うになります。

野菜のすききらい調べ　　　（人）

| | | にんじん | | |
		すき	きらい	合計
玉ねぎ	すき	8	10	18
	きらい	3	13	16
合　計		11	23	34

(3) 玉ねぎだけ
が好きな児
童は 10 人，にんじんだけが好きな児童は３
人だから，玉ねぎかにんじんのどちらか一方
だけが好きな児童は，10＋３＝13（人）です。

13 余ったビー玉の数と不足したビー玉の数の合
計を，配った数の差でわると，人数が求められます。

14 Ａの持っているお金に 750 円を加え，Ｃの持っ
ているお金に 150 円を加えると，Ｂの持ってい
るお金と等しくなるので，Ｂの持っているお金は，
（5400 ＋ 750 ＋ 150）÷ 3 ＝ 2100（円）です。
Ａの持っているお金は，Ｂより 750 円少ないので，
2100 － 750 ＝ 1350（円）です。

15 ○○●○○○●の７個を１区切りとして繰り
返し並んでいます。150 ÷ 7 ＝ 21 あまり３よ
り，７個の繰り返しが21 回あり，そのあと３個，
すなわち○○●と並びます。○○●○○○●の
７個には，黒のご石が２個あるので，150 個並
べたとき，黒のご石は，２×21 ＋ 1 ＝ 43（個）
使いました。

総仕上げテスト②

1 (1)
```
    59264
  +43895
  103159
```
(2)
```
    4726
    3817
   +5169
   13712
```
(3)
```
    7294
   -3675
    3619
```
(4)
```
   63892
  -34795
   29097
```

2 (1)
```
      836
   ×   47
     5852
     3344
    39292
```
(2)
```
      759
   × 284
     3036
     6072
     1518
   215556
```
(3)
```
     6480
   ×3950
     3240
     5832
     1944
 25596000
```
(4)
```
      7083
   ×  524
    28332
    14166
    35415
  3711492
```

3 (1)
```
     219
  3)657
     6
     5
     3
     27
     27
      0
```
(2)
```
     47
  8)382
     32
     62
     56
      6
```
(3)
```
     486
  9)4374
     36
     77
     72
     54
     54
      0
```
(4)
```
     846
  6)5079
     48
     27
     24
     39
     36
      3
```

4 (1) 8700　(2) 63000

5 (1) $2\frac{1}{4}$　(2) $4\frac{4}{7}$　(3) $\frac{14}{3}$　(4) $\frac{29}{8}$

6 (1)
$$\begin{array}{r} 4.96 \\ +5.78 \\ \hline 10.74 \end{array}$$
(2)
$$\begin{array}{r} 9.25 \\ -7.48 \\ \hline 1.77 \end{array}$$

(3)
$$\begin{array}{r} 6.84 \\ +8.37 \\ \hline 15.21 \end{array}$$
(4)
$$\begin{array}{r} 7.23 \\ -4.16 \\ \hline 3.07 \end{array}$$

(5) $2\frac{1}{8}$　(6) $2\frac{2}{6}$　(7) 6　(8) $\frac{4}{9}$

7 (1) 33.93　(2) 5711　(3) 195

8 (1) 26°　(2) 41°

9 (1) 56cm²　(2) 37cm²

10 28cm

11 20 こ

12 (1) 2 さつ　(2) 25 さつ　(3) 141 さつ

13 （式）$80 \times 27 = 2160$
$\qquad 2760 - 2160 = 600$
$\qquad 600 \div (130 - 80) = 12$
（答え）12 さつ

14 （式）$840 \times 4 - 560 \times 3 = 1680$
$\qquad 1680 \div (5 \times 4 - 2 \times 3) = 120$
$\qquad (560 - 120 \times 2) \div 4 = 80$
（答え）プリン120 円，ゼリー80 円

15 （式）$266 \div (18 + 1) = 14$
（答え）14m

解 説

4 (1) $4 \times 87 \times 25 = 4 \times 25 \times 87 = 100 \times 87 = 8700$

(2) $125 \times 63 \times 8 = 125 \times 8 \times 63 = 1000 \times 63 = 63000$

5 (1) $9 \div 4 = 2$ あまり 1 より，$\frac{4}{4}$ が 2 個と $\frac{1}{4}$ が 1 個だから，$\frac{9}{4} = 2\frac{1}{4}$ です。

(3) 4 は $\frac{3}{3}$ が 4 個で $\frac{12}{3}$ だから，$\frac{12}{3} + \frac{2}{3} = \frac{14}{3}$ です。

6 (5) $\frac{4}{8} + 1\frac{5}{8} = 1 + \frac{4}{8} + \frac{5}{8} = 1 + \frac{9}{8}$

$= 1 + 1\frac{1}{8} = 2\frac{1}{8}$

(8) $2\frac{2}{9} - 1\frac{7}{9} = 1\frac{11}{9} - 1\frac{7}{9}$

$= (1 - 1) + \left(\frac{11}{9} - \frac{7}{9}\right) = \frac{4}{9}$

7 (1) 1000g = 1kg，100g = 0.1kg，10g = 0.01kg なので，3670g = 3.67kg です。
よって，37.6kg − 3670g = 37.6kg − 3.67kg = 33.93kg です。

(2) 4km627m = 4627m，1.084km = 1084m だから，
4km627m + 1.084km = 4627m + 1084m = 5711m です。

(3) $\frac{39}{12}$時間 $= 3\frac{3}{12}$時間です。$\frac{3}{12}$時間は，1 時間を 12 に等しく分けた 3 つ分で，1 時間は 60 分だから，$60 \div 12 \times 3 = 15$（分）です。よって，$3\frac{3}{12}$時間 $= 60 \times 3 + 15 = 195$（分）です。

8 (1) $180° - (36° + 118°) = 26°$

(2) 二等辺三角形は 2 つの角が等しいので，◉の角の大きさは，$(180° - 98°) \div 2 = 41°$ です。

9 (1) 三角形の底辺を 16cm として，30°，60°，90°の三角形を利用すると，三角形の高さは，$14 \div 2 = 7$（cm）となります。よって，三角形の面積は，$16 \times 7 \div 2 = 56$（cm²）となります。

(2) 四角形アイウエの面積から，2 つの白い部分の面積をひきます。四角形アイウエの面積は，$8 \times 8 = 64$（cm²）だから，かげをつけた部分の面積は，
$64 - (8 - 5) \times 8 \div 2 - (8 - 2) \times (8 - 3) \div 2 = 37$（cm²）となります。

10 使ったひもの長さは，$200 - 12 = 188$（cm）です。それぞれの面にかかっているひもを考えると，18cm の部分が 2 つ，16cm の部分が 2 つ，23cm の部分が 4 つあるから，箱にかけた分の長さは，$18 \times 2 + 16 \times 2 + 23 \times 4 = 160$（cm）です。
よって，むすび目のところに使った長さは，

188 − 160 = 28（cm）です。

11 ボールの直径 4 個分の長さが 24cm だから，ボールの直径は，24 ÷ 4 = 6（cm）です。箱のたて方向には，30 ÷ 6 = 5（個）入るので，ボールは全部で，5 × 4 = 20（個）入っています。

12 (1) 20 冊から 30 冊の 10 冊で 5 目もりだから，１目もりは 10 ÷ 5 = 2（冊）です。

(2) 火曜日は，20 冊よりも 2.5 目もり多いです。2.5 目もりは 5 冊を表しているので，火曜日にかし出した本は，20 + 5 = 25（冊）です。

(3) 月曜日にかし出した本は 32 冊，水曜日にかし出した本は 19 冊，木曜日にかし出した本は 28 冊，金曜日にかし出した本は 37 冊だから，月曜日から金曜日までにかし出した本は，32 + 25 + 19 + 28 + 37 = 141（冊）となります。

13 27 冊全部が 80 円のノートだと考えると，80 × 27 = 2160（円）です。実際の金額との差は，2760 − 2160 = 600（円）です。130 円のノートと 80 円のノートとの金額の差は，130 − 80 = 50（円）なので，130 円のノートは，600 ÷ 50 = 12（冊）買いました。

14 プリン 6 個とゼリー 12 個の代金は，560 × 3 = 1680（円），プリン 20 個とゼリー 12 個の代金は，840 × 4 = 3360（円）です。

15 木の間の数は，植えた木の本数より１つ多いので，木と木の間の間隔は，266 ÷（18 + 1）= 14（m）です。

最高クラス
問題集

算数
小学3年

問題
編

旺文社

最高クラス
問題集

算　数
小学 3 年

問題
編

旺文社

1 大きい数

ねらい▶ 数の範囲を千万の位，さらに億の位，兆の位まで広げ，数のしくみについて理解を深める。

★ **標準レベル**　🕐 15分　／100　答え **7** ページ

1 次の数の読み方を漢字で書きなさい。〈3点×4〉

(1) 36294

(2) 258139

(3) 5062713

(4) 9400735

2 次の数を数字で書きなさい。〈3点×4〉

(1) 二万千五百四十九

(2) 八万三百

(3) 七十六万四千二百九十

(4) 五百四十万二千六百七十八

3 4082197 について答えなさい。〈3点×4〉

(1) 百の位の数字は何ですか。

(2) 一万の位の数字は何ですか。

(3) 0 は何の位の数字ですか。

(4) 4 は何の位の数字ですか。

4 □にあてはまる数を書きなさい。〈4点×2〉

(1) 72468 は，1万を ①□ こ，1000 を ②□ こ，100 を 4 こ，10 を ③□ こ，1 を 8 こあわせた数です。

(2) 3042960 は，100 万を ①□ こ，1 万を 4 こ，1000 を ②□ こ，100 を ③□ こ，10 を 6 こあわせた数です。

5 次の計算をしなさい。〈4点×4〉

(1) 64 × 10

(2) 270 × 10

(3) 39 × 100

(4) 580 × 100

6 大きいほうの数に○をつけなさい。〈4点×4〉

(1) 73621   73618
□   □

(2) 2458192   2546318
□   □

(3) 416295   4021837
□   □

(4) 618 万   615 万
□   □

7 □にあてはまる数を書きなさい。

(1)
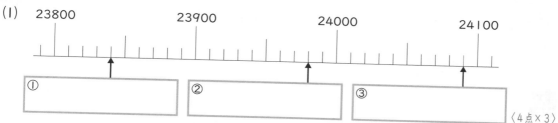
〈4点×3〉

(2)
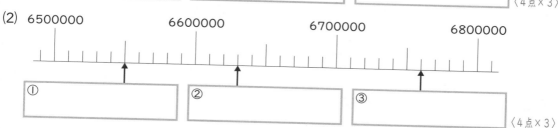
〈4点×3〉

★★ 上級レベル　　　🕐 25分　　　／100　　答え**7**ページ

1 ☐ にあてはまる数を書きなさい。〈4点×3〉

(1) 10万を3こと，1万を4こと，100を7こあわせた数は

☐ です。

(2) 100万を5こと，1万を2こと，1000を9こと，10を6こあわせた数は

☐ です。

(3) 1億を2こあわせた数は2億です。1億を4こと，1000万を8こと，1000を1こと，100を7こと，1を3こあわせた数は ☐ です。

2 ☐ にあてはまる等号，不等号を書きなさい。〈4点×6〉

(1) 3486 ☐ 4386

(2) 572349 ☐ 573816

(3) 642058 ☐ 640582

(4) 4002000 ☐ 4000000 + 2000

(5) 193億 ☐ 197億

(6) 30000000 × 10 ☐ 3億

3 560482193 について答えなさい。〈4点×4〉

(1) 千万の位の数字は何ですか。

☐

(2) 一万の位の数字は何ですか。

☐

(3) 0は何の位の数字ですか。

☐

(4) 5は何の位の数字ですか。

☐

4 ☐ にあてはまる数を書きなさい。〈4点×3〉

8億　　　　9億　　　　10億　　　　11億

①　　　　②　　　　③

5 ◻ にあてはまる数を書きなさい。〈4点×4〉

(1) 3720000 の 10 倍の数は ［　　　　　　　　　　　］ です。

> 1億の10倍は
> 10億，100倍
> は100億です。

(2) 613900000 の 100 倍の数は ［　　　　　　　　　　　］ です。

(3) 24900 を 10 でわると ［　　　　　　　　　　　］ です。

(4) 76108030 の 100 倍の数は ［　　　　　　　　　　　］ です。

6 さく年の東町の人口は 383026 人でした。また，西町の人口は 382304 人でした。どちらの町の人口が多かったですか。〈6点〉

［　　　　　　　　　　　］

7 ある水族館の 1 月の入館者数は 24000 人でした。この年の 1 年間の入館者数は 1 月の入館者数の 10 倍だったそうです。1 年間の入館者数は何人でしたか。
（式）

〈7点〉

［　　　　　　　　　　　］

8 ある工場では，おかしの入った箱 7600 こを 10 台のトラックに同じ数ずつつんで運びます。1 台のトラックには何この箱をつめばよいですか。〈7点〉
（式）

［　　　　　　　　　　　］

★★★ 最高レベル　　　⏱30分　　　／100　　答え**8**ページ

1 1000 億の 10 倍の数を，1000000000000 と書いて 1 兆と読みます。次の数の読み方を漢字で書きなさい。〈4点×3〉

(1) 5429163852

(2) 30846200710

(3) 2619058324000

2 次の数を数字で書きなさい。〈4点×4〉

(1) 六億四千二百八十五万七千九百十三

(2) 九百十八億六百四万五千二十

(3) 七兆四千六十三億五千二十一万七百三十五

(4) 二百八兆三百四億七千六百万千九

　　　〔1兆の100倍は100兆です。〕

3 次の数を書きなさい。(1), (3)は数字で書きなさい。〈5点×6〉

(1) 1兆より1小さい数

(2) 430兆より10兆大きい数

(3) 274000000より1小さい数

(4) 999億より1億大きい数

(5) 5360億を10倍した数

(6) 7億1800万を100倍した数

4 いちばん小さい数を答えなさい。〈5点×3〉

(1) 745億8000万，754億2000万，746億3000万

（答え欄）

(2) 63兆4293億，63兆4292億9000万，63兆429億

（答え欄）

(3) 2835417365048，285463716548，2734659205048

（答え欄）

5 □ にあてはまる数を書きなさい。〈4点×3〉

9800億　　9900億　　1兆　　1兆100億

①　　②　　③

6 次の数にいちばん近い数を答えなさい。〈5点×2〉

(1) 876245370000

876254370000，876245360000，87624538000

（答え欄）

(2) 350兆8320億

348兆9000億，27兆6000億，351兆5000億

（答え欄）

7 木星は地球から886000000kmはなれています。土星は地球から1619000000kmはなれています。地球からより遠くにあるのは木星と土星のどちらですか。〈5点〉

km（キロメートル）は長さのたんいです。1km = 1000mです。

（答え欄）

2 大きい数のたし算，ひき算

ねらい けた数の大きい数のたし算，ひき算もこれまでの計算と同じように計算できることに気づかせる。

★ 標準レベル　　　　　⏱15分　　　／100　　答え9ページ

1 次のたし算をしなさい。〈3点×6〉

(1) 320 + 250

(2) 270 + 540

(3) 682 + 217

(4) 346 + 428

(5) 5100 + 2600

(6) 42700 + 27500

2 次のひき算をしなさい。〈3点×6〉

(1) 860 − 530

(2) 710 − 640

(3) 928 − 614

(4) 532 − 346

(5) 6400 − 2500

(6) 38600 − 19700

3 ☐にあてはまる数を答えなさい。〈4点×4〉

(1) ☐ + 24800 = 60300

(2) 3600 + ☐ = 8900

(3) ☐ − 24800 = 8500

(4) 73900 − ☐ = 19100

4 次の計算をしなさい。〈3点×12〉

(1)　　 360
　　　＋420

(2)　　 247
　　　＋638

(3)　 5700
　　＋3200

(4)　 4850
　　＋2760

(5)　62000
　　＋39000

(6)　34800
　　＋46500

(7)　　 860
　　　－340

(8)　　 516
　　　－208

(9)　 4900
　　－3500

(10)　 7250
　　－4180

(11)　92600
　　－84300

(12)　45200
　　－16700

5 はやたさんはきのう 5320 歩歩きました。今日は 4810 歩歩きました。2日間あわせて何歩歩きましたか。〈6点〉

（式）

6 チョコレートケーキは１こ 486 円，チーズケーキは１こ 375 円です。チョコレートケーキ１ことチーズケーキ１こを買うと代金はおよそ何円になりますか。正しいほうに○をつけなさい。〈6点〉

900 円

800 円

★★　上級レベル①

⏱ 25分　　　　　／100　　答え **9** ページ

1 次のたし算をしなさい。〈4点×6〉

(1)　　3 6 2 5
　　 + 5 2 7 1

(2)　　5 1 9 8
　　 + 2 8 4 7

(3)　　4 2 4 5 1
　　 + 1 8 3 7 9

(4)　　7 6 5 4 9
　　 + 2 4 3 6 1

(5)　　2 1 9 4
　　　3 6 2 8
　　 + 1 4 5 2

(6)　　6 3 2 4 8
　　　2 9 1 6 5
　　 + 5 2 8 7 3

2 次のひき算をしなさい。〈4点×6〉

(1)　　8 9 7 4
　　 - 2 5 3 1

(2)　　6 8 1 3
　　 - 4 5 3 7

(3)　　5 2 4 6
　　 - 1 8 3 9

(4)　　4 1 8 7 2
　　 - 3 1 3 6 6

(5)　　8 7 2 5 1
　　 - 5 4 6 3 7

(6)　　7 5 6 0 3
　　 - 6 7 1 8 4

3 □にあてはまる数を答えなさい。〈4点×4〉

(1)　□ + 42183 = 76495

(2)　34306 + □ = 48692

(3)　□ - 24607 = 51834

(4)　83479 - □ = 42651

4 □にあてはまる数を書きなさい。〈4点×6〉

(1)
```
    4 7 1 □   ┌─────────────┐
  +  6 □ 7 5  │ □＋5＝13     │
  ───────────  │ になる□を考  │
  1 1 2 □ 3   │ えます。     │
             └─────────────┘
```

(2)
```
    5 □ □ 6 □
  +  1 7 3 □ 8
  ─────────────
    □ 9 2 1 1
```

(3)
```
    3 7 2 9 □
  +  4 □ □ 2 6
  ─────────────
    □ 3 6 □ 3
```

(4)
```
    7 2 □ 1
  -  3 □ 1 □
  ───────────
    □ 7 6 6
```

(5)
```
    8 1 □ 0 □
  -  □ 8 5 □ 7
  ─────────────
    3 □ 0 6 7
```

(6)
```
    □ 9 □ 8 4
  -  6 □ 1 7 □
  ─────────────
    3 0 □ 8
```

5 ⓪, ①, ②, ③, ④ の5まいのカードをならべて、5けたの数を作ります。〈4点×2〉

(1) いちばん大きい数と2番目に小さい数をたすと、いくつになりますか。
　　（式）

(2) 2番目に大きい数から3番目に小さい数をひくと、いくつになりますか。
　　（式）

6 はるなさんはちょ金が9426円あります。お姉さんは28613円、お兄さんは37854円あります。3人のちょ金をあわせると何円ありますか。〈4点〉
（式）

★★　上級レベル②

⏱ 25分　　／100　　答え 10ページ

1 次のたし算をしなさい。〈4点×6〉

(1) 　4826
　　+2163

(2) 　1736
　　+4359

(3) 　42938
　　+17524

(4) 　63472
　　+54839

(5) 　3285
　　　2861
　　+5974

(6) 　84163
　　　15742
　　+38259

2 次のひき算をしなさい。〈4点×6〉

(1) 　6483
　　−5261

(2) 　7496
　　−3257

(3) 　4593
　　−2648

(4) 　57138
　　−36132

(5) 　40793
　　−28395

(6) 　91826
　　−87819

3 □にあてはまる数を答えなさい。〈4点×4〉

(1) 37016 + □ = 59247

(2) □ + 32057 = 116253

(3) □ − 28374 = 61225

(4) 68497 − □ = 30054

4 □にあてはまる数を書きなさい。〈4点×6〉

(1)
```
    2 □ 1 3 7
  + 3 4 7 5 □
  ───────────
  □   1 8 9 3
```

(2)
```
    7 □ 2 □ 4
  + 1 6 7 3 □
  ───────────
  □ 0 □ 0 3
```

(3)
```
    4 □ 9 3 □
  + □ 8 1 □ 7
  ───────────
    7 5 □ 3 2
```

(4)
```
    8 □ 9 □
  - 3 6 □ 4
  ─────────
  □ 5 4 3
```

> □－6＝5になる□はないので，千の位から1くり下げて考えます。

(5)
```
    9 □ 2 7 □
  - 5 4 □ 3 7
  ───────────
  □ 8 6 □ 7
```

(6)
```
    □ 4 9 □ 5
  - 2 □ 5 7 □
  ───────────
    3 6 □ 3 9
```

5 今週のサッカーのし合の入場者数（にゅうじょうしゃすう）は48506人でした。2週間前のし合の入場者数は39162人でした。今週と2週間前のし合の入場者数のちがいは何人ですか。
（式（しき））

〈6点〉

6 ある工場では，A，B，C 3台のきかいでおもちゃを作っています。ある月の1か月間に，Aのきかいでは25736こ，Bのきかいでは28194こ，Cのきかいでは67395このおもちゃを作りました。この月の1か月間に，Cのきかいで作ったおもちゃはAとBのきかいで作ったおもちゃをあわせた数より何こ多いですか。
（式）

〈6点〉

★★★ 最高レベル　　⏱30分　　／100　　答え11ページ

1 □にあてはまる数を書きなさい。〈10点×4〉

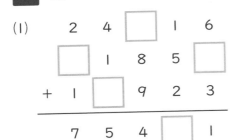

(1)
```
  2 4 □ 1 6
  □ 1 8 5 □
+ 1 □ 9 2 3
─────────────
  7 5 4 □ 1
```

(2)
```
  3 1 8 □ 4
  2 0 □ 6 7
+ □ 4 7 0 □
─────────────
1 0 □ 8 9 4
```

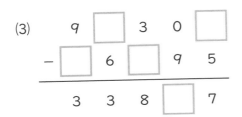

(3)
```
  9 □ 3 0 □
− □ 6 □ 9 5
─────────────
  3 3 8 □ 7
```

(4)
```
  □ 1 5 □ 8
− 2 5 □ 7 □
─────────────
1 □ 1 8 9
```

2 電子レンジとそうじきとれいぞう庫を買います。電子レンジは46150円です。れいぞう庫は87480円で，電子レンジとそうじきをあわせた代金よりも17880円高いそうです。そうじきのねだんは何円ですか。〈12点〉
（式）

3 小学校の図書室には，本が27491さつありました。となりの小学校ととう合されたので，本が18364さつふえましたが同じ本があったので，6208さつを市の図書館に引き取ってもらいました。この小学校の図書室の本は何さつになりましたか。〈12点〉
（式）

4 ゆうまさんのお兄さんはおこづかいを持って買い物に行き，はじめに 8493 円のくつを買い，次に服を買ったので，のこりのお金が 12500 円になりました。これは，お兄さんがはじめに持っていたお金のちょうど半分でした。お兄さんがくつを買ったあと，服を買う前に持っていたお金は何円でしたか。〈12点〉

（式）

5 あるてんらん会のきのうの入場者数は，男の人が 18537 人，女の人が 21634 人でした。今日の入場者数は，男の人と女の人をあわせて 42396 人でした。女の人はきのうより 3418 人へったそうです。男の人はきのうより何人ふえましたか，またはへりましたか。〈12点〉

（式）

6 北町の人口は南町の人口より 17246 人少なく，東町の人口は北町の人口より 35918 人多いそうです。また，西町の人口は南町の人口より 28539 人多い 73026 人です。東町の人口は何人ですか。〈12点〉

（式）

復習テスト①

🕐 **25**分　　／**100**　答え **12** ページ

1 □にあてはまる等号，不等号を書きなさい。〈4点×2〉

(1) 486792 □ 487692

(2) 500000000 × 10 □ 50 億

2 379058416 について答えなさい。〈4点×4〉

(1) 千万の位の数字は何ですか。

(2) 一万の位の数字は何ですか。

(3) 0 は何の位の数字ですか。

(4) 3 は何の位の数字ですか。

3 次の計算をしなさい。〈4点×6〉

(1)　 2745
　 ＋6153

(2)　 72958
　 ＋16453

(3)　　 3792
　　　 4825
　 ＋2689

(4)　 8547
　 －3216

(5)　 9163
　 －5827

(6)　 73482
　 －18639

4 □にあてはまる数を答えなさい。〈4点×4〉

(1) 27695 ＋ □ ＝ 69527

(2) □ ＋ 92735 ＝ 131649

(3) □ － 26179 ＝ 38957

(4) 91483 － □ ＝ 5204

5 □にあてはまる数を書きなさい。〈4点×6〉

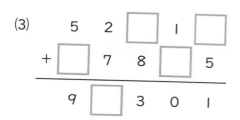
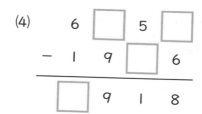

(1)
```
    1 7 5 2 □
 +  3 □ 4 9 8
 ────────────
    □ 3 □ 2 4
```

(2)
```
    □ □ 2 9 3
 +    2 8 5 □ □
 ────────────
    7 4 □ 1 2
```

(3)
```
    5 2 □ 1 □
 +  □ 7 8 □ 5
 ────────────
    9 □ 3 0 1
```

(4)
```
    6 □ 5 □
 -  1 9 □ 6
 ──────────
    □ 9 1 8
```

(5)
```
    7 □ 6 □ □
 -  □ 4 □ 9 6
 ────────────
    4 7 2 3 9
```

(6)
```
    5 □ 6 □ 7
 -  □ 3 5 9 □
 ────────────
    8 □ 9 9
```

6
A町の今年の人口は 128000 人です。B市の今年の人口は，A町の今年の人口の 10 倍だそうです。B市の今年の人口は何人ですか。〈6点〉
（式）

7
ある遊園地の今週の入園者数のうち，金曜日は 9634 人，土曜日は 17369 人，日曜日は 20486 人でした。この3日間の入園者数はあわせて何人でしたか。〈6点〉
（式）

復習テスト②

🕐 25分　　／100　答え13ページ

1 □にあてはまる等号，不等号を書きなさい。〈4点×2〉

(1) 307946 □ 307964

(2) 7006000 □ 7000000 + 6000

2 806214793 について答えなさい。〈4点×4〉

(1) 百万の位の数字は何ですか。

(2) 一万の位の数字は何ですか。

(3) 0 は何の位の数字ですか。

(4) 8 は何の位の数字ですか。

3 次のたし算をしなさい。〈4点×6〉

(1)
```
  3 1 7 6
+ 5 6 1 3
```

(2)
```
  6 8 2 4 7
+ 2 4 6 8 5
```

(3)
```
  1 8 6 3
  3 9 8 2
+ 4 1 3 7
```

(4)
```
  7 8 3 5
- 6 4 2 3
```

(5)
```
  8 3 9 5
- 4 6 8 7
```

(6)
```
  4 7 8 3 7
- 2 6 9 4 9
```

4 □にあてはまる数を答えなさい。〈4点×4〉

(1) □ + 42516 = 61151

(2) 39528 + □ = 87721

(3) 75163 − □ = 27869

(4) □ − 48536 = 7885

5 □にあてはまる数を書きなさい。〈4点×6〉

(1)
```
    2 6 □ 7 5
  + 3 □ 6 2 □
  ───────────
    5 9 0 □ 3
```

(2)
```
    4 □ 7 6 □
  + □ 6 3 □ 9
  ───────────
    7 9 □ 2 2
```

(3)
```
    6 7 □ □ 7
  +   6 7 5 □
  ───────────
    8 □ 9 4 1
```

(4)
```
    8 □ 5 2 □
  - 3 2 4 □ 9
  ───────────
    □ 9 0 3 7
```

(5)
```
    6 4 □ 9 3
  - □ 6 1 □ □
  ───────────
      □ 0 9 6
```

(6)
```
    7 9 6 □ □
  - □ 8 □ 3 6
  ───────────
    2 □ 6 7 8
```

6
ある工場で作った 4500 このせい品を，10 の店で同じ数ずつはん売します。1 つの店ではん売するせい品は何こですか。〈4点〉

（式）

7
⓪，②，④，⑥，⑧ の 5 まいのカードをならべて，5 けたの数を作ります。

〈4点×2〉

(1) 3 番目に大きい数から 2 番目に小さい数をひくと，いくつになりますか。

（式）

(2) 86240 より大きい数を全部たすと，いくつになりますか。

（式）

3 かけ算（1）

ねらい 2年生で学習した九九や何十，何百までのかけ算のしかたを使って，かけ算の筆算のしかたを身につけさせる。また，計算を工夫すると計算が簡単になる場合があることにも気づかせる。

★ 標準レベル　⏱15分　／100　答え **14**ページ

1 次のかけ算をしなさい。〈3点×9〉

(1) 34×2

(2) 16×3

(3) 28×6

(4) 51×8

(5) 47×4

(6) 83×5

(7) 76×7

(8) 38×9

(9) 94×8

2 次のかけ算をしなさい。〈4点×9〉

(1)
```
  243
×   2
─────
```

(2)
```
  162
×   4
─────
```

(3)
```
  371
×   3
─────
```

(4)
```
  528
×   6
─────
```

(5)
```
 8217
×   5
─────
```

(6)
```
 6547
×   8
─────
```

(7)
```
 4976
×   7
─────
```

(8)
```
 5813
×   9
─────
```

(9)
```
 9258
×   4
─────
```

3 次のかけ算をしなさい。〈4点×6〉

(1)
```
    6 3
  × 1 2
```

(2)
```
    5 7
  × 2 4
```

(3)
```
    4 9
  × 3 5
```

(4)
```
    2 8 6
  ×   1 4
```

(5)
```
    7 1 3
  ×   6 7
```

(6)
```
    3 9 4
  ×   4 3
```

4 あやかさんはスーパーマーケットで，1こ248円のりんごを7こ買いました。
代金は何円ですか。〈4点〉
(式)

5 24まい入りのクッキーが36箱あります。クッキーは全部で何まいありますか。
(式)
〈4点〉

6 ある町でお楽しみ会を開くことになりました。帰りにおみやげとして1ふく
ろ485円のおかしを，さんか者全員にわたします。さんか者が216人のとき，お
かしの代金はおよそ何円になりますか。正しいほうに〇をつけなさい。〈5点〉

100000円　　　　150000円

1 次のかけ算をしなさい。〈4点×6〉

(1) 32 × 5

(2) 68 × 3

(3) 37 × 8

(4) 19 × 0

(5) 974 × 10

(6) 56 × 100

2 次のかけ算をしなさい。〈4点×6〉

(1)
$$\begin{array}{r} 4275 \\ \times\quad 6 \\ \hline \end{array}$$

(2)
$$\begin{array}{r} 58 \\ \times 24 \\ \hline \end{array}$$

(3)
$$\begin{array}{r} 726 \\ \times\ \ 38 \\ \hline \end{array}$$

(4)
$$\begin{array}{r} 348 \\ \times 175 \\ \hline \end{array}$$

(5)
$$\begin{array}{r} 419 \\ \times 278 \\ \hline \end{array}$$

(6)
$$\begin{array}{r} 563 \\ \times 417 \\ \hline \end{array}$$

3 次の計算をくふうしてしなさい。〈4点×2〉

(1) 372 × 4 × 25

(2) 8 × 746 × 125　◁┈┈ ○×△＝△×○です。

4 □にあてはまる数を書きなさい。〈5点×6〉

(1)
```
    3 □ 8
  ×     5
  ─────────
  □   7 4 0
```
3×5＝15なので，□の数は0ではありません。

(2)
```
    8 5 7
  ×     □
  ─────────
  □ 5 □ 1
```
7×□の答えの一の位が1になる□を考えます。

(3)
```
  5 □ 8 3
  ×     □
  ─────────
  □ 4 0 □ 8
```

(4)
```
      3 □
  ×   2 4
  ─────────
    □ 4 8
  7 □
  ─────────
  □     8 8
```

(5)
```
      □ 9
  ×   7 □
  ─────────
    2 0 7
  4 □ 3
  ─────────
  5 0 □ 7
```

(6)
```
    4 □ 6
  ×   3 □
  ─────────
  □ 3 2 8
  1 □ 8
  ─────────
  1 □ 8 0 8
```

5 おり紙でおりづるをおります。26人で，1日に1人34わずつおり，さく年は294日間おりました。〈4点×2〉

(1) 1日に何わのおりづるがおれますか。
（式）

(2) さく年おったおりづるは全部で何わですか。
（式）

6 34dLの水が入ったバケツがたくさんあります。バケツ18この水を全部あわせたら621dLで，1こだけバケツの水のりょうがちがっていることがわかりました。そのバケツの中に入っていた水は何dLでしたか。〈6点〉
（式）

★★ **上級レベル②**　　⏱25分　　／100　　答え **16**ページ

1 次のかけ算をしなさい。〈4点×6〉

(1) 48 × 7

(2) 39 × 4

(3) 26 × 9

(4) 73 × 0

(5) 69 × 10

(6) 21 × 100

2 次のかけ算をしなさい。〈4点×6〉

(1)
$$\begin{array}{r} 3946 \\ \times\quad\ 8 \\ \hline \end{array}$$

(2)
$$\begin{array}{r} 67 \\ \times 53 \\ \hline \end{array}$$

(3)
$$\begin{array}{r} 827 \\ \times\ \ 49 \\ \hline \end{array}$$

(4)
$$\begin{array}{r} 296 \\ \times 382 \\ \hline \end{array}$$

(5)
$$\begin{array}{r} 753 \\ \times 294 \\ \hline \end{array}$$

(6)
$$\begin{array}{r} 648 \\ \times 371 \\ \hline \end{array}$$

3 次の計算をくふうしてしなさい。〈5点×2〉

(1) 25 × 63 × 8 ⤺ ⌐○×△＝△×○です。┐　　(2) 125 × 18 × 4

4　□にあてまはる数を書きなさい。〈5点×6〉

(1)

```
      4 6 □
  ×       4
  ─────────
  1 □ 6 8
```

> □×4の答えの一の位が8になる□を考えます。

(2)

```
    □ 9 □
  ×     7
  ───────
  □ 5 5 8
```

(3)

```
    2 7 □ 6
  ×       8
  ─────────
□ □ 0 4 8
```

(4)

```
      5 9
  ×   3 □
  ───────
    3 □ 4
  1 □ 7
  ───────
  2 1 □ 4
```

(5)

```
      6 □
  ×   □ 7
  ───────
    4 □ 6
  2 7 2
  ───────
  3 1 □ 6
```

(6)

```
    □ 8 3
  ×   5 □
  ───────
  4 6 □ 8
  3 □ 1 5
  ───────
  4 □ 8 4 8
```

5

はるとさんの学校の3年生は全部で176人います。来月，社会科見学に行きます。そのときにひつような交通ひを1人485円ずつ集めました。3年生全体では何円集まりましたか。〈6点〉

（式）

6

ななみさんは1こ100円のみかんを48こ買うつもりで，5000円さつを1まい持ってスーパーマーケットに行きました。この日はとく売日で，1こにつき8円安くなっていたので，6こ多く買うことにしました。おつりは何円になりますか。

（式）

〈6点〉

1 次のかけ算をしなさい。〈5点×4〉

(1) 48 × 91

(2) 262 × 78

(3) 501 × 399

(4) 498 × 611

2 次の計算をくふうしてしなさい。〈6点×6〉

(1) 374 × 63 + 374 × 37

(2) 481 × 56 + 481 × 44

(3) 25 × 12 × 63

(4) 24 × 125 × 78

(5) 346 × 899

(6) 798 × 518

3 Aを100倍してBをかける計算をA◇Bと表すことにします。このとき，□にあてはまる数を書きなさい。〈6点×2〉

(1) 416 ◇ 32 =

(2) 358 ◇ 27 =

4 次の計算は 1 から 9 までの 9 この数字を 1 つずつ使っています。ア，イ，ウ にあてはまる数を答えなさい。〈5点×3〉

4 ア 3 × 12 = 5 イ 9 ウ

ア ☐　　　　　イ ☐　　　　　ウ ☐

5 5人がすわれる長いすが 136 きゃくあります。子どもがこの長いすに 5 人ずつすわると，17 きゃくあまり，さい後のいすには 4 人がすわりました。子どもは全部で何人いますか。〈8点〉

（式）

☐

6 あきとさんは 100m を 20 秒で走りつづけることができます。このみさんははじめの 1000m は 100m を 18 秒で走り，次の 1000m は 100m を 21 秒で走り，その後は 100m を 25 秒で走りつづけます。ある日，2 人で 2500m のコースを走り，同時にゴールしました。このとき，あきとさんはこのみさんより何秒おくれてスタートしましたか。〈9点〉

（式）

☐

4　かけ算（2）

ねらい　一の位が0で終わる数や途中に0がふくまれる数のかけ算の筆算のしかたを身につけさせる。

★　標準レベル　　　🕐15分　　　／100　　答え18ページ

1　　□にあてはまる数を書きなさい。〈4点×4〉

(1) $140 \times 20 = 14 \times 10 \times 2 \times$ ①□ $= 14 \times 2 \times$ ②□ $=$ ③□

(2) $300 \times 600 = 3 \times 100 \times 6 \times$ ①□ $= 3 \times 6 \times$ ②□ $=$ ③□

(3) $2700 \times 40 = 27 \times$ ①□ $\times 4 \times 10 = 27 \times 4 \times$ ②□ $=$ ③□

(4) $4630 \times 30 = 463 \times$ ①□ $\times 3 \times 10 = 463 \times 3 \times$ ②□ $=$ ③□

2　　次のかけ算をしなさい。〈5点×9〉

(1) 13×20

(2) 26×30

(3) 54×60

(4) 80×50

(5) 382×40

(6) 621×70

(7) 400×800

(8) 150×110

(9) 360×280

3　1本240円のボールペンを30本買いました。代金は何円ですか。〈4点〉

（式）

4 れいにならって次のかけ算をしなさい。〈5点×5〉

(れい) 630 × 240

```
    6 3 0
  × 2 4 0
  ─────────
    2 5 2
  1 2 6
  ─────────
  1 5 1 2 0 0
```

(1) 1820 × 500

```
    1 8 2 0
  ×     5 0 0
  ─────────
```

(2) 37400 × 680

```
    3 7 4 0 0
  ×     6 8 0
  ─────────
```

(3) 570 × 390

(4) 4900 × 300

(5) 28100 × 750

5 ジュースを180mLずつ460人に配ります。ジュースは全部で何mLひつようですか。〈5点〉

（式）

6 なつさんは1日に2150m泳ぎます。230日泳いだとき，なつさんは全部で何m泳いだことになりますか。〈5点〉

（式）

★★　上級レベル①　　　🕐 **25分**　　　／100　答え **19**ページ

1 次のかけ算をしなさい。〈6点×4〉

(1) 20 × 40 × 80

(2) 30 × 150 × 20

(3) 37万 × 200

(4) 3億4000万 × 20000

2 次のかけ算をしなさい。〈6点×6〉

(1)
```
    6 3 7 0
 × 2 8 5 0
```

(2)
```
    9 1 6 0
 × 4 2 7 0
```

(3)
```
    3 8 0 6
 ×   2 5 4
```

(4)
```
      8 4 2
 × 7 0 0 6
```

(5)
```
      6 3 1
 × 5 0 2 8
```

(6)
```
      4 6 9
 × 8 0 3 0
```

3 ☐にあてはまる数を書きなさい。〈6点×2〉

(1) 3 × 3 × 2840 − ☐ × 2840 = 2 × 2840

(2) 56 × 998 = 56 × 1000 − 56 × ☐

4 次のア，イ，ウにあてはまる数を答えなさい。〈6点×2〉

(1)

```
    ア 6 イ 2
  ×     □ 4 8
  ─────────────
    2 9 2 1 6
  1 □ 6 □ 8
  7 3 □ 4
  ─────────────
  9 ウ □ □ 9 6
```

> イ×8の一の位が0となるイを考えます。

ア □   イ □

ウ □

(2)

```
      8 2 ア イ
    ×     5 □ 7
  ─────────────────
    5 7 □ 2 2
    2 □ □ □ 8
  □ □ □ □
  ─────────────────
  □ □ □ ウ 1 0 2
```

ア □   イ □

ウ □

5 1さつ280円のノートを大小2しゅるいの箱に入れます。大きい箱には1860さつ，小さい箱には720さつ入れることができます。大きい箱140箱，小さい箱210箱が売れたとき，ノートの売り上げは何円になりますか。〈8点〉

（式）

□

6 ある自動車はん売店では，先月230万円の自動車が46台，370万円の自動車が19台売れました。先月の自動車の売り上げの合計は何円でしたか。〈8点〉

（式）

□

★★ 上級レベル②

1 次のかけ算をしなさい。〈6点×4〉

(1) $25 \times 30 \times 40$

(2) $600 \times 300 \times 100$

(3) $420万 \times 300$

(4) $180億700万 \times 6$

2 次のかけ算をしなさい。〈6点×6〉

(1)
```
    3180
  ×4620
```

(2)
```
    5730
  ×2490
```

(3)
```
    2904
  ×  386
```

(4)
```
     918
  ×4052
```

(5)
```
     463
  ×8704
```

(6)
```
     375
  ×2604
```

3 □にあてはまる数を書きなさい。〈6点×2〉

(1) $42 \times 790 +$ ☐ $\times 790 + 58 \times 790 = 260 \times 790$

(2) $39 \times 1002 = 39 \times$ ☐ $+ 39 \times 1000$

4 次のア，イ，ウにあてはまる数を答えなさい。〈6点×2〉

(1)

```
        3 ア 8 □
    ×     4 イ 3
    ─────────────
        □   8 5 5
      □ □ □ 1 0
    1 3 1 □ □
    ─────────────
    □ □ □ ウ □ 5 5
```

ア [　　]　イ [　　]

ウ [　　]

(2)

```
            5 3 ア イ
    ×       □ 8 3
    ─────────────────
      □ □ □   0 1
      □ □ □   6
    1 0 7 □ □
    ─────────────────
    □ □ □ ウ □ 6 1
```

ア [　　]　イ [　　]

ウ [　　]

5

ある店では，ジュースを1本120円で売っていますが，30本より多く買った場合，31本目からは5円安くなり，さらに51本目からは10円安くなります。この店で，ジュースを63本買ったときの代金は何円になりますか。〈8点〉

(式)

[　　　　　　　　　　　　　　　　]

6

ある工場では，1か月間に牛にゅうを260万本，コーヒー牛にゅうを190万本生さんします。この工場では，1年間に牛にゅうとコーヒー牛にゅうをあわせて何本生さんしますか。〈8点〉

(式)

[　　　　　　　　　　　　　　　　]

★★★ 最高レベル

⏱ 30分 ／100 答え **21** ページ

1 次のかけ算をしなさい。〈6点×6〉

(1)
```
  37256
×    48
```

(2)
```
  89413
×    56
```

(3)
```
  72094
×    73
```

(4)
```
   4927
×   836
```

(5)
```
   6583
×   497
```

(6)
```
   5006
×   309
```

2 ☐にあてはまる数を書きなさい。〈7点×4〉

(1) $250 \times 37 \times 8 \times 4 \times 125 =$ ☐

(2) $125万 \times 64 \times 25万 =$ ☐

(3) $287 \times 34 + 287 \times$ ☐ $- 287 \times 68 = 28700$

(4) $567 \times 83 + 324 \times 14 + 567 \times 17 + 676 \times 14 =$ ☐

3 次のア，イ，ウにあてはまる数を答えなさい。〈8点×2〉

(1)
```
      3 [ア] 6  7  4
   ×           8 [イ]
   ─────────────────────
      2  7  6 [ ] 6  6
   [ ] 4  5 [ ][ ][ ]
   ─────────────────────
   2 [ ][ ][ ][ウ][ ] 6
```

ア [ ]　　イ [ ]

ウ [ ]

(2)
```
        [ア] 8  0 [イ]
      ×       [ ][ ] 7
   ──────────────────────
      5 [ ][ ] 4  2
   [ ]  1 [ ][ ] 4
   [ ]  5  6 [ ] 2
   ──────────────────────
   [ ][ ][ ][ウ][ ] 8  2
```

ア [ ]　　イ [ ]

ウ [ ]

4 ある遊園地の入園りょうは，大人1人が1000円，子ども1人が500円です。クーポンを持っている人は，大人が100円，子どもが150円安くなります。きのうの入園者は大人が387人，子どもが916人で，そのうちクーポンを使った人は，大人が106人，子どもが374人でした。〈10点×2〉

(1) きのうクーポンを使って安くなった金がくは，あわせて何円ですか。
　　（式）

[ ]

(2) きのうの入園りょうの合計は何円ですか。
　　（式）

[ ]

復習テスト③　　⏱ 25分　　／100　答え 22 ページ

1 次のかけ算をしなさい。〈5点×2〉

(1) 36 × 8

(2) 40 × 160 × 20

2 次のかけ算をしなさい。〈5点×6〉

(1)
```
  5268
×    7
```

(2)
```
  617
×  34
```

(3)
```
   824
× 163
```

(4)
```
  4250
×3680
```

(5)
```
  5063
×  417
```

(6)
```
   973
×2106
```

3 次の計算をくふうしてしなさい。〈6点×2〉

(1) 25 × 96 × 4

(2) 125 × 37 × 8

4 ☐ にあてはまる数を書きなさい。〈6点×2〉

(1) 7 × 6 × 650 + ☐ × 650 = 100 × 650

(2) 43 × 997 = 43 × 1000 − 43 × ☐

5 次のア，イ，ウにあてはまる数を答えなさい。〈8点×2〉

(1)
```
      ア 7 イ 8
    ×     □ 6 5
  ─────────────
    1 8 7 4 0
  2 □ 4 □ 8
  7 4 □ 6
  ─────────────
  9 ウ □ □ 2 0
```

ア □　イ □　ウ □

(2)
```
        □ 5 3 6
    ×   ア □ イ
  ─────────────
  6 □ □ 8 8
  6 □ □ 2 □
  □ □ 1 4
  ─────────────
  □ □ □ ウ □ 8
```

ア □　イ □　ウ □

6 あるイベントのさんか者は216人います。このさんか者に1人1こずつおべん当を配ります。おべん当のねだんは1こ435円です。おべん当を買うのに，全部で何円ひつようですか。〈10点〉

(式)

□

7 ある工場では，1か月間にクッキーを380万箱，チョコレートを260万箱生さんします。この工場では，1年間にクッキーとチョコレートをあわせて何万箱生さんしますか。〈10点〉

(式)

□

復習テスト④　⏱ 25分　／100　答え23ページ

1 次のかけ算をしなさい。〈5点×2〉

(1) 43 × 6

(2) 30 × 210 × 30

2 次のかけ算をしなさい。〈5点×6〉

(1)
```
    3 8
  × 7 4
```

(2)
```
    7 3 8
  ×   4 6
```

(3)
```
    4 9 5
  × 7 3 8
```

(4)
```
    8 9 4 0
  × 2 5 7 0
```

(5)
```
    6 0 7 2
  ×   3 8 4
```

(6)
```
      5 9 7
  × 3 6 0 4
```

3 次の計算をくふうしてしなさい。〈6点×2〉

(1) 8 × 74 × 25

(2) 125 × 46 × 8

4 □にあてはまる数を書きなさい。〈6点×2〉

(1) 4 × 7 × 3760 − 3760 × □ = 3 × 3760

(2) 86 × 1003 = 86 × □ + 86 × 1000

5 次のア，イ，ウにあてはまる数を答えなさい。〈8点×2〉

(1)
```
        5 [ア] 6 □
    ×     3 [イ] 9
    ─────────────
    □ □   2 1 2
    □ □ □ 7 6
    1 6 4 □ □
    ─────────────
    □ □ □ [ウ] 7 2
```

(2)
```
        7 8 [ア][イ]
    ×     4 □ 5
    ─────────────
    3 □ 1 8 0
    □ □ □ 2 4
    □ □ □ □
    ─────────────
    □ □ □ [ウ] 2 0
```

ア □   イ □   ウ □   ア □   イ □   ウ □

6 ある自動車はん売店では，先月は 240 万円の自動車が 27 台，今月は 190 万円の自動車が 38 台売れました。先月と今月では，自動車の売り上げはどちらの月が何万円多かったですか。〈10点〉

（式）

	が		多かった

7 ほのかさんは 1 本 90 円の色えん筆を 43 本買うつもりで，4000 円を持ってお店に行きました。実さいの色えん筆のねだんは 1 本 93 円でしたが，タイムセールで 1 本につき 10 円安くなっていたので，5 本多く買いました。のこったお金は何円でしたか。〈10点〉

（式）

5 わり算（1）

学習日　　月　　日

> **ねらい** 九九と何十のかけ算を利用したわり算を学ぶ。かけ算とわり算の関係をしっかり身につけさせる。また，計算のきまりについてもおぼえる。

★ 標準レベル　　　🕐 **15分**　　　／100　　答え **24**ページ

1 □にあてはまる数を書きなさい。〈3点×9〉

(1) 　　　 × 4 = 8　　(2) 3 × 　　　 = 21　　(3) 　　　 × 3 = 15

(4) 6 × 　　　 = 36　　(5) 　　　 × 9 = 63　　(6) 8 × 　　　 = 16

(7) 6 ÷ 3 = 　　　　　(8) 32 ÷ 4 = 　　　　　(9) 0 ÷ 5 = 　　　

2 次のわり算をしなさい。〈3点×15〉

(1) 12 ÷ 2　　　　(2) 24 ÷ 6　　　　(3) 56 ÷ 7

(4) 18 ÷ 9　　　　(5) 20 ÷ 4　　　　(6) 24 ÷ 3

(7) 35 ÷ 5　　　　(8) 40 ÷ 8　　　　(9) 54 ÷ 9

(10) 21 ÷ 7　　　　(11) 10 ÷ 5　　　　(12) 36 ÷ 4

(13) 0 ÷ 3　　　　(14) 6 ÷ 2　　　　(15) 56 ÷ 8

3 次のわり算の答えが同じものを線でむすびなさい。〈4点×2〉

(1) 27 ÷ 3　・　　　　　　　・　28 ÷ 7

　　　　　　　　　　　　　・　72 ÷ 8

　　　　　　　　　　　　　・　24 ÷ 4

(2) 16 ÷ 4　・

4 15cm のテープを同じ長さになるように３つに切ります。１つ分の長さは何 cm になりますか。〈4点〉

（式）

5 40 このみかんがあります。5こずつふくろに入れるとき，ふくろは何まいひつようですか。〈4点〉

（式）

6 18本のえん筆を同じ数ずつ6人に分けます。１人分は何本になりますか。

（式）
〈4点〉

7 63ページの本を１日に9ページずつ読むと，何日で読み終わりますか。〈4点〉

（式）

8 １週間は7日間あります。42日は，何週間ですか。〈4点〉

（式）

★★　上級レベル　　　　　⏱25分　　　／100　　答え 25 ページ

1 次のわり算をしなさい。〈4点×15〉

(1) 320 ÷ 8

(2) 480 ÷ 6

(3) 180 ÷ 3

(4) 640 ÷ 8

(5) 810 ÷ 9

(6) 490 ÷ 7

(7) 450 ÷ 5

(8) 1400 ÷ 7

(9) 1200 ÷ 4

(10) 1800 ÷ 2

(11) 1200 ÷ 3

(12) 4000 ÷ 2

(13) 2700 ÷ 9

(14) 2800 ÷ 4

(15) 2000 ÷ 5

2 次の数を 2 でわっていきます。ア，イ，ウにあてはまる数を書きなさい。

〈5点×2〉

(1) 16 ÷ 2 = ア　→　ア ÷ 2 = イ　→　イ ÷ 2 = ウ

ア 　　　　　　　　　　イ 　　　　　　　　　　ウ

(2) 400 ÷ 2 = ア　→　ア ÷ 2 = イ　→　イ ÷ 2 = ウ

ア 　　　　　　　　　　イ 　　　　　　　　　　ウ

3 3000dL のジュースを同じかさになるように 5 このコップに分けます。1 こ分は何 dL になりますか。〈6点〉

（式）

4 2m40cm のひもがあります。同じ長さになるように８本に切ると，１本分は何 cm になりますか。〈6点〉

（式）

```
┌─────────────────────────────────┐
│                                 │
└─────────────────────────────────┘
```

5 １箱 15 まい入りのクッキーが 60 箱あります。このクッキーを１人に３まいずつ配ると何人に配れますか。〈6点〉

（式）

```
┌─────────────────────────────────┐
│                                 │
└─────────────────────────────────┘
```

6 540 人の子どもが６人がけの長いすにすわりました。ちょうど６人ずつすわれましたが，長いすは５きゃくあまりました。長いすは全部で何きゃくありましたか。〈6点〉

（式）

```
┌─────────────────────────────────┐
│                                 │
└─────────────────────────────────┘
```

7 ＡはんとＢはんがあり，Ａはんの人数は４人です。36 このあめをＡはんで同じ数ずつになるように分けました。Ｂはんにも 36 このあめを同じ数ずつになるように分けましたが，Ｂはんの１人分の数はＡはんの１人分の数より３こ少なくなりました。Ｂはんの人数は何人ですか。〈6点〉

（式）

```
┌─────────────────────────────────┐
│                                 │
└─────────────────────────────────┘
```

1 次の計算をしなさい。〈6点×10〉

(1) $385 + 12 \div 6$

(2) $10 \div 2 + 847$

(3) $1200 \div 3 - 265$

(4) $900 - 560 \div 7$

(5) $(134 + 166) \div 5$

(6) $720 \div (206 - 197)$

(7) $(4 \times 7 + 8) \div 4$

(8) $6 \times (5 - 24 \div 8)$

(9) $81 - 35 \div 7 \times 4$

(10) $16 \times (83 - 78) \div 2$

2 27dL の水を6このビーカーに分けます。みおさんは1こ目からじゅんに同じりょうの水を入れていきましたが，さい後のビーカーに入れた水は5こ目までのビーカーに入れた水より 3dL 少なくなりました。1こ目のビーカーに入れた水は何 dL ですか。〈6点〉

（式）

3 58 ページの計算問題集があります。はじめの 14 日間は毎日3ページずつ計算をしました。のこりのページを8日間で終えるには1日に何ページずつ計算をすればよいですか。〈6点〉

（式）

4 1000円さつ1まいと500円玉2まいと100円玉3まい入ったさいふを持ってパン屋に行き，あんパンを8こ買いました。さいふの中には500円玉が1まいと100円玉が2まいのこっていました。あんパン1このねだんは何円でしたか。〈7点〉

(式)

5 4つの数を1回ずつ使ってたし算，ひき算，かけ算，わり算のどれかを組み合わせて，答えが1になる式をつくります。たとえば，2，4，6，8を使う場合は，$6 \times 4 \div 8 - 2 = 1$　となります。3，4，8，9を使って答えが1になる式を1つつくりなさい。（　）を使ってもかまいません。〈7点〉

6 ある店で，1まい70円のクッキーと，1こ30円のあめと，1こ8円のガムを売っています。〈7点×2〉

(1) けんとさんは，300円でクッキーを3まいと，あめを1こと，ガムを何こか買ったところ，おつりが20円でした。ガムを何こ買いましたか。

(式)

(2) 弟は，クッキーを何まいかと，あめを4こ，ガムを7こ買おうとして，300円出しましたが，16円足りませんでした。弟はクッキーを何まい買おうとしましたか。

(式)

6 わり算（2）

学習日　　月　　日

> ねらい　あまりのあるわり算を使った問題は多く出題されるので，しっかり身につけさせる。

★ **標準レベル**　　　　　　　　🕐 **15分**　　　／100　　答え**26**ページ

1 次のわり算で，わりきれるものに〇，わりきれないものに△をつけなさい。

〈3点×6〉

(1) 24 ÷ 8 　[　]　　(2) 37 ÷ 5 　[　]　　(3) 7 ÷ 2 　[　]

(4) 56 ÷ 9 　[　]　　(5) 20 ÷ 4 　[　]　　(6) 26 ÷ 3 　[　]

2 次のわり算の答えのまちがいを直して，正しい答えを書きなさい。〈3点×10〉

(1) 14 ÷ 3 = 4 あまり 1

(2) 15 ÷ 2 = 8 あまり 1

(3) 25 ÷ 4 = 5 あまり 5

(4) 19 ÷ 5 = 3 あまり 2

(5) 50 ÷ 6 = 7 あまり 8

(6) 41 ÷ 7 = 6 あまり 1

(7) 75 ÷ 8 = 9 あまり 2

(8) 21 ÷ 9 = 3 あまり 6

(9) 37 ÷ 4 = 8 あまり 5

(10) 43 ÷ 6 = 6 あまり 7

3 次のわり算で，あまりが同じものを線でむすびなさい。〈4点×2〉

(1) 15 ÷ 4 　•

　　　　　　　　　　　•　53 ÷ 8

　　　　　　　　　　　•　38 ÷ 7

(2) 38 ÷ 6 　•

　　　　　　　　　　　•　23 ÷ 3

4 次のわり算をしなさい。また，答えのたしかめもしなさい。〈4点×4〉

(1) 13 ÷ 5

たしかめ

(2) 46 ÷ 8

たしかめ

(3) 26 ÷ 6

たしかめ

(4) 79 ÷ 9

たしかめ

5 28まいの色紙を5人に同じ数ずつ分けます。1人分は何まいになって，色紙は何まいあまりますか。〈7点〉

(式)

| まいになって， | まいあまる |

6 29本のボールペンを同じ数ずつ3つの箱に入れます。1箱には何本入り，ボールペンは何本あまりますか。〈7点〉

(式)

| 本入り， | 本あまる |

7 60このあめを7こずつふくろに入れます。何ふくろできて，あめは何こあまりますか。〈7点〉

(式)

| ふくろできて， | こあまる |

8 11このチョコレートを，1日に2こずつ食べると，何日で食べ終わりますか。

(式)

〈7点〉

★★　上級レベル①  25分 ／100　答え 27 ページ

1 次のわり算のまちがいを直して，正しい答えを書きなさい。〈4点×6〉

(1) 116 ÷ 8 = 14 あまり 3

(2) 250 ÷ 20 = 125

(3) 332 ÷ 9 = 37 あまり 1

(4) 200 ÷ 30 = 6 あまり 2

(5) 730 ÷ 20 = 36 あまり 1

(6) 300 ÷ 8 = 37 あまり 6

2 次のわり算をしなさい。〈4点×6〉

(1) 137 ÷ 2

(2) 483 ÷ 5

(3) 207 ÷ 9

(4) 911 ÷ 6

(5) 630 ÷ 50

(6) 800 ÷ 90

3 次のわり算をしなさい。また，答えのたしかめもしなさい。〈6点×4〉

(1) 115 ÷ 4

たしかめ

(2) 454 ÷ 6

たしかめ

(3) 837 ÷ 7

たしかめ

(4) 970 ÷ 80

たしかめ

4 あまりのあるわり算の式 $\boxed{ア} \div \boxed{イ} = \boxed{ウ}$ あまり $\boxed{エ}$ について考えます。

〈5点×2〉

(1) $\boxed{イ}$ に 6 を入れます。$\boxed{エ}$ に入る数をすべて答えなさい。

（答え欄）

(2) $\boxed{ア}$ に 21，$\boxed{エ}$ に 3 を入れます。$\boxed{イ}$ に入る数のうち，いちばん小さい数を答えなさい。

（答え欄）

5 600 このおはじきを箱に入れていきます。〈6点×3〉

(1) おはじきを 5 この箱に同じ数になるように入れました。1 箱には何このおはじきが入りましたか。

（式）

（答え欄）

(2) おはじきを 70 こずつ箱に入れていきます。箱は何箱できますか。

（式）

（答え欄）

(3) おはじきを同じ数ずつ箱に入れていったら，全部入れるのに 8 箱使いました。さい後の箱にはおはじきが 40 こ入りました。はじめに何こずつおはじきを入れていきましたか。

（式）

（答え欄）

★★ 上級レベル②　　⏱25分　　□/100　　答え**27**ページ

1 次のわり算の答えのまちがいを直して，正しい答えを書きなさい。〈4点×6〉

(1) 109 ÷ 4 = 26 あまり 5

(2) 190 ÷ 7 = 26 あまり 8

(3) 210 ÷ 50 = 42

(4) 446 ÷ 8 = 55 あまり 4

(5) 251 ÷ 3 = 84 あまり 2

(6) 200 ÷ 6 = 33 あまり 5

2 次のわり算をしなさい。〈4点×6〉

(1) 142 ÷ 4

(2) 510 ÷ 7

(3) 400 ÷ 3

(4) 460 ÷ 8

(5) 200 ÷ 60

(6) 730 ÷ 50

3 次のわり算をしなさい。また，答えのたしかめもしなさい。〈6点×4〉

(1) 178 ÷ 9

たしかめ

(2) 211 ÷ 5

たしかめ

(3) 943 ÷ 3

たしかめ

(4) 370 ÷ 20

たしかめ

4 あおいさんとりくさんとひろしさんは，2まい入りのカードを17ふくろ買ってきました。〈6点×3〉

(1) 3人で同じまい数ずつに分けると，1人分は何まいで，何まいあまりますか。

　（式）

まいで，	まいあまる

(2) あおいさんの弟が帰ってきたので，4人で同じまい数ずつに分け直しました。1人分は何まいで，何まいあまりますか。

　（式）

まいで，	まいあまる

(3) ほのかさんが遊びにきたので，5人で同じまい数ずつに分け直して，あまりがないように，さらに何ふくろか買ってくることにしました。買うカードをできるだけ少なくするには，何ふくろ買えばよいですか。

　（式）

5 ある数を3でわる計算を，まちがえて7でわってしまったので，答えが25あまり1になりました。〈5点×2〉

(1) ある数をもとめなさい。

　（式）

(2) この計算の正しい答えをもとめなさい。

　（式）

1 青色のおり紙が6たば，黄色のおり紙が7たば，緑色のおり紙が何たばかあります。1たばはすべて6まいです。〈10点×3〉

(1) 青色と黄色のおり紙を全部まぜてから，同じまい数ずつ4人に配ります。1人分は何まいになって，何まいあまりますか。

（式）

まいになって，　　　　　まいあまる

(2) 黄色と緑色のおり紙を全部まぜてから，5まいずつ配ると，13人に配れて，1まいあまります。緑色のおり紙は何たばありますか。

（式）

(3) 青色と黄色と緑色のおり紙を全部まぜてから，同じまい数ずつ配ると，7人に配れて，4まいあまりました。何まいずつ配りましたか。

（式）

2 20より大きくて30より小さい数について考えます。ただし，わりきれるときは，あまりを0とします。〈10点×2〉

(1) 3でわっても4でわってもあまりが同じになるものをすべて答えなさい。

(2) 6でわっても7でわっても商が同じになるものは全部で何こありますか。

3 ちひろさんは 1000 円を持って，おかしを買いに行きました。〈10点×2〉

(1) 1 こ 35 円のガムを 6 こと，1 こ 8 円のあめをできるだけ多く買って，500 円
より多くのこるようにしました。あめは何こ買えて，お金はいくらのこりまし
たか。

（式）

こ買えて	円のこる

(2) (1)でのこったお金で，同じねだんのビスケットを 9 まい買ったら，34 円のこ
りました。ビスケット 1 まいのねだんは何円ですか。

（式）

4 1 週間は 7 日間あります。次の問いに答えなさい。〈10点×3〉

(1) 6 月 2 日が木曜日のとき，6 月 25 日は何曜日ですか。

（式）

(2) 5 月は 31 日まであります。5 月 17 日が金曜日のとき，6 週間先の金曜日は何
月何日ですか。

（式）

(3) 9 月は 30 日まで，10 月は 31 日まであります。9 月 14 日が火曜日のとき，
11 月 14 日は何曜日ですか。

（式）

わり算

学習日　月　　日

7　わり算の筆算 (ひっさん)

> **ねらい** わり算の筆算のしかたを身につけさせる。仮の商をたてて考えていく。わる数が2けたになっても考え方は同じ。

★　標準レベル

⏱ 15分　　　　　／100　　答え 29 ページ

1 次 (つぎ) のわり算をしなさい。〈3点×3〉

(1) 600 ÷ 20　　　(2) 560 ÷ 70　　　(3) 1800 ÷ 30

2 84 ÷ 3 を計算しなさい。〈3点×5〉

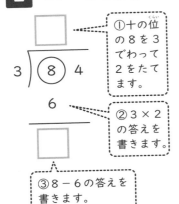

①十の位 (くらい) の8を3でわって2をたてます。

②3×2の答えを書きます。

③8－6の答えを書きます。

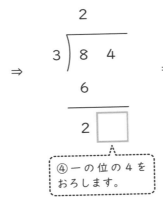

④一の位の4をおろします。

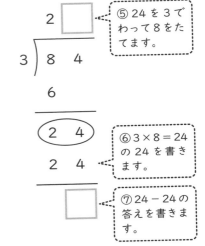

⑤24を3でわって8をたてます。

⑥3×8＝24の24を書きます。

⑦24－24の答えを書きます。

3 ☐にあてはまる数を書きなさい。〈4点×4〉

(1)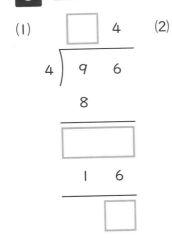

(2)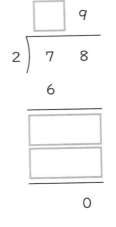

(3)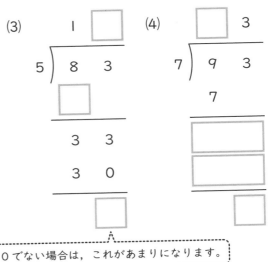

(4)

> 0でない場合は，これがあまりになります。

6 ÷ 7 はできないので，十の位には商はたちません。

4 次のわり算をしなさい。〈5点×8〉

(1)

2)64

(2)

5)75

(3)

3)96

(4)

7)62

(5)

9)86

(6)

4)52

(7)

8)67

(8)

6)81

5 次のわり算を筆算でしなさい。〈5点×3〉

(1) 72 ÷ 4

(2) 59 ÷ 6

(3) 89 ÷ 7

6 いちごが 96 こあります。8 人で等しく分けると，1 人分は何こになりますか。

（式）

〈5点〉

★★ 上級レベル①　⏱25分　／100　答え**30**ページ

1 次のわり算をしなさい。〈5点×8〉

(1)
$$3\overline{)141}$$

(2)
$$6\overline{)456}$$

(3)
$$8\overline{)275}$$

(4)
$$2\overline{)385}$$

(5)
$$5\overline{)1845}$$

(6)
$$7\overline{)2237}$$

(7)
$$9\overline{)5274}$$

(8)
$$4\overline{)3415}$$

2 次のわり算を筆算でしなさい。〈6点×6〉

(1) 768 ÷ 3

(2) 997 ÷ 8

(3) 734 ÷ 5

(4) 1428 ÷ 6

(5) 2593 ÷ 7

(6) 2873 ÷ 4

3 次の筆算のまちがいを見つけて，正しい筆算を書きなさい。〈6点×2〉

(1)
```
    2 8
6 ) 1 2 4 8
    1 2
      4 8
      4 8
        0
```

(2)
```
      2 3 1
3 ) 7 9 3
    6
    9
    9
      3
      3
      0
```

4 4m50cm の紙テープがあります。この紙テープを同じ長さになるように 6 本に切り分けるとき，1 本分の長さは何 cm になりますか。〈6点〉

(式)

5 7655 この品物があります。これを 9 この箱に同じ数ずつ入れます。1 箱に何こ入り，何こあまりますか。〈6点〉

(式)

　　　　　　　　　　こ入り，　　　　　こあまる

★★　上級レベル②

⏱ 25分　　　　／100　答え**31**ページ

1 次のわり算をしなさい。〈5点×8〉

(1)

7⟌651

(2)

5⟌823

(3)

9⟌347

(4)

4⟌705

(5)

6⟌1449

(6)

3⟌1748

(7)

8⟌2617

(8)

2⟌1969

2 次のわり算を筆算でしなさい。〈6点×6〉

(1) 948 ÷ 4

(2) 893 ÷ 7

(3) 765 ÷ 6

(4) 2946 ÷ 8

(5) 2142 ÷ 3

(6) 4076 ÷ 9

3 次の筆算のまちがいを見つけて，正しい筆算を書きなさい。〈6点×2〉

(1)
```
      1 9
   ┌──────
 4 │4 0 5
     4
   ──────
     3 6 5
     3 6
   ──────
         5
```

(2)
```
      1 1 7
   ┌────────
 7 │7 1 2 4
   7
   ────────
     1 2 4
       7
   ────────
       5 4
       4 9
   ────────
         5
```

4 247このプリンを5こずつ1セットにして売ります。何セットできて，何こあまりますか。〈6点〉

(式)

┌─────────────────────────────────────┐
│　　　　　　セットできて，　　　　こあまる │
└─────────────────────────────────────┘

5 まどかさんのお姉さんはちょ金が9780円あります。これはまどかさんのちょ金のちょうど6倍です。まどかさんのちょ金は何円ありますか。〈6点〉

(式)

1 次のわり算をしなさい。また，答えのたしかめもしなさい。〈8点×6〉

(1)

$24\overline{)912}$

(2)

$19\overline{)721}$

(3)

$36\overline{)548}$

たしかめ

たしかめ

たしかめ

(4)

$52\overline{)863}$

(5)

$49\overline{)607}$

(6)

$73\overline{)693}$

たしかめ

たしかめ

たしかめ

2 □にあてはまる数を書きなさい。〈7点×3〉

(1)

```
          3 □
  □ 3 )  8 6 □
       □ □
       □ □ 1
       1 6 1
       □ □
```

(2)

```
        2 □
  3 □ )  7 □ □
        6 8
       1 1 6
       □ □ □
       □ □
```

(3)

```
        1 □
  5 9 )  □ □ □
        □ □
       2 1 6
       1 7 7
       □ □
```

3 ある数を 54 でわるのをまちがえて 45 でわったところ，答えが 21 あまり 18 でした。正しい答えをもとめなさい。〈7点〉

（式）

---

4 赤い玉が 763 こ，白い玉が 895 こあります。赤い玉 12 こと白い玉 18 こを 1 つのふくろに入れていきます。〈8点×2〉

(1) 赤い玉 12 こと白い玉 18 こが入ったふくろは何ふくろできますか。

　　（式）

(2) 赤い玉と白い玉はそれぞれ何こあまりましたか。

　　（式）

赤い玉

白い玉

---

5 えん筆 16 本とボールペン 7 本を買ったら代金は 1540 円でした。このえん筆 8 本のねだんはボールペン 2 本のねだんと同じです。このとき，えん筆 1 本とボールペン 1 本のねだんはそれぞれ何円ですか。〈8点〉

（式）

えん筆

ボールペン

復習テスト⑤

🕐 25分　／100　答え33ページ

1 次のわり算をしなさい。〈4点×12〉

(1) 160 ÷ 2

(2) 560 ÷ 7

(3) 450 ÷ 9

(4) 4200 ÷ 6

(5) 2100 ÷ 3

(6) 6300 ÷ 7

(7) 151 ÷ 4

(8) 278 ÷ 6

(9) 515 ÷ 8

(10) 482 ÷ 5

(11) 410 ÷ 70

(12) 250 ÷ 30

2 次のわり算をしなさい。〈4点×8〉

(1) 4)236

(2) 6)479

(3) 3)112

(4) 9)486

(5) 2)1297

(6) 8)3752

(7) 5)4610

(8) 7)3623

3 630 このあめを 7 こずつふくろに入れました。ちょうどあまりなくふくろに入れることができましたが，ふくろは 8 まいあまりました。ふくろは何まいありましたか。〈5点〉

(式)

4 ある数を 4 でわる計算を，まちがえて 9 でわってしまったので，答えが 28 あまり 5 になりました。〈5点×2〉

(1) ある数をもとめなさい。

（式）

(2) この計算の正しい答えをもとめなさい。

（式）

5 4587 まいのおり紙を 6 人で分けて，同じ数のつるをおろうと思います。1 人では何わのつるがおれて，おり紙は何まいあまりますか。〈5点〉

(式)

わおれて，	まいあまる

復習テスト⑥

🕐 25分　　／100　　答え34ページ

1 次のわり算をしなさい。〈4点×12〉

(1) 240 ÷ 6

(2) 720 ÷ 9

(3) 140 ÷ 2

(4) 1500 ÷ 5

(5) 3200 ÷ 4

(6) 2100 ÷ 7

(7) 182 ÷ 3

(8) 375 ÷ 9

(9) 413 ÷ 5

(10) 337 ÷ 8

(11) 430 ÷ 60

(12) 170 ÷ 40

2 次のわり算をしなさい。〈4点×8〉

(1) 5) 184

(2) 6) 504

(3) 2) 374

(4) 7) 623

(5) 6) 2898

(6) 3) 2384

(7) 9) 5286

(8) 4) 7492

3 大小2しゅるいの箱があり，小さい箱は4箱あります。小さい箱に24まいのクッキーを同じまい数ずつになるように入れました。大きい箱にも24まいのクッキーを同じまい数ずつになるように入れましたが，大きい箱の1箱に入るまい数は，小さい箱の1箱に入るまい数よりも2まい多くなりました。大きい箱は何箱ありましたか。〈5点〉
（式）

4 900本の花のなえを1列ずつ植えていきます。〈5点×2〉

(1) 花のなえを1列に90本ずつ植えていきます。何列できますか。

（式）

(2) 花のなえを1列に同じ本数ずつ植えていったら，8列できました。さい後の1列には花のなえを4本植えることができました。1列に何本ずつ花のなえを植えていきましたか。

（式）

5 ゆうたさんのお兄さんは9225円のプラモデルを買いました。これはゆうたさんが買ったプラモデルの5倍のねだんでした。ゆうたさんが買ったプラモデルは何円でしたか。〈5点〉
（式）

過去問題にチャレンジ①

⏱ **30分** 　／**100** 　答え**35**ページ

1 　1から9までの異なる1桁の整数が書かれた計9枚の数字のカードが入った袋Aと，＋，－，×，÷が書かれた計4枚の記号のカードが入った袋Bがあります。次の①から③の手順でカードを取り出し，取り出したカードを置いて計算式をつくります。

① 袋Aから1枚ずつ続けて2枚のカードを取り出します。1枚目に取り出したカードが十の位，2枚目に取り出したカードが一の位となるように2枚のカードを置き，2桁の整数をつくります。

② 袋Bから1枚のカードを取り出し，2桁の整数のカードの右側に置きます。

③ 袋Aに入っている残り7枚のカードから1枚のカードを取り出し，記号のカードの右側に置きます。例えば，以下のような計算式ができます。

$$\boxed{3}\ \boxed{8}\ \boxed{-}\ \boxed{9} \qquad \boxed{7}\ \boxed{3}\ \boxed{\times}\ \boxed{6}$$

これらを計算すると，29，438になります。このようにしてできた計算式を計算した結果について，次の問いに答えなさい。〈立教新座中学校〉〈14点×4〉

(1) 最も大きくなる数を答えなさい。

(2) 97になる計算式は全部でいくつありますか。

(3) 48になる計算式は全部でいくつありますか。

(4) 3桁で5で割り切れる計算式は全部でいくつありますか。

2 1の位が0でない，ある2けたの数からスタートして，次の操作1～3を自由に行って，1にたどり着けるかどうかのゲームをします。

操作1 10の位と1の位の数を入れかえても良い

操作2 3で割れたら3で割る

操作3 3で割り切れなくなったら終わり

例えば，72からスタートした場合，「72→24→8」だと1にたどり着きませんが，「72→27→9→3→1」だと成功します。

これについて，次の問いに答えなさい。〈茗溪学園中学校〉〈14点×2〉

(1) 45からスタートして1になる道すじを答えなさい。上の例のように答えること。

(2) 1にたどり着ける2けたの数をすべて求めなさい。

3 A君に0から63までの整数のうち1つを思いうかべてもらい，その数について次のような①～⑥の6つの質問をしました。

① その数を2で割った余りは1ですか。

② その数を4で割った余りは2か2より大きいですか。

③ その数を8で割った余りは4か4より大きいですか。

④ その数を16で割った余りは8か8より大きいですか。

⑤ その数を32で割った余りは16か16より大きいですか。

⑥ その数は32か32より大きいですか。

これらの質問についてA君に「はい」か「いいえ」で答えてもらったところ，①，③，④，⑥の質問には「はい」と答え，②，⑤の質問には「いいえ」と答えました。A君が思いうかべた整数はいくつですか。ただし，A君の回答はすべて正しいものです。〈城北中学校〉〈16点〉

8　小数

ねらい　小数の表し方やしくみ，小数の大小関係を理解させる。また，小数のたし算・ひき算もできるようにさせる。

★　**標準レベル**　🕐 **15分**　／100　答え **36** ページ

1 □ にあてはまる数を書きなさい。〈4点×2〉

(1) 2.37 という数の，一の位<ruby>位<rt>くらい</rt></ruby>の数は ① 　　，小数第一位<ruby>小数第一位<rt>しょうすうだいいち い</rt></ruby>の数は ② 　　，小数第二位の数は ③ 　　です。

> 0，1，2 のような数を整数<ruby>整 数<rt>せい すう</rt></ruby>，0.2 や 1.4 のような数を小数といいます。

(2) 1 を 6 こと，0.1 を 9 こと，0.01 を 5 こ集<ruby>集<rt>あつ</rt></ruby>めた数は

　　□ です。

> 0.1 を 10 等分<ruby>等分<rt>とう ぶん</rt></ruby>した大きさの 1 つ分は 0.01 です。

> 0.1 の 1 の位を小数第一位，0.01 の 1 の位を小数第二位といいます。

2 ↑ のさしている数を書きなさい。

> 数直線の 1 目もりは 0.1 です。

(1)

0　　　1　　　2　　　3

① 　　② 　　③ 　　〈4点×3〉

> 数直線の 1 目もりは 0.01 です。

(2)

1.8　　　1.9　　　2.0　　　2.1

① 　　② 　　③ 　　〈4点×3〉

3 □ にあてはまる不等号<ruby>不等号<rt>ふ とうごう</rt></ruby>を書きなさい。〈4点×6〉

(1) 0.2 □ 0.6　　　(2) 3.4 □ 4.3　　　(3) 0.1 □ 0.03

(4) 5.7 □ 4.9　　　(5) 8.4 □ 8.42　　　(6) 2.99 □ 3

4 次の計算をしなさい。〈4点×8〉

(1) 3.6 + 1.8

(2) 2.7 + 5.3

(3) 67.2 + 23.4

(4) 8 − 4.3

(5) 71.2 − 6.9

(6) 43.7 − 38.6

(7) 7.2 + 10.6 + 14.9

(8) 54.6 − 21.7 − 13.8

5 1.6m の長いテープと，0.7m の短いテープがあります。〈4点×2〉

(1) 長いテープと短いテープの長さをあわせると何 m ありますか。

（式）

(2) 長いテープを 0.9m 切って使ったあと，短いテープとあわせると何 m になりますか。

（式）

6 AのやかんとBのやかんに入っているお茶は，あわせて 1.3L です。Bのやかんに入っているお茶は 0.5L です。Aのやかんに入っているお茶は何 L ですか。

（式）

〈4点〉

★★ 上級レベル①

⏱ 25分　／100　答え36ページ

1 □にあてはまる数を書きなさい。〈4点×2〉

> 0.01 を 10 等分した大きさの1つ分は 0.001 です。

(1) 1 を 3 こと，0.1 を 2 こと，0.01 を 8 こと，0.001 を 4 こ集めた数は 　　　　　 です。

(2) 0.01 を 107 こ集めた数は 　　　　　 です。

2 次の小数を，れいにならって下の数直線に矢じるし↑と番号を書きなさい。

（れい）　1.82　〈4点×3〉

(1) 1.89　　　　　　　(2) 2.06　　　　　　　(3) 1.95

（れい）

3 次の5つの数の中で1にもっとも近い数を答えなさい。〈4点〉

　　0.99　　　1.01　　　1.004　　　0.997　　　1.1

4 □にあてはまる不等号を書きなさい。〈4点×6〉

(1) 1.37 □ 1.3　　　　　　　(2) 0.57 □ 0.75

(3) 0.193 □ 0.19　　　　　　(4) 10.7 □ 1.07

(5) 3.8 + 0.6 □ 4.3　　　　　(6) 5.9 □ 8.5 − 2.7

5 次の計算をしなさい。〈4点×4〉

(1)
```
  3.16
+ 2.03
```

(2)
```
  5.82
+ 4.37
```

(3)
```
  4.79
- 1.56
```

(4)
```
  7.24
- 3.59
```

6 □にあてはまる数を書きなさい。〈4点×4〉

(1) 0.8 + [   ] = 1.4

(2) [   ] + 4.7 = 8.2

(3) 9 - [   ] = 5.3

(4) [   ] - 1.9 = 0.8

7 次の数の列は，あるきまりにしたがってならんでいます。□にあてはまる数を書きなさい。〈5点×2〉

(1) 0, 0.16, 0.32, 0.48, [①   ], [②   ], ……

(2) 4, 3.3, 2.6, 1.9, [①   ], [②   ]

8 牛にゅう 17.3dL とコーヒー 6.8dL をまぜてコーヒー牛にゅうを作ります。

〈5点×2〉

(1) コーヒー牛にゅうは何 dL できますか。

（式）

[   ]

(2) 作ったコーヒー牛にゅうのうち，3.12dL 飲みました。コーヒー牛にゅうは何 dL のこりましたか。

（式）

[   ]

★★　上級レベル②　　　⏱25分　　／100　答え37ページ

1 ▭にあてはまる数を書きなさい。〈3点×2〉

(1) 4.973 という数の，一の位（くらい）の数は ① ▭ ，小数第二位（しょうすうだいにい）の

数は ② ▭ ，小数第三位の数は ③ ▭ です。

> 0.001 の 1 の位を小数第三位といいます。

(2) 0.1 を 205 こ集（あつ）めた数は ▭ です。

2 次（つぎ）の小数を，れいにならって下の数直線に矢じるし↑と番号（ばんごう）を書きなさい。

（れい）　0.092　　　　　　　　　　　　　　　　　　　　〈3点×3〉

(1) 0.107　　　　　　(2) 0.118　　　　　　(3) 0.099

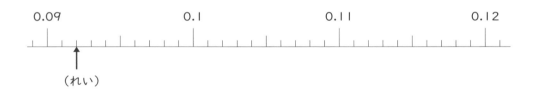

（れい）

3 次の5つの数の中で3にもっとも近い数を答えなさい。〈4点〉

3.01　　3.13　　2.8　　3.1　　2.97

▭

4 □にあてはまる不等号（ふとうごう）を書きなさい。〈5点×6〉

(1) 0.6 □ 0.59　　　　　　　(2) 0.08 □ 0.8

(3) 3.84 □ 3.9　　　　　　　(4) 0.26 □ 0.206

(5) 9.1 □ 5.4 + 3.6　　　　　(6) 7.3 − 6.5 □ 0.9

5 次の計算をしなさい。〈4点×4〉

(1)　　5.62
　　　+1.37
　　　――――

(2)　　2.84
　　　+6.59
　　　――――

(3)　　7.48
　　　-3.09
　　　――――

(4)　　4.93
　　　-3.95
　　　――――

6　□にあてはまる数を書きなさい。〈5点×4〉

(1) 2.4 + [　　　] = 6.2

(2) [　　　] + 6.4 = 12.1

(3) 9.7 - [　　　] = 4.9

(4) [　　　] - 0.36 = 0.04

7　下の□の中に，1，3，5の3つの数字を1つずつあてはめてできる，小数第二位までの数のうち，いちばん大きい数といちばん小さい数のちがいをもとめなさい。〈5点〉

　　□. □□

(式)

[　　　　　　　　　　　]

8　ある小数に，2.58 と 4.67 をたすとき，2.58 の小数点をつけるのをわすれて計算したので，答えが 266.57 になりました。〈5点×2〉

(1) ある小数はいくつですか。

　　(式)

[　　　　　　　　　　　]

(2) 正しい答えをもとめなさい。

　　(式)

[　　　　　　　　　　　]

★★★ 最高レベル　　⏱30分　　／100　　答え37ページ

1 次の計算をしなさい。〈7点×6〉

(1) 2.6 + 3.8 + 4 + 1.9

(2) 0.54 + 0.68 + 1.09

(3) 1.943 + 0.827 + 0.618

(4) 3.38 − 0.49 − 1.87

(5) 2.879 − 1.463 − 0.918

(6) 3.165 − 2.947 + 1.539

2 下の□の中に，3，4，5，6，7の5つの数字を1ずつあてはめて，小数第三位までの数を作ります。〈7点×2〉

(1) 46にいちばん近い数を答えなさい。

(2) 大きいほうから5番目の数を答えなさい。

3 ある小数と3.419をたした答えから2.835をひく計算をまちがえて，ある小数から3.419をひいた答えに2.835をたしてしまったので，答えが4.743になりました。〈6点×2〉

(1) ある小数はいくつですか。
　　（式）

(2) 正しい答えをもとめなさい。
　　（式）

4 高さのちがう 3 つの箱があります。ひくいじゅんにア，イ，ウとすると，アの高さは 48.3cm，ウの高さは 83.7cm です。アの箱の上から天じょうまでの高さは 191.7cm です。〈8点×2〉

(1) ウの箱の上から天じょうまでの高さは何 cm ですか。

（式）

（答え）

(2) アとイとウの箱をつみ重ねると天じょうまではあと 46.5cm でした。イの箱の高さは何 cm ですか。

（式）

（答え）

5 A，B，C の 3 つのようきに水が入っています。A と B のようきに入っている水の合計は 7.72L，A と C のようきに入っている水の合計は 8.81L，B と C のようきに入っている水の合計は 9.47L です。〈8点×2〉

(1) B のようきに入っている水は何 L ですか。

（式）

（答え）

(2) A と C のようきに入っている水のりょうのちがいは何 L ですか。

（式）

（答え）

9 分数

ねらい 分数の意味や表し方を理解させる。また，仮分数や帯分数の意味も理解させ，分数の簡単なたし算やひき算も練習させる。

★ **標準**レベル　🕐15分　／100　答え38ページ

1 $\frac{1}{2}$ のような数を分数といいます。次の□にあてはまる分数を書きなさい。

〈4点×4〉

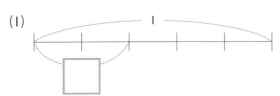

(1) □　(2) □

(3) □　(4) □

2 次の□にあてはまる分数を書きなさい。〈4点×2〉

(1) 1を同じ大きさに9こに分けました。その1こ分の大きさを分数で書くと，① □ です。また，その7こ分を分数で書くと，② □ です。

(2) $\frac{1}{8}$ の5こ分は □ です。

3 右の図は，たてにならんだ分数の大きさが等しいことを表しています。この図を見て，□にあてはまる等号，不等号を書きなさい。〈4点×6〉

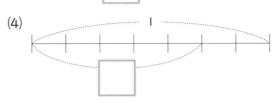

(1) $\frac{1}{2}$ □ $\frac{2}{3}$　(2) $\frac{3}{4}$ □ $\frac{3}{5}$

(3) $\frac{2}{3}$ □ $\frac{4}{5}$　(4) $\frac{2}{4}$ □ $\frac{1}{2}$

(5) $\frac{2}{5}$ □ $\frac{1}{2}$　(6) $\frac{1}{5}$ □ $\frac{1}{4}$

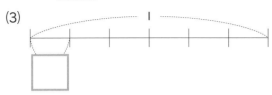

4 次の計算をしなさい。〈5点×6〉

(1) $\dfrac{1}{3} + \dfrac{1}{3}$

(2) $\dfrac{3}{5} + \dfrac{1}{5}$

(3) $\dfrac{2}{7} + \dfrac{4}{7}$

(4) $\dfrac{5}{6} - \dfrac{4}{6}$

(5) $\dfrac{7}{8} - \dfrac{2}{8}$

(6) $1 - \dfrac{2}{3}$

> $\dfrac{1}{2}$ や $\dfrac{3}{5}$ のような分数の，2や5を分母，1や3を分子といいます。

> 分母が同じ分数のたし算，ひき算は，分子だけを計算します。

5 右の図を見て，□ にあてはまる数やことばを書きなさい。〈4点×3〉

(1) $\dfrac{1}{4}$ や $\dfrac{3}{4}$ のように，分子が分母より

□ 分数を真分数といいます。

(2) $\dfrac{4}{4}$ や $\dfrac{7}{4}$ のように，分子と分母が等しいか，分子が分母より □ 分数を仮分数といいます。

(3) アは，1 と $\dfrac{□}{4}$ をあわせた数で，$1\dfrac{1}{4}$ と表します。このような分数を帯分数といいます。

6 □ にあてはまる数を書きなさい。〈5点×2〉

(1) $\dfrac{8}{5}$ を帯分数に直します。$8 \div 5 = 1$ あまり3より，$\dfrac{5}{5}$ が1 ことと $\dfrac{1}{5}$ が3こで，

$\dfrac{8}{5} = $ □ です。

> 分子÷分母＝商＋あまり　の商が帯分数の整数部分，あまりが分子になります。

(2) $2\dfrac{3}{4}$ を仮分数に直します。整数部分の2は $\dfrac{4}{4}$ が2こで $\dfrac{8}{4}$ だから，

$\dfrac{8}{4} + \dfrac{3}{4} = $ □ です。

> 分母×整数部分＋分子　が仮分数の分子になります。

★★　上級レベル①　　⏱25分　／100　答え39ページ

1 仮分数を帯分数に，また，帯分数を仮分数に直しなさい。〈4点×8〉

(1) $\dfrac{7}{5}$　　　(2) $\dfrac{9}{4}$　　　(3) $\dfrac{11}{2}$　　　(4) $\dfrac{21}{6}$

(5) $1\dfrac{2}{3}$　　　(6) $3\dfrac{1}{2}$　　　(7) $4\dfrac{1}{6}$　　　(8) $2\dfrac{1}{10}$

2 分子が同じ分数どうしでは，分母の小さいほうが大きい分数です。□にあてはまる等号，不等号を書きなさい。〈4点×6〉

(1) $\dfrac{3}{4}$ □ $\dfrac{2}{4}$　　　　　　(2) $\dfrac{2}{5}$ □ $\dfrac{2}{4}$

(3) $\dfrac{16}{3}$ □ $5\dfrac{1}{3}$　　　　　(4) $2\dfrac{4}{8}$ □ $\dfrac{19}{8}$

(5) $\dfrac{3}{7}$ □ $\dfrac{3}{9}$　　　　　　(6) $\dfrac{8}{6}$ □ $1\dfrac{3}{6}$

3 $3\dfrac{5}{7}$ と $1\dfrac{4}{7}$ のたし算，ひき算をします。□にあてはまる数を書きなさい。

〈4点×2〉

(1) たし算は，整数部分と分数部分を分けて計算します。

整数部分　$3+1=4$

分数部分　$\dfrac{5}{7}+\dfrac{4}{7}=\dfrac{9}{7}$，帯分数に直して □①

あわせて　$4+$ □② $=$ □③

(2) ひき算もたし算と同じように考えます。

整数部分　$3-1=2$

分数部分　$\dfrac{5}{7}-\dfrac{4}{7}=$ □①

あわせて　$2+$ □② $=$ □③

4 次の計算をしなさい。〈4点×6〉

(1) $2\dfrac{1}{4} + 3\dfrac{2}{4}$

(2) $1\dfrac{3}{7} + 2\dfrac{4}{7}$

(3) $3\dfrac{2}{3} + 2\dfrac{2}{3}$

(4) $5\dfrac{7}{8} - 3\dfrac{5}{8}$

(5) $4\dfrac{3}{6} - 1\dfrac{1}{6}$

(6) $7\dfrac{4}{5} - 6\dfrac{2}{5}$

5 ちひろさんは $1\dfrac{2}{8}$ m，なつさんは $2\dfrac{7}{8}$ m，はるなさんは $\dfrac{11}{8}$ m のリボンを買いました。〈4点×3〉

(1) ちひろさんとなつさんのリボンをあわせると長さは何 m になりますか。

（式）

| |
| |

(2) はるなさんとちひろさんのリボンの長さのちがいは何 m ですか。

（式）

| |
| |

(3) はるなさんとちひろさんのリボンをあわせた長さとなつさんのリボンの長さでは，どちらが何 m 長いですか。

（式）

| が　　　　　　　m 長い |

★★　**上級**レベル②　　🕐 25分　　　／100　答え **39**ページ

1 仮分数を帯分数や整数に，また，帯分数を仮分数に直しなさい。〈4点×8〉

(1) $\dfrac{9}{7}$

(2) $\dfrac{14}{3}$

(3) $\dfrac{21}{8}$

(4) $\dfrac{20}{5}$

(5) $2\dfrac{3}{10}$

(6) $5\dfrac{3}{4}$

(7) $1\dfrac{7}{9}$

(8) $3\dfrac{1}{6}$

2 □にあてはまる不等号を書きなさい。〈4点×6〉

(1) $\dfrac{7}{4}$ □ $2\dfrac{1}{4}$

(2) $\dfrac{3}{5}$ □ $\dfrac{3}{8}$

(3) $\dfrac{2}{7}$ □ $\dfrac{6}{7}$

(4) $\dfrac{2}{3}$ □ $\dfrac{2}{4}$

(5) $1\dfrac{4}{9}$ □ $\dfrac{15}{9}$

(6) $\dfrac{13}{11}$ □ $1\dfrac{1}{11}$

3 $4\dfrac{2}{5}$ と $1\dfrac{4}{5}$ のたし算，ひき算をします。□にあてはまる数を書きなさい。

〈4点×2〉

(1) たし算は，整数部分と分数部分を分けて計算します。

整数部分　$4+1=5$

分数部分　$\dfrac{2}{5}+\dfrac{4}{5}=\dfrac{6}{5}$，帯分数に直して ① [　　]

あわせて

$5 +$ ② [　　] $=$ ③ [　　]

(2) ひき算は分数部分がひけません。1 は $\dfrac{5}{5}$ だから，$4\dfrac{2}{5}$ を $3\dfrac{7}{5}$ にしてから計算します。

整数部分　$3-1=2$

分数部分　$\dfrac{7}{5}-\dfrac{4}{5}=$ ① [　　]

あわせて

$2 +$ ② [　　] $=$ ③ [　　]

4 次の計算をしなさい。〈4点×6〉

(1) $2\dfrac{3}{9} + 1\dfrac{7}{9}$

(2) $8\dfrac{1}{3} + 6\dfrac{2}{3}$

(3) $3\dfrac{2}{6} + 1\dfrac{5}{6}$

(4) $4\dfrac{3}{8} - 1\dfrac{5}{8}$

(5) $2\dfrac{2}{4} - 1\dfrac{3}{4}$

(6) $5\dfrac{3}{7} - 3\dfrac{6}{7}$

5 はやたさんは日曜日に宿題を $1\dfrac{4}{5}$ 時間, サッカーを $1\dfrac{3}{5}$ 時間して, そのあとテレビを $2\dfrac{1}{5}$ 時間見ました。〈4点×3〉

(1) 宿題をした時間とサッカーをした時間のちがいは何時間ですか。

（式）

（2) テレビを見た時間とサッカーをした時間のちがいは何時間ですか。

（式）

(3) 宿題とサッカーと, テレビを見た時間をあわせると何時間ですか。

（式）

1 次の計算をしなさい。〈6点×6〉

(1) $3\dfrac{3}{5} + 2\dfrac{3}{5}$

(2) $2\dfrac{2}{3} + \dfrac{7}{3}$

(3) $\dfrac{16}{7} - 1\dfrac{3}{7}$

(4) $4\dfrac{2}{8} - 1\dfrac{5}{8}$

(5) $2\dfrac{2}{6} + 2\dfrac{1}{6} - 1\dfrac{4}{6}$

(6) $5\dfrac{1}{4} - 1\dfrac{2}{4} - \dfrac{7}{4}$

2 あめが60こあります。けんとさんは全体の$\dfrac{1}{6}$と8こをとりました。ななみさんは，けんとさんがとったのこりの$\dfrac{2}{7}$と5こをとりました。れんさんは，ななみさんがとったのこりの$\dfrac{4}{5}$をとると，あめは何こかのこりました。〈8点×3〉

(1) けんとさんがとったあと，あめは何このこっていますか。
　（式）

(2) ななみさんはあめを何ことりましたか。
　（式）

(3) れんさんがとったあと，あめは何このこっていますか。
　（式）

3 水が青いびんに $\frac{11}{8}$ L，白いびんに $2\frac{7}{8}$ L，赤いびんに $3\frac{4}{8}$ L 入っています。

〈8点×2〉

(1) 青いびんと赤いびんに入っている水はあわせて何 L ですか。

（式）

（Ｌ）

(2) 青いびんと白いびんに入っている水をあわせたかさと，赤いびんに入っている水のかさとのちがいは何 L ですか。

（式）

4 次の図 1 と図 2 は，たてにならんだ分数の大きさが等（ひと）しいことを表（あらわ）しています。たとえば，図 1 の $\frac{1}{2}$ と $\frac{2}{4}$ は大きさが等しいので，$\frac{1}{2}=\frac{2}{4}$ と表せます。〈8点×3〉

(1) $\frac{1}{2}$ と $\frac{1}{4}$ をたすといくつになりますか。

図1

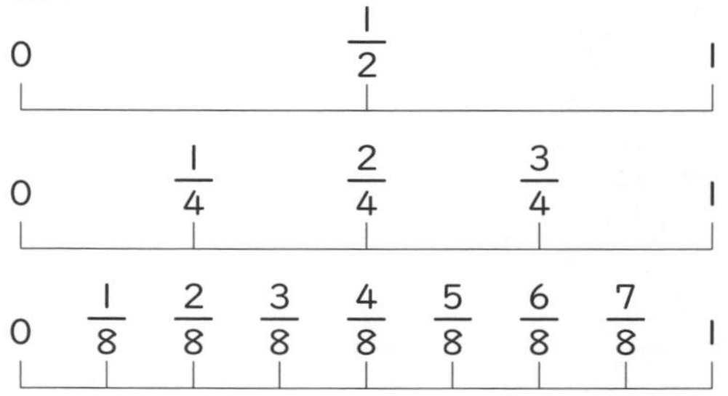

0　　　　　$\frac{1}{2}$　　　　　1

0　$\frac{1}{4}$　$\frac{2}{4}$　$\frac{3}{4}$　1

0　$\frac{1}{8}$　$\frac{2}{8}$　$\frac{3}{8}$　$\frac{4}{8}$　$\frac{5}{8}$　$\frac{6}{8}$　$\frac{7}{8}$　1

(2) $\frac{1}{4}$ と $\frac{1}{8}$ をたすといくつになりますか。

図 1 を見て考えなさい。

(3) $\frac{1}{3}$ と $\frac{1}{6}$ をたすといくつになりますか。

図 2 を見て考えなさい。

図2

0　　　　$\frac{1}{3}$　　　　$\frac{2}{3}$　　　　1

0　$\frac{1}{6}$　$\frac{2}{6}$　$\frac{3}{6}$　$\frac{4}{6}$　$\frac{5}{6}$　1

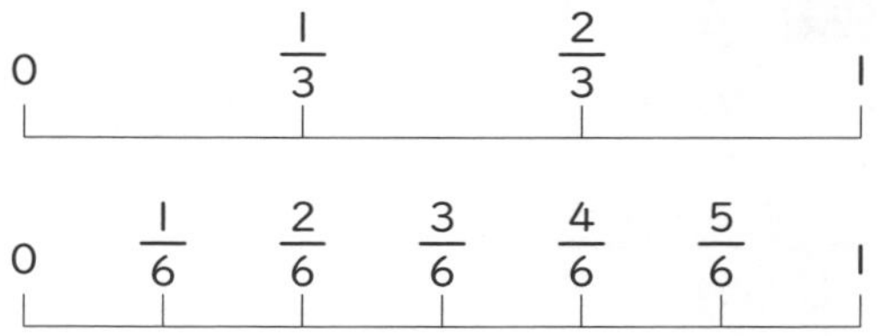

復習テスト⑦

🕐 25分　　／100　　答え 41 ページ

1 次の 5 つの数の中で 7 にもっとも近い数を答えなさい。〈2点〉

7.03　　6.8　　7.14　　6.98　　7.1

2 仮分数を帯分数に，また，帯分数を仮分数に直しなさい。〈3点×4〉

(1) $\dfrac{8}{3}$

(2) $\dfrac{24}{9}$

(3) $3\dfrac{1}{4}$

(4) $4\dfrac{2}{5}$

3 □にあてはまる等号，不等号を書きなさい。〈3点×8〉

(1) 0.03 □ 0.307

(2) 2.16 □ 2.61

(3) 5.6 + 0.37 □ 5.98

(4) 0.42 □ 0.402

(5) $\dfrac{6}{11}$ □ $\dfrac{9}{11}$

(6) $\dfrac{4}{7}$ □ $\dfrac{4}{9}$

(7) $\dfrac{15}{8}$ □ $1\dfrac{7}{8}$

(8) $3\dfrac{5}{6}$ □ $\dfrac{19}{6}$

4 次の計算をしなさい。〈3点×4〉

(1)　　4.57
　　 + 2.64

(2)　　3.29
　　 + 8.41

(3)　　9.14
　　 − 5.76

(4)　　7.06
　　 − 1.49

5 ▢ にあてはまる数を書きなさい。〈4点×4〉

(1) $3.7 +$ ▢ $= 9.1$

(2) ▢ $+ 4.9 = 11.7$

(3) $8.4 -$ ▢ $= 3.5$

(4) ▢ $- 0.28 = 0.35$

6 次の計算をしなさい。〈4点×6〉

(1) $2\dfrac{5}{6} + \dfrac{3}{6}$

(2) $1\dfrac{5}{8} + 4\dfrac{3}{8}$

(3) $5\dfrac{2}{5} + 3\dfrac{4}{5}$

(4) $3\dfrac{6}{7} - 2\dfrac{4}{7}$

(5) $6\dfrac{3}{9} - 1\dfrac{8}{9}$

(6) $4\dfrac{1}{4} - 3\dfrac{2}{4}$

7 8.75m のリボンがあります。このリボンをみおさんは 3.18m，妹は 2.72m 使いました。リボンは何 m のこりましたか。〈5点〉

(式)

▢

8 水がやかんに $3\dfrac{2}{7}$ L，ポットに $2\dfrac{5}{7}$ L，ペットボトルに $1\dfrac{6}{7}$ L 入っています。

水は全部で何 L ありますか。〈5点〉

(式)

▢

復習テスト⑧

⏱ 25分　　／100　　答え 41 ページ

1 次の 5 つの数の中で 9 にもっとも近い数を答えなさい。〈2点〉

9.1　　8.96　　10.01　　9.03　　8.89

2 仮分数を帯分数に，また，帯分数を仮分数に直しなさい。〈3点×4〉

(1) $\dfrac{20}{11}$

(2) $\dfrac{37}{8}$

(3) $3\dfrac{5}{7}$

(4) $2\dfrac{4}{12}$

3 □にあてはまる等号，不等号を書きなさい。〈3点×8〉

(1) 4.529 □ 4.59

(2) 0.54 □ 0.45

(3) 6.36 − 2.27 □ 4.19

(4) 10.82 □ 1.82

(5) $\dfrac{4}{6}$ □ $\dfrac{4}{5}$

(6) $3\dfrac{2}{5}$ □ $\dfrac{16}{5}$

(7) $1\dfrac{1}{4}$ □ $1\dfrac{1}{2}$

(8) $2\dfrac{5}{9}$ □ $\dfrac{23}{9}$

4 次の計算をしなさい。〈3点×4〉

(1)　　7.38
　　＋3.46

(2)　　6.93
　　＋5.48

(3)　　5.22
　　−3.64

(4)　　8.14
　　−7.94

5 ☐にあてはまる数を書きなさい。〈4点×4〉

(1) $5.4 + $ ☐ $= 9.3$

(2) ☐ $+ 2.7 = 3.3$

(3) $2.5 - $ ☐ $= 2.03$

(4) ☐ $- 5.6 = 1.7$

6 次の計算をしなさい。〈4点×6〉

(1) $3\dfrac{2}{4} + 2\dfrac{1}{4}$

(2) $1\dfrac{4}{7} + 2\dfrac{5}{7}$

(3) $2\dfrac{7}{9} + 4\dfrac{3}{9}$

(4) $5\dfrac{1}{3} - 1\dfrac{2}{3}$

(5) $7\dfrac{3}{8} - 6\dfrac{7}{8}$

(6) $4\dfrac{4}{6} - 2\dfrac{5}{6}$

7 ある小数から，7.45 と 2.86 をひくとき，2.86 の小数点をつけるいちをまちがえて，28.6 としたので，答えが 12.25 になりました。正しい答えをもとめなさい。〈5点〉

(式)

8 ある日曜日，としきさんは算数の勉強を $1\dfrac{2}{9}$ 時間，国語の勉強を $\dfrac{8}{9}$ 時間しました。その後，テレビを $2\dfrac{3}{9}$ 時間見ました。勉強をした時間とテレビを見た時間では，どちらが何時間長かったですか。〈5点〉

(式)

時間が　　　　時間長かった

10 時こくと時間

ねらい 1日が24時間，1時間 = 60分，1分 = 60秒ということを学び，単位換算ができるようにする。また，時刻と時間のちがいを理解し，時間の経過やかかった時間を求める計算を学ぶ。

★ **標準レベル**　　🕐 **15分**　　／100　　答え **42ページ**

1 □にあてはまる数を書きなさい。〈5点×3〉

(1) 午前8時40分から午前11時10分までは，2時間 □ 分です。

(2) 午前9時から正午までは，□ 時間です。

(3) 午前10時20分から正午までは，① □ 時間 ② □ 分です。正午から午後2時50分までは，2時間50分なので，午前10時20分から午後2時50分までは，③ □ 時間 ④ □ 分です。

2 □にあてはまる数を書きなさい。〈5点×8〉

(1) 57分 = □ 秒　　(2) 2分40秒 = □ 秒

(3) 197秒 = ① □ 分 ② □ 秒　(4) 348分 = □ 秒

(5) 1時間17分 = □ 秒

(6) 9832秒 = ① □ 時間 ② □ 分 ③ □ 秒

(7) ① □ 時間 ② □ 分 = 470分

(8) 1日18時間35分 = □ 分

3 ☐ にあてはまる数を書きなさい。〈5点×3〉

(1) $\frac{1}{4}$時間が何分になるかを考えます。1時間は [①＿＿＿] 分なので，それを4つ

に等しく分けた $\frac{1}{4}$時間は，[②＿＿＿] ÷ 4 = [③＿＿＿] より，[④＿＿＿] 分です。

(2) $\frac{3}{5}$時間が何分になるかを考えます。まず，$\frac{1}{5}$時間は，

[①＿＿＿] ÷ 5 = [②＿＿＿] より，[③＿＿＿] 分です。$\frac{3}{5}$時間は，$\frac{1}{5}$時間の

3こ分なので，[④＿＿＿] × [⑤＿＿＿] = [⑥＿＿＿] 分です。

(3) $3\frac{1}{3}$時間が何分になるかを考えます。$3\frac{1}{3}$時間は3時間と$\frac{1}{3}$時間です。

3時間は [①＿＿＿] 分で，$\frac{1}{3}$時間は [②＿＿＿] 分だから，$3\frac{1}{3}$時間は，

[③＿＿＿] + [④＿＿＿] = [⑤＿＿＿] 分です。

4 ☐ にあてはまる等号，不等号を書きなさい。〈5点×6〉

(1) 118 分 ☐ 7050 秒

(2) 254 分 ☐ $4\frac{1}{2}$時間

(3) 3 時間 10 分 ☐ 180 分

(4) 2 時間 38 分 ☐ 9620 秒

(5) 2 時間 40 分 ☐ $\frac{16}{6}$時間

(6) 1 日 7 時間 23 分 ☐ 112978 秒

★★　上級レベル　　⏱ **25**分　　／100　　答え **42**ページ

1　次の計算をしなさい。〈5点×6〉

(1)　　　分　秒
　　　　　4　36
　　＋　2　24

(2)　　時　分　秒
　　　　7　12　5
　　＋　6　39　48

(3)　　日　時　分
　　　　3　2　46
　　＋　5　11　52

(4)　　　分　秒
　　　　　8　14
　　－　5　37

(5)　　時　分　秒
　　　　6　25　3
　　－　2　47　51

(6)　　日　時　分
　　　　4　1　32
　　－　1　8　33

2　□にあてはまる数を書きなさい。〈5点×4〉

(1) 27分19秒×7＝ ① □ 時間 ② □ 分 ③ □ 秒

(2) 6時間34分56秒×5＝ ① □ 日 ② □ 時間 ③ □ 分 ④ □ 秒

(3) 5時間29分32秒÷4＝ ① □ 時間 ② □ 分 ③ □ 秒

(4) 19時間55分14秒÷2＝ ① □ 時間 ② □ 分 ③ □ 秒

3　□にあてはまる数を書きなさい。〈6点×4〉

(1) $\frac{2}{3}$時間＝ □ 秒

(2) $\frac{7}{15}$時間＝ □ 分

(3) $2\frac{11}{12}$時間＝ □ 分

(4) $\frac{67}{20}$分＝ □ 秒

4 ゆうまさんは，家から本屋に行きました。本屋に着いた時こくは午後2時8分でした。〈6点×2〉

(1) ゆうまさんの家から本屋までは23分かかりました。ゆうまさんが家を出たのは午後何時何分でしたか。

（式）

(2) ゆうまさんは本屋に1時間47分いました。そのあと，行きと同じ23分かけて家まで帰りました。ゆうまさんが家に着いた時こくは午後何時何分でしたか。

（式）

5 ある計算問題を1問とくのに，ひなたさんは185秒，はるきさんは2分43秒かかります。〈7点×2〉

(1) ひなたさんが計算問題を6問とくのに，何分何秒かかりますか。

（式）

(2) 計算問題を7問とくのに，はるきさんとひなたさんのかかった時間のちがいは何秒ですか。

（式）

★★★ 最高レベル　　🕐30分　　／100　　答え43ページ

1 次の計算をしなさい。〈7点×4〉

(1)
日	時	分	秒
1	11	53	26
+ 2	16	42	38

(2)
日	時	分	秒
6	8	27	19
− 3	13	54	48

(3)
日	時	分	秒
5	10	46	53
−	18	59	24

(4)
日	時	分	秒
2	1	33	28
− 1	19	46	39

2 ☐ にあてはまる数を書きなさい。〈7点×6〉

(1) (14分26秒 + 8分39秒) × 4 = ①☐ 時間 ②☐ 分 ③☐ 秒

(2) (5時間48分23秒 − 3時間37分51秒) × 7 = ①☐ 時間 ②☐ 分 ③☐ 秒

(3) 2時間39分25秒 × 13 − 5時間17分36秒 =

①☐ 日 ②☐ 時間 ③☐ 分 ④☐ 秒

(4) 28分17秒 × 6 + 2時間33分48秒 ÷ 3 = ①☐ 時間 ②☐ 分 ③☐ 秒

(5) 1時間21分4秒 × 3 + 4時間33分16秒 ÷ 2 = ☐ 秒

(6) (53分23秒 + 41分57秒) ÷ 1分5秒 = ☐

3 りくさんはハイキングをかねて，運動公園まで歩いて行きました。家を午前 8 時 10 分に出発し，午前 11 時 27 分に運動公園に着きました。〈7 点×2〉

(1) 家を出発して運動公園に着くまで，45 分歩いたら，10 分休けいをとることをつづけました。りくさんが家を出発してから，運動公園に着くまでに歩いた時間は何時間何分ですか。

（式）

(2) 帰りは運動公園を午後 1 時 30 分に出発して，60 分歩いたら，5 分休けいをとることをつづけ，午後 4 時 13 分に家に着きました。帰りに歩いた時間は何時間何分ですか。

（式）

4 きのうの午前 6 時に正しい時こくにあわせた時計が，今日の午前 6 時に正しい時こくより 2 分 24 秒おくれていました。〈8 点×2〉

(1) この時計は，1 時間に何秒おくれましたか。

（式）

(2) この時計が，これからも同じようにおくれていくとすると，明日の午前 10 時には正しい時こくより何分何秒おくれますか。

（式）

11 重さ

ねらい 重さの表し方を学ぶ。グラム（g），キログラム（kg），トン（t）などの単位換算や計算問題，文章題などができるようになる。

★ 標準レベル ⏱15分 ／100 答え**44**ページ

1 □にあてはまる数を書きなさい。〈6点×6〉

(1) 6kg = [   ] g

(2) 3t = [   ] kg

(3) 280kg = [   ] g

(4) 416t = [   ] kg

(5) 702t = [   ] kg

(6) 63kg = [   ] g

2 はかりの目もりを読みとり，□にあてはまる数を書きなさい。〈6点×3〉

(1)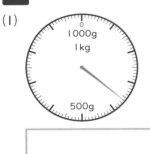

[   ] g

(2)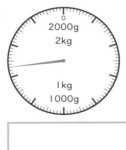

[   ] g

(3)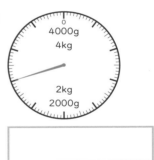

[   ] g

3 次の重さを軽いじゅんにならべて記号で書きなさい。〈6点×2〉

(1) ア 2350g　イ 2t35kg　ウ 234kg　エ 2kg400g

[→　　　→　　　→   ]

(2) ア 7kg30g　イ 7t300kg　ウ 7400g　エ 7030kg

[→　　　→　　　→   ]

4　ほのかさんの家の車の重さは 1t350kg です。27kg のほのかさんと 74kg の
お父さんが乗ると重さは何 kg になりますか。〈6点〉

（式）

5　キリンの体重は 1850kg，カバの体重は 2470kg，ゾウの体重は 4t165kg で
す。〈7点×2〉

(1) キリンとカバの体重をあわせると何 kg ですか。

　（式）

(2) キリンとカバの体重をあわせた重さとゾウの体重とのちがいは何 kg ですか。

　（式）

6　重さが 1kg250g の箱があります。〈7点×2〉

(1) 箱の中に百科じてんを入れて重さをはかったら，4kg120g でした。百科じて
んの重さは何 g ですか。

　（式）

(2) 箱と中に入れた百科じてんの重さでは，どちらが何 kg 何 g 重いですか。

　（式）

	が	kg	g重い

★★　上級レベル　　🕐25分　　／100　答え44ページ

1　□にあてはまる数を書きなさい。〈5点×6〉

(1) 7360g = □ kg　　(2) 428g = □ kg

(3) 52g = □ kg　　(4) 6kg = □ t

(5) 17t = □ g　　(6) 91kg = □ t

2　次の□にあてはまる数を書きなさい。〈5点×8〉

(1) 8t + 340kg = □ kg　(2) 750g + 280g = □ kg

(3) 1.4t + 340kg = □ kg　(4) 684kg + 273kg = □ t

(5) 73.2kg − 5890g = □ kg　(6) 416g − 0.307kg = □ kg

(7) 5.1t − 37kg = □ t　(8) 14kg − 7359g = □ kg

3　小麦こが大きいびんに 1.6kg，小さいびんに 0.7kg 入っています。〈5点×2〉

(1) 小麦こはあわせて何 kg ありますか。
　　（式）

　　□

(2) ホットケーキを作るために小麦こを 900g 使いました。小麦こは何 kg 何 g の
　　こっていますか。
　　（式）

　　□

4 家にお米が 1.487kg あります。お父さんがお米を 290g もらってきました。

〈5点×2〉

(1) お米はあわせて何 kg になりましたか。

（式）

(2) 夕食のごはんをたくのに，お米を 0.654kg 使いました。お米は何 kg 何 g のこっていますか。

（式）

5 A，B，C の 3 つの荷物があります。B の重さは 2.04kg，C の重さは 1.87kg です。A の重さは B と C をあわせた重さより，370g 軽いそうです。A の重さは何 g ですか。〈5点〉

（式）

6 下の図 1 のてんびんと，図 2 のてんびんはつりあっています。このとき，図 3 のてんびんの右のさらには，■を何このせればつりあいますか。〈5点〉

図1　　　　　　　　　図2　　　　　　　　　図3

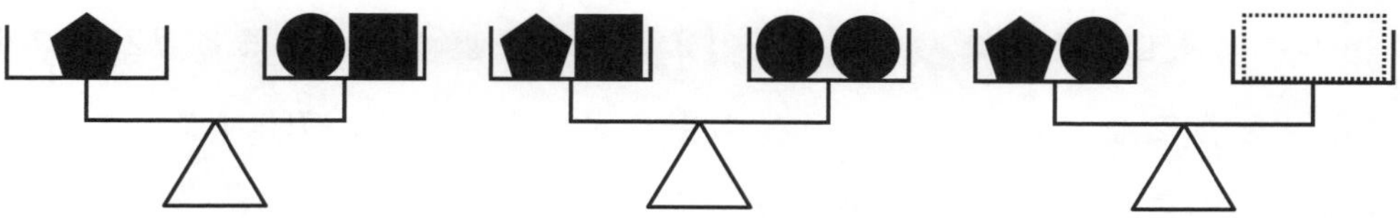

★★★ 最高レベル　　⏱30分　　／100　　答え **45**ページ

1　　◻️ にあてはまる数を書きなさい。〈5点×6〉

(1) 1920g = ◻️ t

(2) 0.84t = ◻️ g

(3) 0.73kg = ◻️ t

(4) 0.015t = ◻️ kg

(5) 36t = ◻️ g

(6) 0.0005kg = ◻️ g

2　次の ◻️ にあてはまる数を書きなさい。〈5点×6〉

(1) 2.65t + 6872kg = ◻️ t

(2) 0.037t + 18.54kg = ◻️ g

(3) 8219g − 4.526kg = ◻️ kg

(4) 7.39t − 7038kg = ◻️ t

(5) 16kg845g × 3 = ① ◻️ kg ② ◻️ g

(6) 5t568kg300g ÷ 9 = ① ◻️ kg ② ◻️ g

3　箱の中に同じ重さのまんじゅうを 12 こ入れて重さをはかると 920g でした。まんじゅうを 5 こ食べたあとにのこりの重さをはかると 0.595kg でした。このまんじゅう 1 この重さは何 g ですか。〈8点〉

（式）

◻️

4 カレーライスを作るために，１本 130g のにんじんを３本，１こ 160g のジャガイモを４こ，１こ 210g の玉ねぎを４こ，ぶた肉を 0.76kg 用意しました。用意したざいりょう全部の重さはあわせて何 kg ですか。〈8点〉

（式）

5 それぞれ同じ重さのバナナとりんごがあります。１本 170g のバナナ４本と，１こ 280g のりんご３こをかごに入れて重さをはかったら，1kg935g でした。かごの重さは何 kg ですか。〈8点〉

（式）

6 100g118 円のとり肉を 700g と，200g396 円のぶた肉を 800g 買いました。代金は何円になりますか。〈8点〉

（式）

7 それぞれ同じ重さの白いボールと青いボールがあります。白いボール２こと青いボール５この重さをはかったら 2kg400g，白いボール５こと青いボール２この重さをはかったら 2kg850g でした。白いボール１この重さは何 g ですか。〈8点〉

（式）

おも
めんせき
時間，重さ，長さと面積 学習日 月 日

めんせき
12 長さと面積

> ねらい 道のりと距離のちがいを知り，長い距離の表し方を学ぶ。また，長さを表す単位をもとにして，広さを考える
> 面積の求め方を覚える。

★ **標準レベル** ⏱ **15分** /100 答え **46**ページ

1 ▭にあてはまる数を書きなさい。〈6点×4〉

(1) 3km = ▭ m

(2) 8000m = ▭ km

(3) 2km65m = ▭ m

(4) 4196m = ① ▭ km ② ▭ m

2 ▭にあてはまる数を書きなさい。〈6点×4〉

(1) 6000m + 9km = ▭ m

(2) 34km + 58000m = ▭ km

(3) 7km − 930m = ▭ m

(4) 8km − 2km410m = ▭ m

ご
3 下の図で，あとのア～ウのうち，どの道がいちばん道のりが長いですか。記
ごう
号で答えなさい。また，その道のりは何mですか。〈9点〉

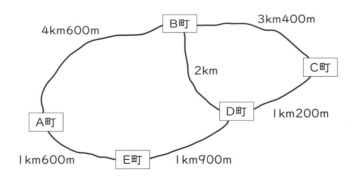

ア　A町→E町→D町→C町

イ　C町→B町→A町

ウ　D町→E町→A町→B町

記号 ▭ 道のり ▭

4 下の図を見て，次の問いに答えなさい。〈9点×3〉

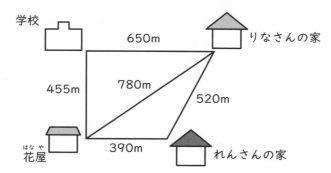

(1) りなさんの家から学校の前を通って花屋まで行きます。道のりは何km何mですか。

（式）

（2）りなさんの家から花屋までのきょりは何mですか。

（3）れんさんの家から学校まで行くのに，りなさんの家の前を通って行くのと，花屋の前を通って行くのでは，どちらが何m近いですか。

（式）

| の前を通って行くほうが m 近い |

5 広さのことを面積といいます。cm²（平方センチメートル）というたんいを使います。長方形の面積は，「たての長さ×横の長さ」でもとめられます。たて1cm，横1cmの正方形の面積は1cm×1cm＝1cm²です。次の長方形の面積をもとめなさい。〈8点×2〉

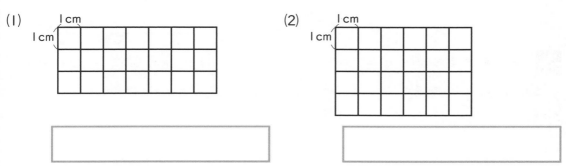

★★ 上級レベル①　　🕐 **25**分　　／100　　答え **46** ページ

1　□ にあてはまる数を書きなさい。〈4点×4〉

(1) 673m = □ km

(2) 4km19m = □ km

(3) 395.2km = ① □ km ② □ m

(4) 82965m = □ km

2　□ にあてはまる数を書きなさい。〈4点×6〉

(1) 2500m × 7 = □ km

(2) 4km650m − 1.076km = □ km

(3) 6km ÷ 30 = □ m

(4) 3km400m × 4 = □ km

(5) 1.873km + 564m = □ km

(6) 4km500m ÷ 5 = □ m

3　みおさんの1歩の歩はばは54cmです。〈5点×2〉

(1) 1日に8000歩, 歩くと, 何m歩くことになりますか。
（式）

□

(2) 1日に8000歩, 歩くことを30日間つづけると, 何km歩くことになりますか。
（式）

□

4　ある町のマラソン大会でおとなの走るきょりは5.2kmです。子どもの走る
きょりはおとなの走るきょりの半分です。子どもの走るきょりは何mですか。〈5点〉
（式）

□

5 たて 18cm, 横 22cm の色紙があります。この色紙の面積は何 cm² ですか。〈5点〉

（式）

（　　　　　　　　　　　）

6 大きな面積を表すとき，m²（平方メートル）というたんいを使います。たて 1m, 横 1m の正方形の面積は 1m × 1m = 1m² です。たての長さが 34m，横の長さが 27m の公園の面積は何 m² ですか。〈5点〉

（式）

（　　　　　　　　　　　）

7 1辺の長さが 14cm の正方形の面積と同じ面積である長方形があります。この長方形の横の長さが 7cm のとき，たての長さは何 cm ですか。〈5点〉

（式）

（　　　　　　　　　　　）

8 □ にあてはまる数を書きなさい。〈6点×5〉

(1) ① ☐ m² = 1m × 1m = 100cm × ② ☐ cm = ③ ☐ cm²

(2) 4m² = ☐ cm²　　　(3) 60m² = ☐ cm²

(4) 50000cm² = ☐ m²　　　(5) 230000cm² = ☐ m²

★★ 上級レベル②

1 ◻ にあてはまる数を書きなさい。〈5点×4〉

(1) 27m = ◻ km

(2) 804km6m = ◻ km

(3) 59.6km = ① ◻ km ② ◻ m

(4) 70707m = ◻ km

2 ◻ にあてはまる数を書きなさい。〈5点×6〉

(1) 620m × 18 = ◻ km

(2) 6.35km − 4km60m = ◻ km

(3) 27km ÷ 60 = ◻ m

(4) 4.819km × 7 = ① ◻ km ② ◻ m

(5) 3km860m + 5.4km = ◻ km

(6) 3.976km ÷ 8 = ◻ m

3 右の図のような土地があります。まわりの
直線の部分は道になっています。〈5点×2〉

(1) 土地のまわりの長さは何 m ですか。
（式）

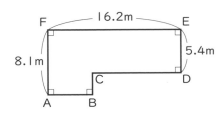

◻

(2) A 地点から B，C 地点を通って D 地点まで行く道のりと，A 地点から F 地点を
通って E 地点まで行く道のりとのちがいは何 m ですか。
（式）

◻

4 あやかさんは電車でおばあさんの家まで行きます。あやかさんの家から駅までは 480m，そこからおばあさんの家の近くの駅までは 37km あります。電車をおりてから，おばあさんの家までは 670m 歩きます。あやかさんの家からおばあさんの家までの道のりは何 km ありますか。〈5点〉

（式）

5 長さが 80cm のひもをおり曲げて，いちばん大きい正方形を作ります。できる正方形の面積は何 cm² ですか。〈5点〉

（式）

6 きょうぎ用のプールのたての長さは 50m，横の長さは 25m です。このプールの面積は何 m² ですか。〈5点〉

（式）

7 □にあてはまる数を書きなさい。〈5点×5〉

(1) 2m × 3m = ①[____] cm × ②[____] cm = ③[____] cm²

(2) 7m² = [____] cm²   (3) 16m² = [____] cm²

(4) 80000cm² = [____] m²   (5) 420000cm² = [____] m²

1 れんさんは 100 歩で 55m 進みます。学校から図書館まで歩いたところ，2700 歩ありました。学校から図書館までは何 km ありますか。〈10点〉

（式）

2 池のまわりに 1 しゅう 1.8km の道があります。のぞみさんとゆうきさんは同じ地点から同時に反対方向に出発して，のぞみさんは 1 分間に 50m ずつ歩き，ゆうきさんは 1 分間に 150m ずつ走りました。2 人が出会うのは何分後ですか。〈10点〉

（式）

3 みのりさんの家としょうたさんの家は 5.7km はなれています。2 人の家の間の道は一本道なので，2 人はそれぞれの家を同時に自転車で出発して，と中で会うことにしました。ところが，みのりさんは家から 1.6km のところでわすれ物に気づき，家にもどりました。みのりさんが家にもどったとき，しょうたさんはみのりさんの家から何 km のところにいますか。ただし，みのりさんとしょうたさんの進む速さは同じです。〈10点〉

（式）

4 右の図は，あつ紙から長方形を切り取ったのこりを表しています。この図形の面積は何 cm² ですか。〈10点〉

（式）

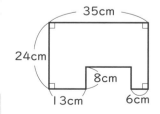

5 右の図は，たて 6m，横 10m の長方形の土地に，は
ば 1m の道を作ったようすを表しています。道をのぞいた
部分の面積は何 m² ですか。〈12点〉

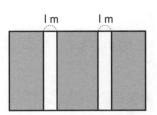

（式）

6 右の図のような花だんがあります。

〈12点×2〉

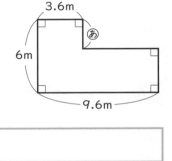

(1) まわりの長さは何 m ですか。

（式）

(2) この花だんの面積は 43.2m² です。図の⑦の長さは何 m ですか。

（式）

7 同じ大きさの正方形の紙を，右の図のように重ねて
いきます。〈12点×2〉

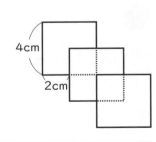

(1) 3まい重ねたとき，全体の面積は何 cm² になりますか。

（式）

(2) 8まい重ねたとき，全体の面積は何 cm² になりますか。

（式）

復習テスト⑨

⏱ **25**分　　／**100**　　答え**48**ページ

1 次の計算をしなさい。〈4点×3〉

(1)
```
  時  分  秒
   3  38  27
+  5  26  59
```

(2)
```
  日  時  分
   4  19  53
+  8  13  26
```

(3)
```
  時  分  秒
   7  41  39
-  4  53  46
```

2 ☐にあてはまる数を書きなさい。〈4点×6〉

(1) 264g = ☐ kg

(2) 4t = ☐ g

(3) 8619m = ☐ km

(4) 3km72m = ☐ km

(5) 9m² = ☐ cm²

(6) 150000cm² = ☐ m²

3 次の☐にあてはまる数を書きなさい。〈5点×4〉

(1) 590kg + 826kg = ☐ t

(2) 371g − 0.294kg = ☐ g

(3) 460m × 9 = ☐ km

(4) 6km184m − 5.067km = ☐ m

4 ☐にあてはまる数を書きなさい。〈5点×4〉

(1) $\frac{3}{5}$時間 = ☐ 分

(2) $\frac{8}{12}$時間 = ☐ 分

(3) $3\frac{9}{10}$時間 = ☐ 分

(4) $\frac{47}{15}$分 = ☐ 秒

5 おり紙でつるを１わおるのに，ゆうまさんは214秒，のぞみさんは3分8秒かかります。ゆうまさんはつるを8わおり，のぞみさんはつるを9わおりました。どちらが何秒はやくおれましたか。〈6点〉

(式)

さんが	秒はやくおれた

6 A，B，Cの3つの品物があります。Aの重さは3.56kg，Bの重さは2.08kgです。Cの重さはAの重さの半分より210g重いそうです。Bの重さとCの重さのちがいは何gですか。〈6点〉

(式)

7 こうたさんの家から図書館までは1km620mあります。また，図書館から本屋の前を通ってとおるさんの家までは2km30mあります。本屋からとおるさんの家までは490mです。こうたさんの家から図書館を通って本屋までは何kmありますか。〈6点〉

(式)

8 1辺の長さが16mの正方形の形をした畑があります。この畑と面積が同じである長方形の花だんのたての長さが8mのとき，横の長さは何mですか。〈6点〉

(式)

復習テスト⑩ ⏱ 25分 ／100 答え49ページ

1 次の計算をしなさい。〈4点×3〉

(1)
```
  時  分  秒
  6  45  32
+ 3  18  47
```

(2)
```
  時  分  秒
  9  26  19
- 2  38  51
```

(3)
```
  日  時  分
  5   6  43
- 1  16  45
```

2 ☐ にあてはまる数を書きなさい。〈4点×6〉

(1) 38g = ☐ kg

(2) 719kg = ☐ t

(3) 29.052km = ① ☐ km ② ☐ m

(4) 46915m = ☐ km

(5) 53m² = ☐ cm²

(6) 81000cm² = ☐ m²

3 次の ☐ にあてはまる数を書きなさい。〈5点×4〉

(1) 2.8t + 193kg = ☐ kg

(2) 96.5kg − 9650g = ☐ kg

(3) 3.482km + 617m = ☐ km

(4) 5km400m ÷ 6 = ☐ m

4 ☐ にあてはまる数を書きなさい。〈5点×4〉

(1) $\frac{5}{6}$時間 = ☐ 秒

(2) $\frac{7}{10}$時間 = ☐ 分

(3) $4\frac{13}{20}$時間 = ☐ 分

(4) $\frac{59}{30}$分 = ☐ 秒

5 １箱にリボンをかけるのに，あきとさんは 168 秒，かなさんは 2 分 25 秒かかります。14 箱にリボンをかけるとき，あきとさんとかなさんのかかった時間のちがいは何分何秒ですか。〈6点〉

（式）

6 A，B，C の 3 つの花びんがあります。A の重さは 1.47kg，B の重さは 3.09kg です。A と B をあわせた重さは C の重さの 3 倍になるそうです。C の重さは何 g ですか。〈6点〉

（式）

7 １本 48cm のリボンを 30 本たばねてポンポンを作ります。１人が両手に１つずつ持つとして，学校のじ童 500 人に配るとき，リボンは何 km ひつようですか。〈6点〉

（式）

8 正方形の紙があります。この紙の面積は，たての長さが 4cm，横の長さが 9cm の長方形の面積と同じです。正方形の紙の１辺の長さは何 cm ですか。〈6点〉

（式）

過去問題にチャレンジ②

⏱ 30分　／100　答え 49ページ

1 縦と横にまっすぐな道が何本か通っている街があります。縦の道を1, 2, 3, …, 横の道をア, イ, ウ, …として, 縦の道と横の道が交わる場所をすべて「交差点」と呼びます。たとえば, 1の道とアの道が交わる場所は交差点1－アと表します。このような街で, 交差点に警察官を配置することを考えます。警察官は, 道を通って他の交差点にかけつけます。道でつながっている隣りあう2つの交差点間の道のりは, すべて1kmです。たとえば, 図1のような, 縦に3本, 横に3本の道が通っている9個の交差点がある街で, 交差点2－イに警察官を1人配置すると, 街のすべての交差点に警察官が2kmまでの移動距離でかけつけることができます。次の問いに答えなさい。〈筑波大学附属駒場中学校〉

図1

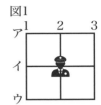

(1) 図2のような, 縦に4本, 横に3本の道が通っている, 12個の交差点がある街に, 2人の警察官を配置します。交差点2－イに1人目の警察官を配置しました。2人目の警察官をどこかの交差点に配置して, 街のすべての交差点に, いずれかの警察官が2kmまでの移動距離でかけつけられるようにします。2人目の警察官を配置する交差点として考えられる場所は何か所ありますか。〈16点〉

図2

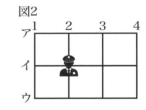

(2) 図3のような, 縦に4本, 横に4本の道が通っている, 16個の交差点がある街に, 何人かの警察官を配置します。街のすべての交差点に, いずれかの警察官が2kmまでの移動距離でかけつけられるようにします。何人の警察官を配置すればよいですか。考えられるもっとも少ない人数を答えなさい。〈18点〉

図3

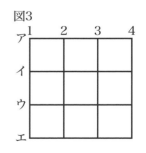

(3) 縦に 15 本，横に 15 本の道が通っている，225 個の交差点がある街に，4 人の警察官を配置します。このとき，街のすべての交差点に，いずれかの警察官が □ km までの移動距離でかけつけられるよう配置することができます。□ にあてはまる整数のうち，考えられるもっとも小さいものを答えなさい。〈18 点〉

```
┌─────────────────────┐
│                     │
└─────────────────────┘
```

2 あるレシピ本に掲載されていた材料を参考にして，シュークリームを作ろうとしています。次の各問いに答えなさい。〈聖セシリア女子中学校〉〈16 点 × 3〉

```
┌──────────────────────────────────────┐
│ 材料                                   │
│                                        │
│ シュークリーム 10 個分                  │
│ ＜シュー生地＞     ＜カスタードクリーム＞ │
│ バター    40g      卵黄       卵 2 個分  │
│ 塩        少々     グラニュー糖  70g     │
│ 薄力粉    60g      薄力粉      20g       │
│ 卵        2 個     牛乳       200mL     │
└──────────────────────────────────────┘
```

(1) シュークリームを 8 個作ろうとすると，バターと薄力粉はそれぞれ何 g 必要ですか。

バター □　　　薄力粉 □

(2) 卵 10 個，牛乳 550mL，グラニュー糖 210g，薄力粉 135g，バター 155g でシュークリームは最大何個作れますか。ただし，塩が不足することはありません。

```
┌─────────────────────┐
│                     │
└─────────────────────┘
```

(3) 卵 17 個，牛乳 650mL，グラニュー糖 250g，薄力粉 200g，バター 145g でシュークリームを 34 個作るとき，何と何がどれくらい不足していますか。ただし，塩が不足することはありません。

```
┌─────────────────────┐
│                     │
└─────────────────────┘
```

13 三角形（1）

ねらい 三角形を分類することで，辺の長さや角の大きさ，特別な三角形の性質について理解を深める。

★ **標準レベル** 　　15分　　　／100　答え 50ページ

1 □にあてはまる数を書きなさい。〈7点×2〉

(1) ① □ つの辺の長さが等しい三角形を二等辺三角形といいます。二等辺三

角形は ② □ つの角の大きさが等しいです。

(2) ① □ つの辺の長さが等しい三角形を正三角形といいます。正三角形は

② □ つの角の大きさが等しいです。

2 下の図の三角形を，二等辺三角形，正三角形，直角三角形，その他の三角形に分け，記号で答えなさい。〈7点×4〉

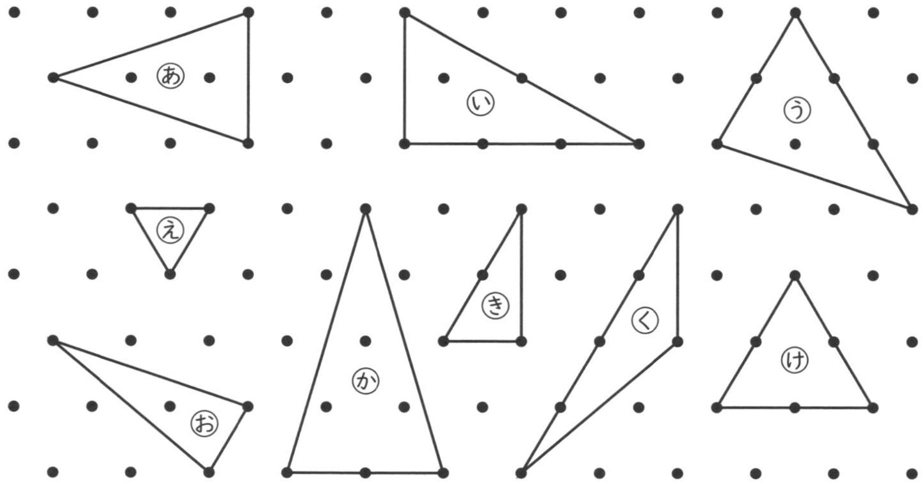

(1) 二等辺三角形

(2) 正三角形

(3) 直角三角形

(4) その他の三角形

3 次の図で，(1)〜(3)にあてはまるものをすべてえらび，記号で答えなさい。

〈8点×3〉

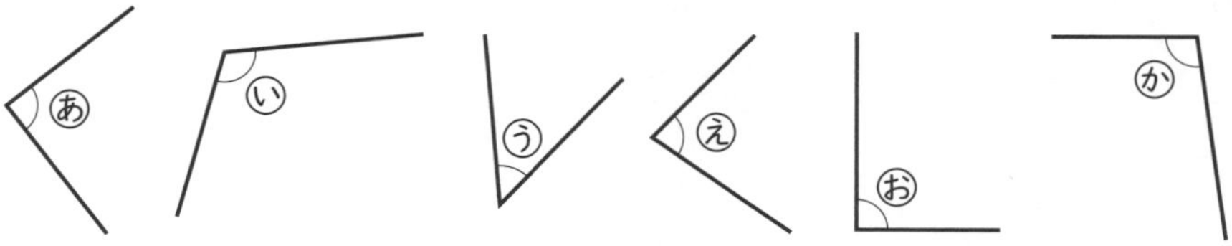

(1) 直角より小さい角

(2) 直角

(3) 直角より大きい角

4 下の図のように，1組の三角じょうぎを組み合わせた図形があります。(あ)，(い)の角の大きさをもとめなさい。〈8点×2〉

(1)

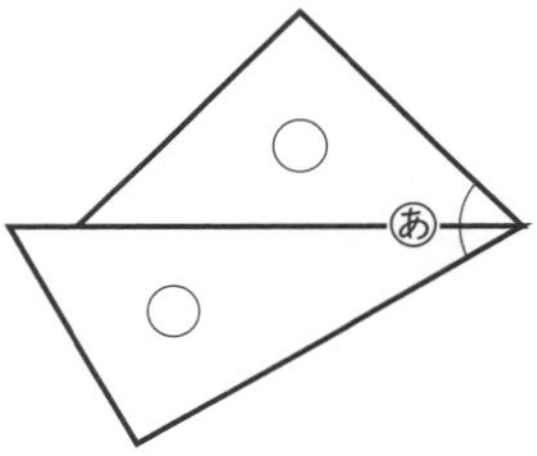

(2)

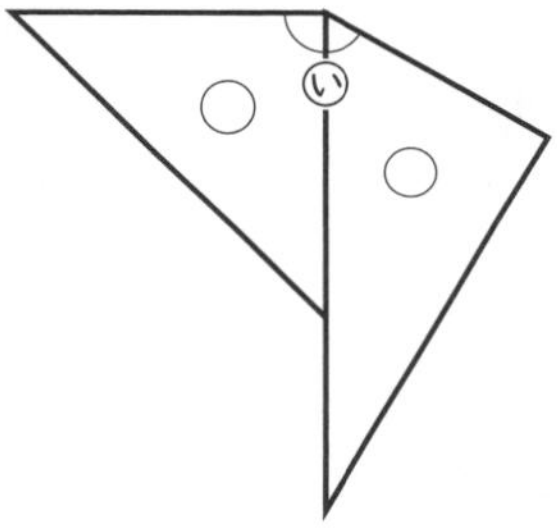

5 三角形の3つの角の大きさをあわせると180°になります。このことをり用して，次の(あ)，(い)の角の大きさをもとめなさい。〈9点×2〉

(1)

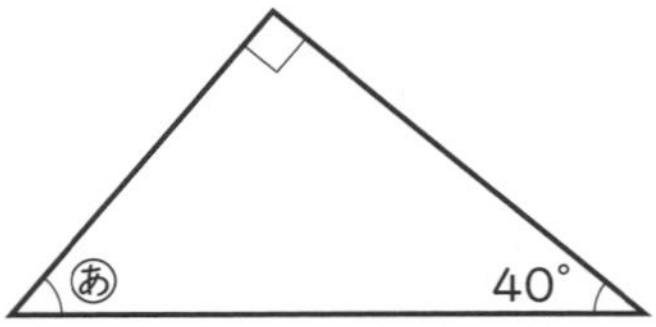

(2)

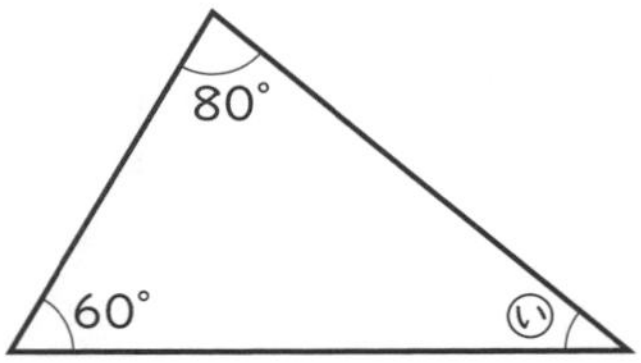

1 3つの辺の長さが次のとき，三角形をかくことができますか。できるものには〇を，できないものには×をつけなさい。〈4点×4〉

(1) 6cm，7cm，8cm

(2) 12cm，4cm，7cm

(3) 9cm，11cm，5cm

(4) 13cm，6cm，7cm

2　次の三角形は，何という三角形ですか。〈4点×4〉

(1) 3つの辺の長さが 6cm，6cm，9cm

(2) 2つの辺の長さが 5cm と 7cm で，その間の角が 90°

(3) 3つの辺の長さが 13cm，13cm，13cm

(4) 3つの辺の長さが 8cm，7cm，8cm

3　長方形の紙を2つにおって，太線で切り取り，三角形を作ります。次のように切って開いたときにできる三角形の名前を答えなさい。〈6点×3〉

(1)
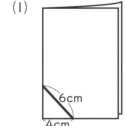
6cm
4cm

(2)
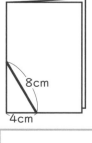
8cm
4cm

(3)
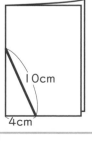
10cm
4cm

4 下の図のように，1組の三角じょうぎを組み合わせた図形があります。あ〜か の角の大きさをもとめなさい。〈5点×6〉

(1)
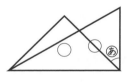

(2)
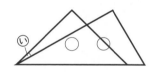

(3)
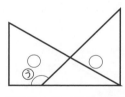

(4)
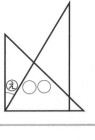

(5)
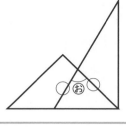

(6)
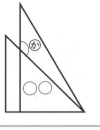

5 次のあ〜えの角の大きさをもとめなさい。〈5点×4〉

(1)
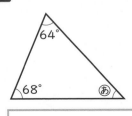

(2)
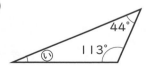

(3)
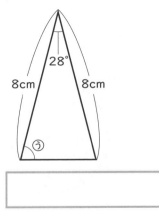

(4)
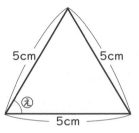

★★★ 最高レベル

30分　　／100　　答え51ページ

1 次(つぎ)の㋐～㋓の角の大きさをもとめなさい。〈8点×4〉

(1)

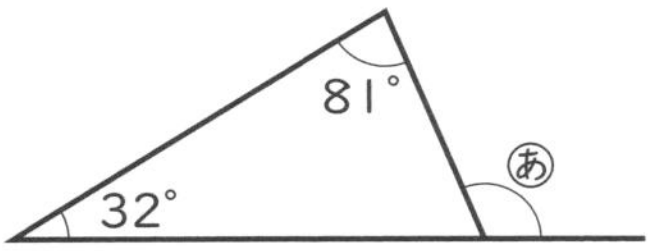

(2)

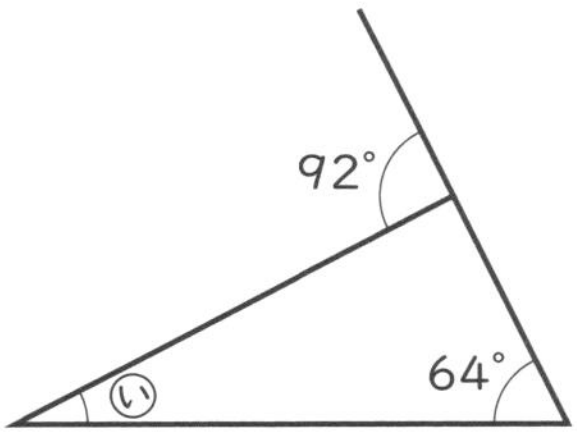

(3)

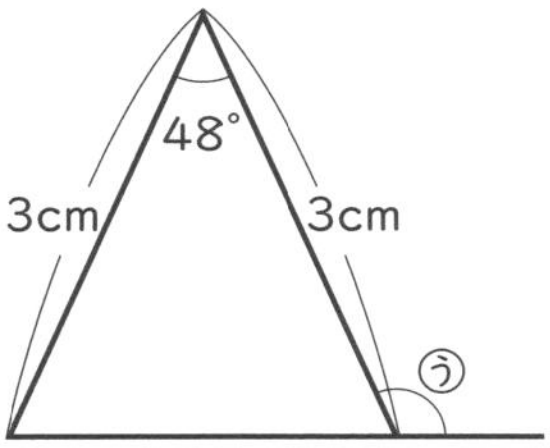

(4)

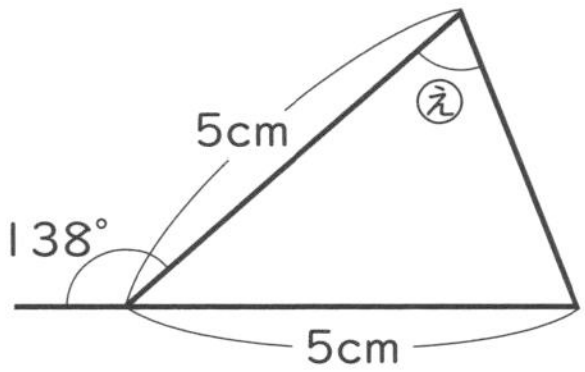

2 右の図のように，1組の三角じょうぎを組み合わせた図形があります。㋐の角の大きさをもとめなさい。〈8点〉

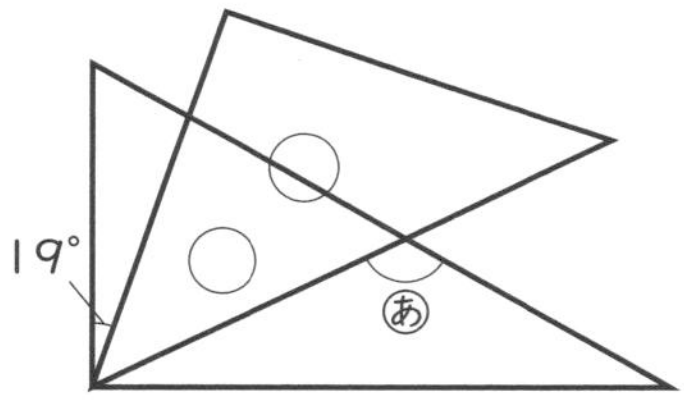

3 同じ二等辺三角形(にとうへんさんかくけい)の紙を10まいならべて，右のような図形を作りました。㋐の角の大きさをもとめなさい。〈10点〉

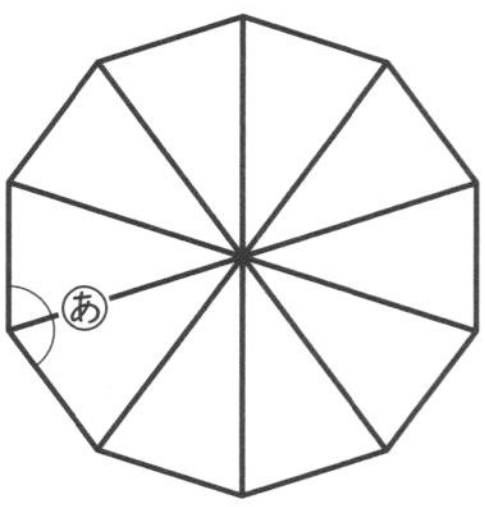

4 長方形の紙を2つにおって，太線で切り取り，三角形を作ります。開いたときに正三角形になるようにするには，あの長さを何cmにすればよいですか。〈10点〉

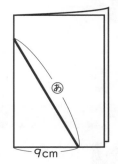
9cm

5 長さが15cmのひごと長さが20cmのひごがあります。もう1本ひごを用意して二等辺三角形を作るには何cmのひごを用意すればよいですか。すべて答えなさい。〈10点〉

6 長さが6cmのひごと長さが14cmのひごがあります。もう1本ひごを用意して三角形を作ります。14cmの辺がもっとも長い辺になるように辺の長さがすべてちがう三角形を作るには何cmのひごを用意すればよいですか。すべて答えなさい。ただし，用意するひごの長さは整数とします。〈10点〉

7 1辺の長さが1cmの正三角形をならべて，下のような図形を作りました。この図形の中に正三角形は全部で何こありますか。〈10点×2〉

(1)
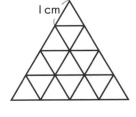
1cm

(2)
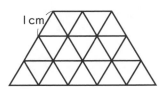
1cm

14 三角形（2）

ねらい 正三角形・二等辺三角形の周りの長さや，三角形の面積について理解を深める。

★ **標準レベル**　　　　　　　　　　⏱15分　　／100　答え52ページ

I 次の問いに答えなさい。〈6点×3〉

(1) 1辺の長さが7cmの正三角形のまわりの長さは何cmですか。

(2) まわりの長さが45cmである正三角形の1辺の長さは何cmですか。

(3) 右の図のような二等辺三角形があります。まわりの長さが40cmのとき，アの長さは何cmですか。

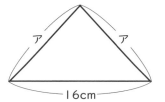

ア　ア　16cm

2 □にあてはまる数やことばを答えなさい。〈6点×3〉

(1) 三角形の面積は，①□×高さ÷②□　でもとめられます。

(2) 右の図の三角形は，底辺が①□cm，高さが

②□cmだから，面積は，

③□×④□÷⑤□＝⑥□　（cm²）です。

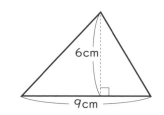

6cm　9cm

(3) 右の図の三角形は，底辺が①□cm，高さが

②□cmだから，面積は，

③□×④□÷⑤□＝⑥□　（cm²）です。

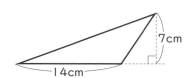

7cm　14cm

3 次の三角形の面積をもとめなさい。〈8点×8〉

(1)

8cm
12cm

---

(2)

9cm
16cm

---

(3)

11cm
8cm

---

(4)

10cm
7cm

---

(5)

6cm   6cm

---

(6)

45°
8cm

---

(7)

16cm   12cm
20cm

---

(8)

5cm
5cm
13cm
12cm

★★ **上級レベル** 　　🕐 25分 　　／100 　　答え **53**ページ

1 長方形の紙を2つにおって，太線で切り取り，三角形を作ります。次のよう
に切って開いたときにできる三角形のまわりの長さをもとめなさい。〈8点×2〉

(1)
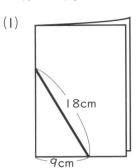
18cm
9cm

(2)
13cm
8cm

2 長さが30cmのはり金を曲げて二等辺三角形を作ります。1つの辺を8cmに
したとき，のこりの2辺の長さは何cmと何cmになりますか。すべて答えなさい。

〈8点〉

3 次の図形の面積をもとめなさい。〈8点×2〉

(1)
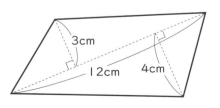
3cm
12cm
4cm

(2)
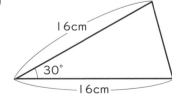
16cm
30°
16cm

> 30°，60°，90°の三角じょうぎを2つ組み合わせると正三角形ができます。

4 次の図で，かげをつけた部分の面積をもとめなさい。ただし，(2)〜(4)の四角形アイウエは長方形です。〈10点×4〉

(1)

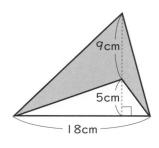

(2)

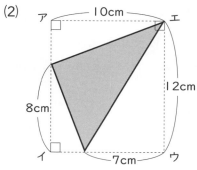

（解答欄）

（解答欄）

(3)

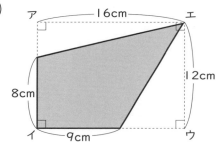

(4)

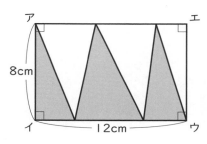

（解答欄）

（解答欄）

5 次の図で，アの長さをもとめなさい。〈10点×2〉

(1)

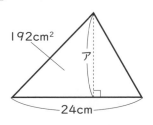

(2)

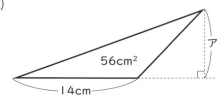

（解答欄）

（解答欄）

★★★ **最高**レベル　　　⏱30分　　　／100　　答え53ページ

1　長さが1mのひもがあります。このひもを右の図のように，むすび目もつけて正三角形にかけます。むすび目に使う長さが28cmのとき，正三角形の1辺(べん)の長さをもとめなさい。

〈12点〉

2　長さが25cmのはり金を曲(ま)げて二等辺三角形(に とうへんさんかくけい)を作ります。3つの辺の長さとして考えられる組み合わせをすべて答えなさい。ただし，3つの辺の長さはすべて整数(せいすう)とします。〈12点〉

3　右の図で，かげをつけた部分(ぶ ぶん)の面積(めんせき)をもとめなさい。〈光塩女子学院中等科〉〈12点〉

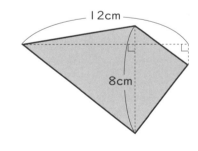

4　右の図で，四角形アイウエは長方形です。かげをつけた部分の面積をもとめなさい。〈12点〉

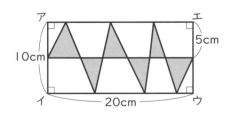

5 １辺の長さが10cmの２まいの正方形が右の図のように重なっています。かげをつけた部分の面積をもとめなさい。〈女子聖学院中学校〉〈13点〉

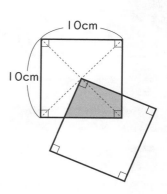

6 右の図の三角形の面積をもとめなさい。

〈穎明館中学校〉〈13点〉

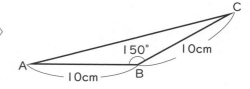

7 右の図の直角三角形の面積をもとめなさい。

〈13点〉

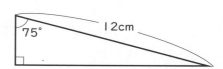

8 右の図のような直角三角形アイウがあります。直角三角形の中に点エをとり、点エから辺アイ、イウ、ウアに直角になるように直線をそれぞれひいたところ、エオ、エカ、エキの長さが等しくなりました。このとき、エオの長さをもとめなさい。〈13点〉

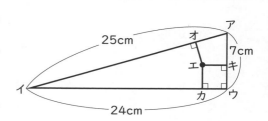

15 四角形

ねらい 特別な四角形の特徴について理解を深める。

★ **標準レベル**　　🕐 15分　　／100　　答え54ページ

1 次の図の四角形を，長方形，正方形，平行四辺形，ひし形，台形，その他の四角形に分け，記号で答えなさい。〈6点×6〉

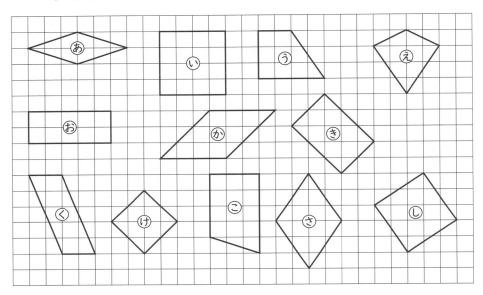

(1) 長方形

(2) 正方形

(3) 平行四辺形

(4) ひし形

(5) 台形

(6) その他の四角形

2 長方形について，□にあてはまる数を答えなさい。〈7点×2〉

(1) 辺の数は ① □ 本，頂点の数は ② □ つです。

(2) 長方形の角のうち，直角になっている角は □ つあります。

3 ☐にあてはまる数やことばを答えなさい。〈6点×3〉

(1) 向かい合った ☐ 組の辺が平行な四角形を平行四辺形といいます。

(2) 4つの ☐ がすべて等しい四角形をひし形といいます。

(3) 向かい合った ☐ 組の辺が平行な四角形を台形といいます。

4 右の図のように，長方形の紙アイウエから，直角三角形アイオを切り取ります。このとき，のこった四角形オイウエは何という四角形ですか。〈8点〉

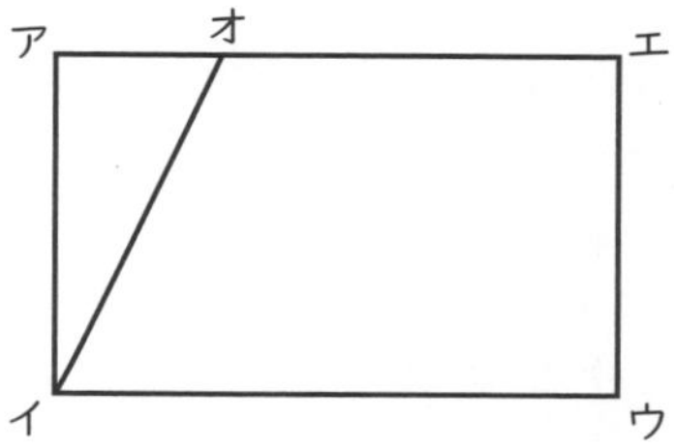

5 右の図のように，同じ直角三角形の紙アイウとエオカがあります。次の問いに答えなさい。

〈8点×2〉

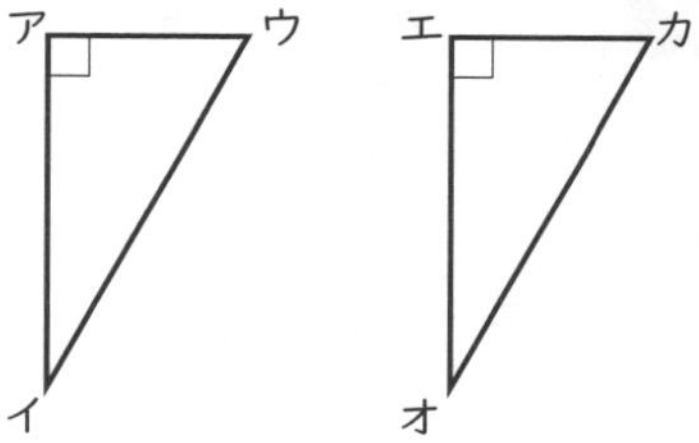

(1) この2まいの紙を，点イと点カ，点ウと点オが重なるようにならべたときにできる四角形の名前を答えなさい。

(2) この2まいの紙を，点アと点オ，点イと点エが重なるようにならべたときにできる四角形の名前を答えなさい。

6 右の図のように，同じ三角じょうぎが2まいあります。この2まいの三角じょうぎを，長さがいちばん長い辺どうしが重なるようにならべたときにできる四角形の名前を答えなさい。〈8点〉

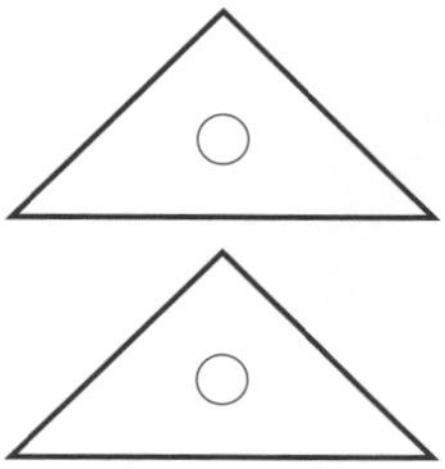

★★ 上級レベル　　🕐25分　　　／100　　答え55ページ

1 ☐ にあてはまることばや数を答えなさい。〈7点×3〉

(1) 四角形の向かい合った頂点をむすんだ線を ☐

といいます。

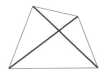

(2) 直角に交わる2本の直線は, ☐ であるといえ

ます。

(3) 1本の直線に ☐ な2本の直線は平行である

といえます。

2 対角線が次のようになっている四角形は, それぞれ何という四角形ですか。

〈7点×3〉

(1)
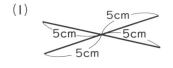

(2)
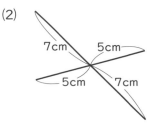

(3)
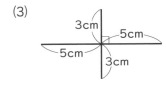

3 右の図の平行四辺形アイウエについて, 次の
問いに答えなさい。〈8点×2〉

(1) ⓐの角の大きさをもとめなさい。

☐

(2) ⓘの角の大きさをもとめなさい。

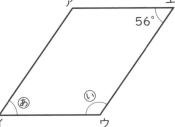

☐

4 長さが180cmのひもを切って2つに分けました。分けたひもで，大小2この正方形を作ります。大きいほうの正方形の1辺の長さが28cmのとき，小さいほうの正方形の1辺の長さをもとめなさい。〈8点〉

5 まわりの長さが60cmの平行四辺形があります。この平行四辺形の1つの辺の長さをはかったところ，19cmでした。のこりの3つの辺の長さを答えなさい。

〈8点〉

6 右の図のような，1辺の長さが24cmの正三角形の紙があります。この正三角形の紙を2まいならべてひし形を作ります。できたひし形のまわりの長さをもとめなさい。〈8点〉

24cm

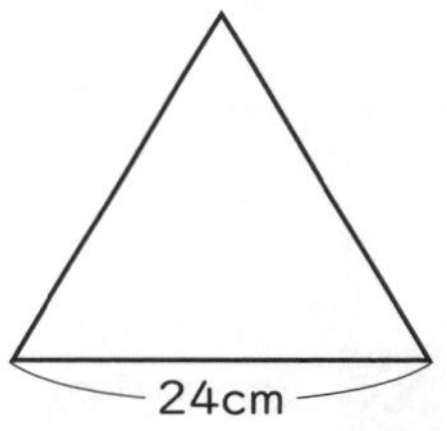

7 まわりの長さが128cmの長方形があります。この長方形は横の長さがたての長さより12cm長いです。この長方形のたての長さをもとめなさい。〈9点〉

8 右の図のように，同じ平行四辺形をならべて図形を作ります。この平行四辺形を30こならべたとき，できた図形のまわりの長さをもとめなさい。〈9点〉

8cm

5cm

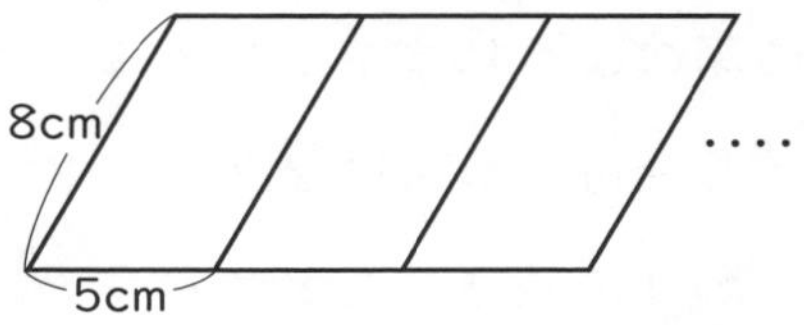

★★★ 最高レベル　　⏱30分　　／100　　答え55ページ

1 右の図で，四角形は何こありますか。〈西武学園文理中学校〉

〈14 点〉

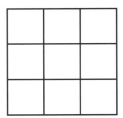

2 右の図は，面積が 400cm² である正方形の中に 4 この同じ長方形と 1 この正方形をかいたもので，中の正方形の面積は 16cm² です。長方形の短いほうの辺の長さをもとめなさい。

〈日本女子大学附属中学校〉〈14 点〉

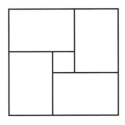

3 右の図の平行四辺形アイウエで，ウエとウオの長さは同じです。このとき，あの角の大きさをもとめなさい。〈15 点〉

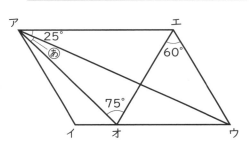

4 同じ長方形が 4 こあります。この 4 この長方形を，右の図のようにすき間なくならべてできる図形のまわりの長さは 80cm，面積は 280cm² です。このとき，1 この長方形のまわりの長さをもとめなさい。〈桐朋中学校・改〉〈15 点〉

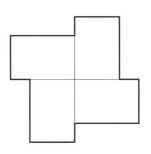

5 図1のような正方形Aと長方形Bがあります。 図1
いくつかの正方形Aといくつかの長方形Bをすき間
なくならべて1つの四角形（長方形や正方形）を
作ります。図2は，1この正方形Aと2この長方
形Bをならべて作った四角形の1つです。次の問
いに答えなさい。〈桐朋中学校〉〈14点×3〉

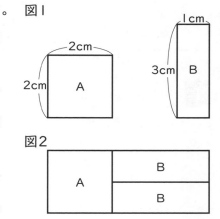

(1) 1この正方形Aと4この長方形Bをならべて作
   ることができる四角形のまわりの長さは何cm
   ですか。考えられる長さをすべて書きなさい。

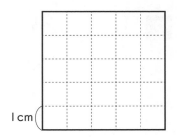

（答え）

(2) 4この正方形Aといくつかの長方形Bをならべて
   1辺の長さが5cmの正方形を1つ作りなさい。図
   2のように，正方形Aと長方形Bの辺がはっきり
   わかるようにかきなさい。また，A，Bの文字も
   書きなさい。

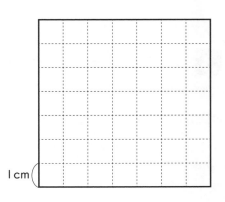

(3) いくつかの正方形Aといくつかの長方形B
   をならべて1辺の長さが7cmの正方形を
   作ります。正方形Aと長方形Bをあわせて
   いくつならべて作りますか。考えられるこ
   数をすべて書きなさい。また，もっともこ
   数が少なくなるときのならべ方の1つを(2)
   と同じようにかきなさい。

（答え）

復習テスト⑪

⏱ 25分　　／100　　答え56ページ

1 同じ直角三角形の紙2まいを辺アイが重なるようにならべて三角形を作ります。

(1)〜(3)の直角三角形の紙をならべると，それぞれどんな三角形になりますか。〈7点×3〉

(1)

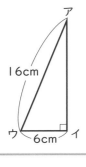

(2)

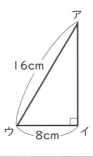

(3)

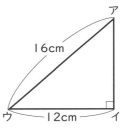

2 次の㋐，㋑の角の大きさをもとめなさい。〈7点×2〉

(1)

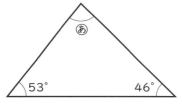

(2)

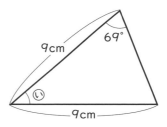

3 右の図の平行四辺形について，次の問いに答えなさい。〈7点×2〉

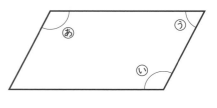

(1) ㋐の角の大きさが117°のとき，㋑の角の大きさをもとめなさい。

(2) ㋐の角の大きさが134°のとき，㋒の角の大きさをもとめなさい。

4 次の図で，かげをつけた部分の<ruby>面積<rt>めんせき</rt></ruby>をもとめなさい。〈7点×4〉

(1)

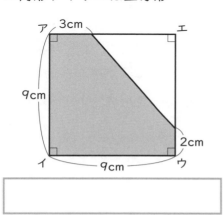

(2)

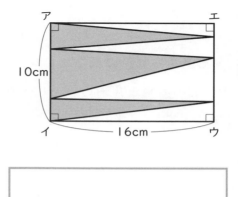

(3) 四角形アイウエは正方形

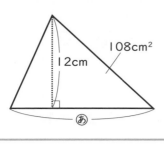

(4) 四角形アイウエは長方形

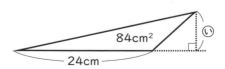

5 次の図の⑧，⑩の長さをそれぞれもとめなさい。〈7点×2〉

(1)

(2)

6 右の図のように，正三角形の紙を2まいなら
べてひし形を作りました。ひし形のまわりの長さが
136cm のとき，直線アイの長さは何 cm ですか。〈9点〉

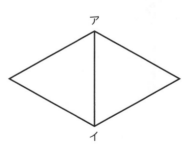

復習テスト⑫

⏱ 25分　　／100　　答え 57 ページ

1 3つの辺の長さが次のとき，三角形をかくことができますか。できるものには○を，できないものには×をつけなさい。〈7点×4〉

(1) 9cm，6cm，5cm

(2) 7cm，7cm，14cm

(3) 17cm，8cm，4cm

(4) 6cm，8cm，12cm

2 同じ直角三角形の紙2まいを辺アイが重なるようにならべて三角形を作ります。(1)，(2)の直角三角形の紙をならべたときにできる三角形のまわりの長さは何cm になりますか。〈6点×2〉

(1)

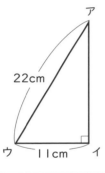

(2)

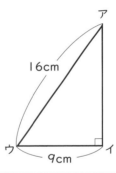

3 下の図のように，1組の三角じょうぎを組み合わせた図形があります。⑧〜⑤の角の大きさをもとめなさい。〈6点×3〉

(1)

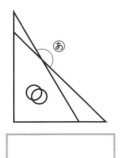

(2)

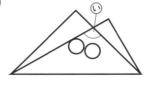

(3)

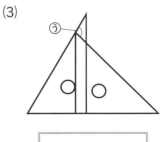

4 次の図で，かげをつけた部分の面積をもとめなさい。〈7点×4〉

(1)

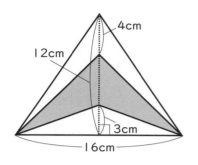

（解答欄）

(2)

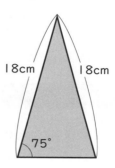

（解答欄）

(3) 四角形アイウエは長方形

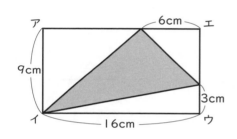

（解答欄）

(4) 四角形アイウエは正方形

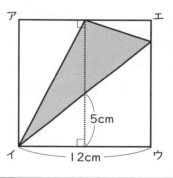

（解答欄）

5 右の図のような，二等辺三角形の紙があります。この二等辺三角形の紙を2まいならべて，ひし形を作ることができます。このとき，ひし形のまわりの長さをもとめなさい。〈7点〉

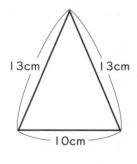

（解答欄）

6 右の図のように，同じ台形をならべて図形を作ります。この台形を20こならべたとき，できた図形のまわりの長さをもとめなさい。〈7点〉

（解答欄）

学習日　　月　　日

16 箱の形 (はこ)

ねらい 箱の形 (直方体や立方体) の辺・頂点・面の数や辺の長さ，展開図について理解を深める。

★ 標準レベル

⏱ 15分　　　／100　　答え 57ページ

1 □ にあてはまることばを答えなさい。〈10点×2〉

(1) 長方形だけや長方形と正方形でかこまれた形（箱の形）を 　　　　　　　　　　といいます。

(2) 正方形だけでかこまれた形（箱の形）を 　　　　　　　　　　といいます。

2 右の図の直方体について，次の問いに答えなさい。〈10点×5〉

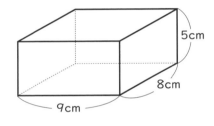

(1) 長さが 5cm の辺は何本ありますか。

(2) 辺は全部で何本ありますか。

(3) 頂点はいくつありますか。

(4) 面はいくつありますか。

(5) 形も大きさも同じ面は，何組ありますか。

3 下の図のように，たて 16cm，横 18cm，高さ 10cm の直方体と 1 辺が 15cm の立方体にひもをかけました。次の問いに答えなさい。ただし，むすび目はありません。〈10 点× 2〉

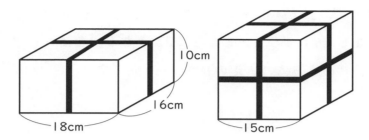

(1) 直方体にかけたひもの長さは，あわせて何 cm ですか。

(2) 立方体にかけたひもの長さは，あわせて何 cm ですか。

4 下の図のうち，立方体の展開図として正しいものをすべてえらび，記号で答えなさい。〈10 点〉

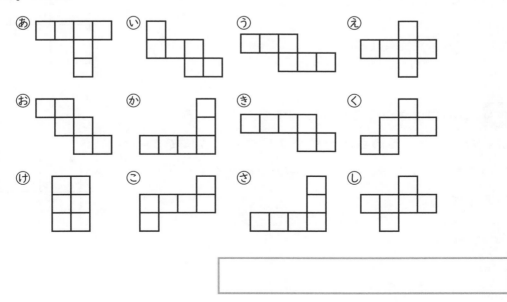

答え58ページ

★★ 上級レベル　　⏱25分　　/100

1 次の問いに答えなさい。〈12点×2〉

(1) 右の図のように，立方体の箱にひもをかけると，73cm の
ひもを使いました。むすび目のところに 25cm のひもを使っ
たとすると，この立方体の 1 辺の長さは何 cm ですか。

(2) 右の図のように，直方体の箱にひもをかけると，
80cm のひもを使いました。むすび目のところ
に 30cm のひもを使ったとすると，アの長さは
何 cm になりますか。

2 右の図は立方体の展開図の一部です。どの辺にもう
1 つ正方形をつけると，立方体の展開図ができますか。考
えられる辺をすべて答えなさい。〈12点〉

3 右の図はさいころの展開図です。さいころは向
かい合った面の目の数の合計が 7 になるようにでき
ています。このとき，ア～ウの面の目の数をそれぞれ
答えなさい。〈12点〉

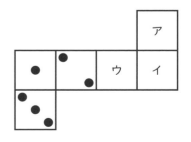

ア□　イ□　ウ□

4 3このさいころを右の図のようにゆかになら

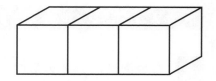

べました。このとき，見ることのできる面の目の数
について，次の問いに答えなさい。ただし，さいこ
ろは向かい合った面の目の数の合計が7で，ゆかにくっついている面も見ること
ができるものとします。〈13点×2〉

(1) 見ることのできる面の目の数を合計した中でもっとも大きい数をもとめなさい。

(2) 見ることのできる面の目の数を合計した中でもっとも小さい数をもとめなさい。

5 右の図のように，同じ目がくっつくように4つの

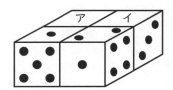

さいころをならべました。アの目の数がイの目の数より
大きいとき，アの目の数はいくつですか。〈13点〉

6 右の図のような，直方体を組み合わせた立体

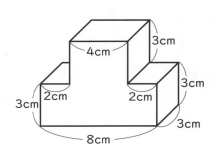

があります。この立体のすべての辺の長さの合計は
何cmですか。〈13点〉

★★★ 最高レベル　　⏱30分　　　／100　　答え58ページ

1 右の図は直方体の展開図です。次の問いに答えなさい。〈10点×3〉

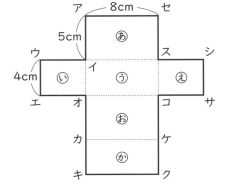

(1) 組み立てたとき，頂点セと重なる頂点をすべて答えなさい。

(2) 組み立てたとき，⑤の面と向かい合う面はどの面ですか。

(3) 展開図で，直線セクの長さは何cmですか。

2 図1のようなさいころがあり，向かい合う2つの面の目の数の合計は7です。このさいころを8こ使い，同じ目の数どうしをはり合わせて，図2のような立方体を作りました。このとき，ア，イの目の数を答えなさい。〈浦和明の星女子中学校〉〈10点〉

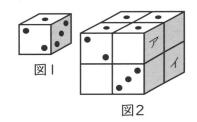

図1

図2

ア　□　　イ　□

3 同じ大きさの立方体が右の図のように上から1こ，3こ，6こ，…とつみ重なっています。表面をすべて赤色でぬったとき，1つの面だけが赤くぬられている立方体は何こありますか。

〈明治大学付属中野八王子中学校〉〈10点〉

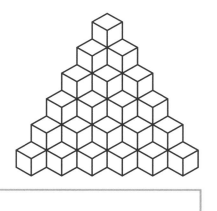

4 図1のように，1辺の長さが5cmの立方体の表面に色をぬったあと，図2のように，1辺の長さが1cmの立方体125こに切り分けました。このとき，次の問いに答えなさい。

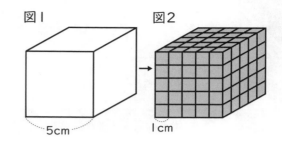

図1　図2

5cm　1cm

〈桐蔭学園中等教育学校〉〈10点×3〉

(1) 3つの面に色がぬられている立方体は，全部で何こありますか。

(2) 2つの面に色がぬられている立方体は，全部で何こありますか。

(3) 立方体の色がぬられていない面は，全部で何面ありますか。

5 右の図のように，マス目のかかれた紙の上にさいころがおかれています。図のいちからさいころを矢じるしの向きにすべらせることなくアのマスまで転がします。さいころをアのマスまで転がしたとき，上を向いている面の目の数はいくつですか。〈10点〉

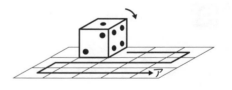

6 右の図のような立方体の展開図の面に1から6までの整数を1つずつ書きます。組み立てたとき，3組の向かい合う面の数の合計がすべてことなり，いずれも7にならないようにします。面あに「6」を書いたとき，面いに書くことができる数をすべて答えなさい。〈女子学院中学校〉〈10点〉

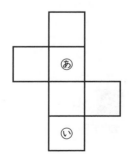

17　円と球

ねらい　円や球の中心，直径，半径について正しく理解する。

★　標準レベル　　🕐 15分　　／100　　答え 59 ページ

1 □ にあてはまることばや数を答えなさい。〈6点×4〉

(1) 円の中心から円のまわりまでの長さを，円の　　　　　　　　　　といいます。

(2) 円のまわりから，円の中心を通って，円のまわりまでひいた直線を円の

　　　　　　　　　　といいます。

(3) 円の直径は，かならず円の　　　　　　　　　　を通ります。

(4) 1 つの円で，直径の長さは半径の長さの　　　　　　　倍です。

2 右の図の円について，次の問いに答えなさい。

〈6点×2〉

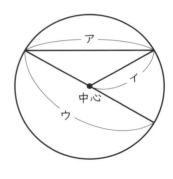

(1) ア～ウの直線のうち，半径はどれですか。記号で答えなさい。

(2) ウの長さはイの長さの何倍ですか。

3 右の図は，半径が 8cm の円を半分におったものです。あの長さは何 cm ですか。〈6点〉

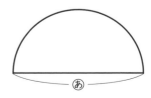

4 右の図のように，正方形の中に円がぴったり入っています。円の半径が 14cm のとき，正方形の 1 辺の長さは何 cm ですか。〈8点〉

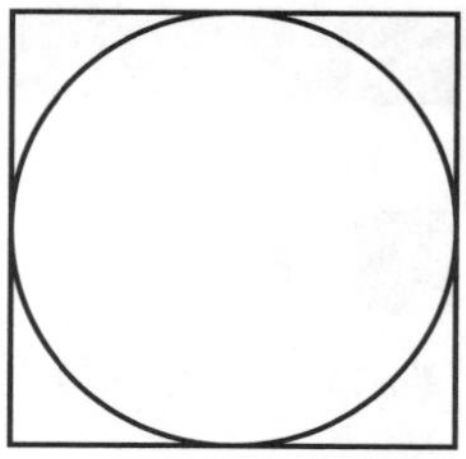

5 右の図で，点ア，イを中心とする 2 つの円はともに半径が 6cm の円です。2 つの円が交わる点をウ，エとします。次の問いに答えなさい。〈8点×2〉

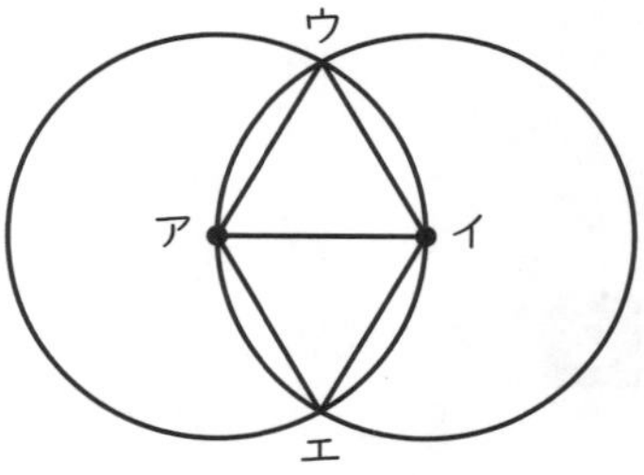

(1) 直線アイの長さは何 cm ですか。

(2) 四角形アエイウは，何という四角形ですか。

6 右の図のような，半径が 6cm の円があり，アは円の中心です。次の問いに答えなさい。〈8点×2〉

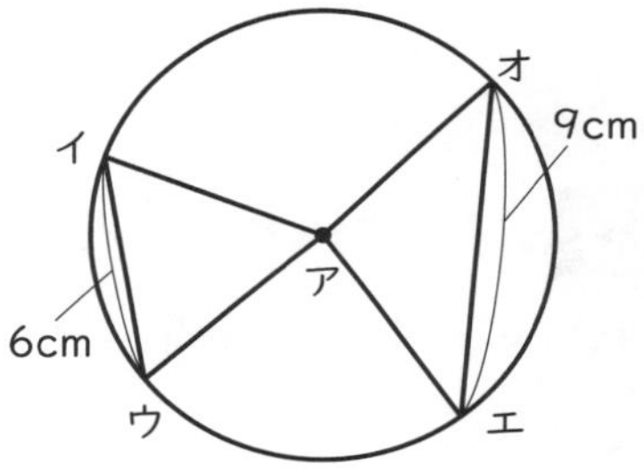

(1) 三角形アイウは，何という三角形ですか。

(2) 三角形アエオは，何という三角形ですか。

7 ◯にあてはまることばを答えなさい。〈6点×3〉

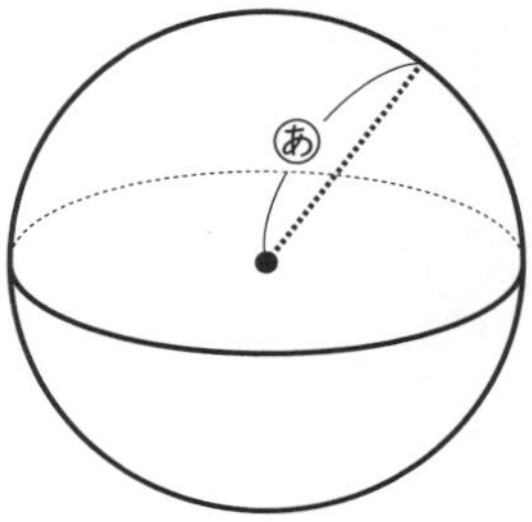

(1) 右の図の◯あを _____ といいます。

(2) 球を切ると，切り口の形は _____ になります。

(3) 球を切ったとき，切り口がいちばん大きくなるのは， _____ を通る面で切ったときです。

★★ 上級レベル ⏱ 25分 ［　　　］／100　答え **60**ページ

1 右の図は，直径が32cmの円を4分の1におったものです。あの長さは何cmですか。〈11点〉

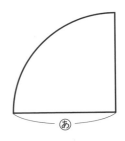

［　　　　　　　　　　　　　　　　］

2 右の図のように，アを中心とする半径4cmの円とイを中心とする半径7cmの円があります。直線アイの長さが17cmのとき，ウエの長さは何cmですか。〈11点〉

［　　　　　　　　　　　　　　　　］

3 アを中心とする円の中に，イを中心とする直径4cmの円と，ウを中心とする直径10cmの円がぴったり入っていて，3つの点イ，ア，ウはこのじゅんに一直線にならんでいます。このとき，次の問いに答えなさい。〈11点×3〉

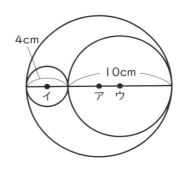

(1) アを中心とする円の直径は何cmですか。

［　　　　　　　　　　　　　　　　］

(2) 直線アウの長さは何cmですか。

［　　　　　　　　　　　　　　　　］

(3) 直線アイの長さは何cmですか。

［　　　　　　　　　　　　　　　　］

4 右の図のように，直方体の箱の中に同じ大きさの球が 6 こ入っています。このとき，あの長さは何 cm ですか。〈11 点〉

5 右の図で，直線アイは円の直径で，三角形アイウは，アの角の大きさが 60°，ウの角の大きさが 90°の直角三角形です。辺アウの長さが 8cm のとき，円の直径は何 cm ですか。〈11 点〉

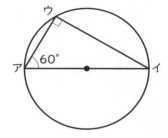

6 右の図のように，半径 6cm の円の中に正方形がぴったり入っています。この正方形の面積は何 cm² ですか。〈11 点〉

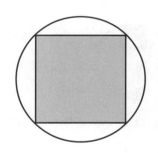

7 半径 9cm の円を下の図のように 5 こならべました。点ア〜オはそれぞれの円の中心です。このとき，直線カキの長さは何 cm ですか。〈12 点〉

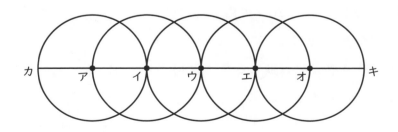

1 半径5cmの円を，次の図のように重ねながらならべました。次の問いに答えなさい。〈12点×2〉

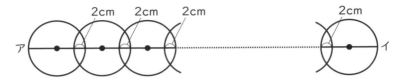

(1) 円を20こならべたとき，直線アイの長さは何cmですか。

(2) 直線アイの長さが2026cmになるとき，ならべた円のこ数をもとめなさい。

2 右の図のような道を半径4cmの円がアイからウエまで進みます。アイ，ウエの長さは円の直径と同じです。このとき，円の中心が動いた長さは何cmですか。〈12点〉

3 右の図のように，半径2cmの円があのいちから長方形の内がわを辺にそって1しゅうします。このとき，円の中心がい動する長さは何cmですか。〈和洋九段女子中学校〉〈12点〉

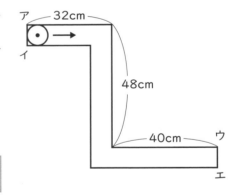
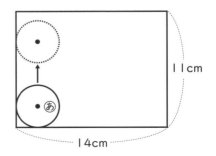

4 右の図のように，半径 4cm のボールが 48 こ，1 つのだんのボールの数が同じになるように箱の中にぴったりと入っています。次の問いに答えなさい。〈12点×2〉

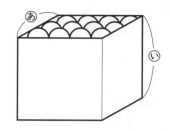

(1) 箱の⑧の長さは何 cm ですか。

(2) 箱の⑩の長さは何 cm ですか。

5 右の図のような，5 つの円と直線で作られた図形があり，A，B，C，D，E はそれぞれ円の中心を表しています。3 つの大きい円は半径が同じで，たがいにぴったりくっついています。また，2 つの小さい円は半径が 4cm で，大きい円の中にぴったり入っています。三角形 ABC のまわりの長さは何 cm ですか。〈14点〉

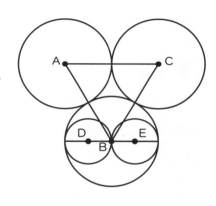

6 右の図は，アイの長さが 10m，イウの長さが 6m，ウアの長さが 8m，ウの角の大きさが 90°の直角三角形です。また，円と辺アイ，イウ，ウアにすきまはないものとします。三角形アイウの面積をり用して，円の半径をもとめなさい。

〈昭和学院秀英中学校〉〈14点〉

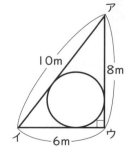

復習テスト⑬

🕐 25分　／100　答え61ページ

1 右の図のように，直方体の箱_{はこ}にひもをかけると，100cm のひもを使_{つか}いました。むすび目のところに 24cm のひもを使ったとすると，あの長さは何 cm になりますか。〈12点〉

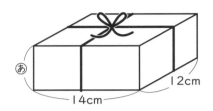

2 右の図は立方体の展開図_{てんかいず}の一部_{いちぶ}です。どの辺_{へん}にもう 1 つ正方形をつけると，立方体の展開図ができますか。考えられる辺をすべて答えなさい。〈12点〉

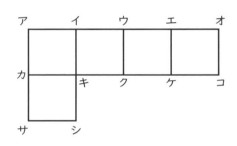

3 右の図のような，直方体を組み合わせた立体があります。この立体のすべての辺の長さの合計は何 cm ですか。〈12点〉

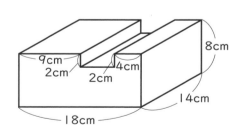

4 右の図のように，直方体の箱の中に同じ大きさの球<ruby>球<rt>きゅう</rt></ruby>が15こ入っています。このとき，あの長さは何cmですか。〈12点〉

24cm　あ

5 アを中心とする円の中に，イを中心とする直<ruby>直<rt>ちょっ</rt></ruby>径<ruby>径<rt>けい</rt></ruby>4cmの円と，ウを中心とする直径8cmの円と，エを中心とする直径10cmの円がぴったり入っていて，4つの点イ，ウ，ア，エはこのじゅんに一直線にならんでいます。このとき，次<ruby>次<rt>つぎ</rt></ruby>の問いに答<ruby>答<rt>と</rt></ruby>えなさい。〈13点×3〉

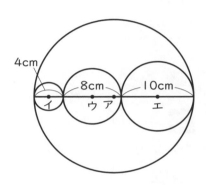

4cm　8cm　10cm
イ　ウ ア　エ

(1) アを中心とする円の直径は何cmですか。

(2) 直線アウの長さは何cmですか。

(3) 直線アエの長さは何cmですか。

6 右の図のように，長方形アイウエの中に4つの円が入っています。カ，キ，クを中心とする円はすべて同じ大きさです。オを中心とする円の半径が9cmのとき，長方形アイウエの面積<ruby>面積<rt>めんせき</rt></ruby>は何cm²ですか。〈13点〉

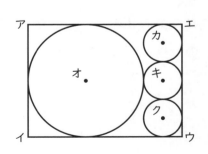

ア　　　　エ
カ・
オ・　キ・
ク・
イ　　　　ウ

復習テスト⑭

🕐 25分　　／100　　答え62ページ

1 右の図のように，直方体の箱にひもをかけるために，150cm のひもを用意しました。むすび目のところに 30cm 使い，あまった分は切り取りました。切り取ったひもの長さは何 cm になりますか。

〈12 点〉

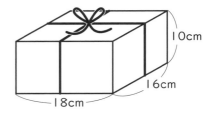

---

2 右の図は立方体の展開図の一部です。どの辺にもう 1 つ正方形をつけると，立方体の展開図ができますか。考えられる辺をすべて答えなさい。〈12 点〉

---

3 右の図のような，直方体を組み合わせた立体があります。この立体のすべての辺の長さの合計は何 cm ですか。〈12 点〉

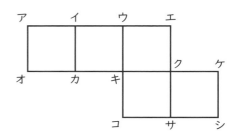

4 右の図のように，直方体の箱の中に同じ大きさの球(きゅう)が 24 こ入っています。このとき，⑤の長さは何 cm ですか。〈12点〉

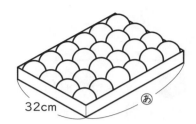

32cm

⑤

---

5 アを中心とする円の中に，イを中心とする直径(ちょっけい) 4cm の円と，ウを中心とする直径 8cm の円と，エを中心とする直径 14cm の円とオを中心とする直径 6cm の円がぴったり入っていて，5 つの点イ，ウ，ア，エ，オはこのじゅんに一直線にならんでいます。このとき，次(つぎ)の問(と)いに答えなさい。〈13点×3〉

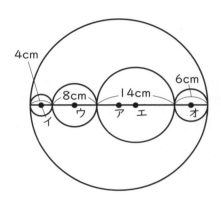

4cm
8cm
14cm
6cm
イ ウ ア エ オ

(1) 直線イオの長さは何 cm ですか。

(2) 直線アウの長さは何 cm ですか。

(3) 直線アエの長さは何 cm ですか。

---

6 右の図のように，円の中に正方形がぴったり入った 2 つの図形を組み合わせました。2 つの円の半径はともに 8cm です。このとき，かげをつけた部分の面積(めんせき)は何 cm² ですか。〈13点〉

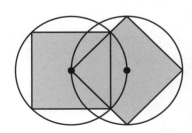

過去問題にチャレンジ③

🕐 **30**分　　／**100**　　答え **62**ページ

1　図のような直角二等辺三角形の図形 A と長方形の図形 B があります。図形 A が 1 秒間に 2cm ずつ矢印の方向に進むとき，次の問いに答えなさい。

〈カリタス女子中学高等学校〉〈14 点 × 3〉

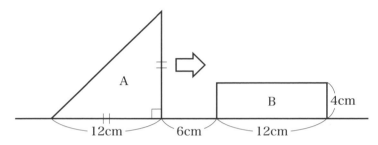

12cm　　6cm　　12cm

(1) 図形 A と図形 B に重なる部分があるのは，進み始めてから何秒後から何秒後までですか。

┌─────────────────────────────┐
│　　　　　　秒後から　　　　　　秒後まで │
└─────────────────────────────┘

(2) 進み始めてから 8 秒後に，図形 A で図形 B と重なっていない部分の面積は何 cm² ですか。

┌─────────────────────────────┐
│　　　　　　　　　　　　　　　　　　　　│
└─────────────────────────────┘

(3) (1)の間に，図形 A で図形 B と重なっていない部分の面積が図形 B 全体の面積と等しくなるのは，進み始めてから何秒後と何秒後ですか。

┌─────────────────────────────┐
│　　　　　　秒後と　　　　　　　秒後 │
└─────────────────────────────┘

2　次の問いに答えなさい。〈武蔵中学校〉

(1) 次のア〜カのうち，立方体の展開図になっているものはどれですか。すべて選び，記号を書きなさい。〈14 点〉

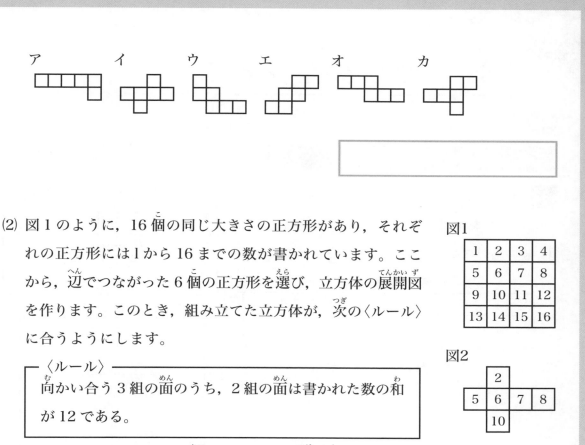

ア　イ　ウ　エ　オ　カ

(2) 図1のように，16個の同じ大きさの正方形があり，それぞ
　　れの正方形には1から16までの数が書かれています。ここ
　　から，辺でつながった6個の正方形を選び，立方体の展開図
　　を作ります。このとき，組み立てた立方体が，次の〈ルール〉
　　に合うようにします。

図1

1	2	3	4
5	6	7	8
9	10	11	12
13	14	15	16

　　┌─〈ルール〉──────────────────
　　│　向かい合う3組の面のうち，2組の面は書かれた数の和
　　│　が12である。
　　└────────────────────────

図2

	2		
5	6	7	8
	10		

　　図2は〈ルール〉に合う例の1つです。次の問いに答えなさい。

① 〈ルール〉に合う展開図を図2以外に3つ答えなさい。答え方は，図2なら
　　(2，5，6，7，8，10) のように，6個の正方形に書かれた数を小さい順に
　　書きなさい。〈14点〉

② 〈ルール〉に合う展開図は，図2と①で答えたものをふくめて全部でいくつ
　　ありますか。〈14点〉

③ 〈ルール〉に合う展開図に使われている6個の数のうち，最も大きい数をA
　　とします。図2ではAは10です。Aが最も大きい展開図を①と同じように
　　答えなさい。〈16点〉

18 ぼうグラフと表

ねらい 調べたことをわかりやすく表すためのグラフや表について学ぶ。グラフでは1目もりの大きさをはっきりさせ，表では，落ちや重なりがないように注意し，正確に読み書きができるようにする。

★ **標準レベル**　　　🕐 **15分** 　　　/100　答え **63**ページ

1 右の表はさおりさんの学年の漢字テストのせいせきを調べたものです。〈11点×2〉

(1) 表のあいているところに人数を書きなさい。

漢字テストのせいせき調べ

とく点	2〜3点	4〜5点	6〜7点	8〜9点
人数	人	人	人	人

(2) 右のぼうグラフをかんせいさせなさい。

漢字テストのせいせき調べ

2〜3点	正正正丁
4〜5点	正正正正正
6〜7点	正正正正正下
8〜9点	正正正下

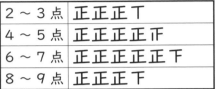

（人）　漢字テストのせいせき調べ

30

20

10

0
　　2〜3　4〜5　6〜7　8〜9（点）

2 ゆうとさんの学校で，3年1組と2組のじ童の住んでいる町を調べて右のような表にまとめました。〈10点×3〉

(1) 表のあいているところに数を書き入れなさい。

(2) じ童がいちばん多く住んでいる町は，何町ですか。

住んでいる町調べ　　（人）

町名＼組	1組	2組	合計
東町		12	20
西町	11		17
南町	8	5	
北町	7		18
合　計			

(3) 住んでいるじ童がいちばん少ない町は，いちばん多い町よりも何人少ないですか。

3 下の表は，3年生の1組から3組の人全員に，みかん，りんご，いちご，バナナのうち，すきなくだものを1人1つずつ答えてもらい，まとめたものです。

〈12点×4〉

すきなくだもの（1組）

くだもの	人数（人）
みかん	8
りんご	4
いちご	9
バナナ	4

すきなくだもの（2組）

くだもの	人数（人）
みかん	7
りんご	11
いちご	6
バナナ	3

すきなくだもの（3組）

くだもの	人数（人）
みかん	6
りんご	7
いちご	10
バナナ	3

(1) 3つの表を，下の表にまとめなさい。

すきなくだもの　　　　　（人）

くだもの	1組	2組	3組	合　計
みかん				
りんご				
いちご				
バナナ				
合　計				

(2) 3年生は，全部で何人いますか。

(3) 3年生全体で，りんごのすきな人は何人いますか。

(4) 3年生全体の，すきなくだものの人数を，右のグラフにかき入れて，ぼうグラフをかんせいさせなさい。

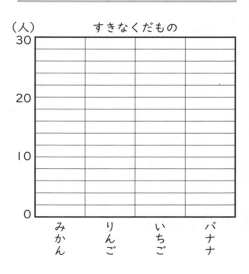

★★　上級レベル　　　⏱25分　　　／100　　答え **64**ページ

1　右のグラフは，ひろきさんのはんの人が2か月に使った小づかいの金がくを調べたものです。〈6点×4〉

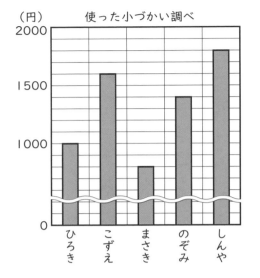
（円）　　使った小づかい調べ

(1) 1目もりは，何円を表していますか。

（　　　　　　　　　　　）

(2) のぞみさんは何円使いましたか。

（　　　　　　　　　　　）

(3) しんやさんは，ひろきさんより何円多く使いましたか。

（　　　　　　　　　　　）

(4) こずえさんが使った金がくは，まさきさんが使った金がくの何倍ですか。

（　　　　　　　　　　　）

2　はるとさんの学校の子ども200人に，野球とサッカーがすきかきらいかを調べると，右の表のようになりました。〈9点×3〉

すきなスポーツ調べ　　（人）

		野球		合計
		すき	きらい	合計
サッカー	すき	73		119
	きらい			
合　計			78	200

(1) 野球がすきな人は何人ですか。

（　　　　　　　　　　　）

(2) サッカーがきらいな人は何人ですか。

（　　　　　　　　　　　）

(3) 野球もサッカーもきらいな人は何人ですか。

（　　　　　　　　　　　）

3 右の表は，あるクラスをAチーム30人とBチーム30人に分けて，それぞれ1人ずつ，バスケットボールのフリースローを10回行い，何回入ったかを調べたものです。どちらのチームにも1回も入らなかった人はいましたが，6回より多く入った人はいませんでした。1回入れば2点もらえます。〈9点×3〉

回数 （回）	Aチーム （人）	Bチーム （人）
0	4	イ
1	6	ウ
2	8	4
3	6	5
4	1	4
5	ア	4
6	3	1

(1) アにあてはまる数を答えなさい。

(2) Aチームの合計点は何点ですか。

(3) Bチームの合計点は，Aチームより4点ひくかったそうです。ウにあてはまる数を答えなさい。

4 みおさん，はるきさん，かなさん，つばささんがまと当てゲームを1回したところ，次のようなけっかになりました。〈11点×2〉

・みおさんは10点

・4人の点数の合計は26点

・かなさんはつばささんより3点高く，つばささんははるきさんより2点高い

(1) はるきさん，かなさん，つばささんの点数をそれぞれもとめなさい。

はるきさん

かなさん

つばささん

(2) 4人の点数のけっかを，右のぼうグラフにかき入れなさい。

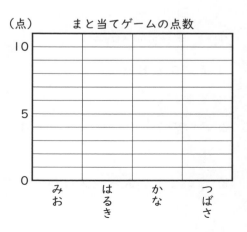
（点） まと当てゲームの点数

★★★ 最高レベル　　⏱30分　　／100　　答え **64**ページ

1 35人のクラスで，家で犬と
ねこをかっているかかっていない
かについて調べたところ，次のよ
うなけっかになりました。

〈10点×3〉

・犬とねことのどちらもかっている
　人　7人

・ねこをかっていない人　24人

・犬をかっている人　22人

かっている動物調べ			（人）
	ねこ		
	かっている	かっていない	合計
犬　かっている			
かっていない			
合　計			35

(1) 右の表をかんせいさせなさい。

(2) 犬とねことのどちらもかっていない人は何人で
　すか。

(3) 犬かねこのどちらか一方だけをかっている人
　は何人ですか。

2 37人のじ童がわ投げをしました。赤いまとは1点，黒い
まとは4点，青いまとは5点です。1人がわを3回投げ，入っ
たまとの点数の合計をとく点とします。けっかは下の表のように
なりました。また，まとに1つだけしか入らなかった人は13人
で，2回以上同じまとに入った
人はいません。〈10点×3〉

5点　4点　1点

とく数（点）	0	1	4	5	6	9	10	合計
人数（人）	1	3	6	9	8	8	2	37

(1) 赤いまとと黒いまとだけに入った人は何人で
　すか。

(2) 2つのまとだけに入った人は何人ですか。

(3) 赤いまとに入った人は何人ですか。

3 ある小学校で，9月から12月までにけっせきしたじ童の人数を調べたところ4か月間で75人でした。右のグラフは月ごとのけっせき者の人数を表したものですが，たてじくの目もりが書いてありません。たてじくの1目もりは2人を表しています。

〈10点×3〉

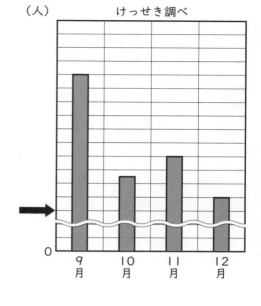

（人）　けっせき調べ

0　9月　10月　11月　12月

(1) 9月のけっせき者は12月のけっせき者より何人多いですか。

（解答欄）

(2) ➡の指している目もりは，何人を表していますか。

（解答欄）

(3) 11月のけっせき者は何人ですか。

（解答欄）

4 ゆかりさんとゆうたさんは，じゃんけんを5回行いました。あいこのときは1回に数えません。グーを4点，チョキを2点，パーを1点として，勝った人は，両方の点数のちがいをその回のとく点とします。たとえば，チョキで勝ったときは，2−1＝1（点）です。負けた人は0点です。下の表は，5回のじゃんけんのけっかですが，ゆうたさんの1回目と5回目が書かれていません。ゆうたさんが1回目に出したのはグー，チョキ，パーのうちのどれですか。〈10点〉

	1回目	2回目	3回目	4回目	5回目	合計
ゆかりさん	グー	チョキ	チョキ	グー	パー	5点
ゆうたさん		グー	パー	チョキ		3点

（解答欄）

復習テスト⑮

🕐 25分　　／100　答え 65ページ

1 右のグラフは，Ｉ時間にちえさんの家の前の道路を通った車の色を調べたものです。

〈8点×4〉

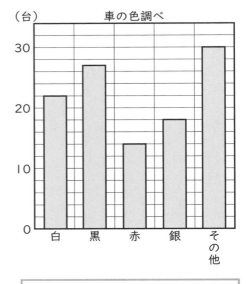

(1) Ｉ目もりは，何台を表していますか。

(2) 黒い車は何台通りましたか。

(3) 白い車は銀色の車より何台多く通りましたか。

(4) Ｉ時間にちえさんの家の前の道路を通った車は全部で何台でしたか。

2 けんたさんの学級のじ童 35 人に，兄弟や姉妹がいるかいないかを調べたところ，右の表のようになりました。〈8点×3〉

兄弟姉妹調べ　　（人）

		姉妹		合計
		いる	いない	
兄弟	いる			
	いない		15	23
合計		11		

(1) 兄弟がいる人は何人ですか。

(2) 兄弟も姉妹もいる人は何人ですか。

(3) 兄弟か姉妹のどちらか一方だけがいる人は何人ですか。

3 右の図のように，サッカーゴールを9つに分け，そ
れぞれ点数が決められています。あるクラスをAチーム
とBチームに20人ずつに分け，1人1回ずつサッカー
のシュートを行い，決まったところの点数を調べたところ，
下の表のようになりました。〈8点×3〉

5	4	5
2	1	2
3	2	3

点数（点）	0	1	2	3	4	5
Aチーム（人）	2	3	ア	5	2	1
Bチーム（人）	イ	2	8	ウ	1	2

(1) アにあてはまる数を答えなさい。

(2) Aチームの合計点は何点ですか。

(3) Bチームの合計点は，Aチームより5点高かったそうです。ウにあてはまる数
を答えなさい。

4 5, 7, 9, 13, 15 の数が書かれたカードが1まいずつあります。このカー
ドをうら返しにしてよくまぜ，さなえさん，まことさん，ゆきさん，はやたさんが
1まいずつひき，ひいたカードに書かれている数をとく点としたところ，次のよう
なけっかになりました。〈10点×2〉

・まことさんのとく点はさなえさんのとく点
　の3倍

・4人のとく点の合計は42点

・ゆきさんははやたさんより4点高い

(1) のこったカードの数はいくつですか。

(2) 4人のとく点を，右のぼうグラフにかき
　入れなさい。

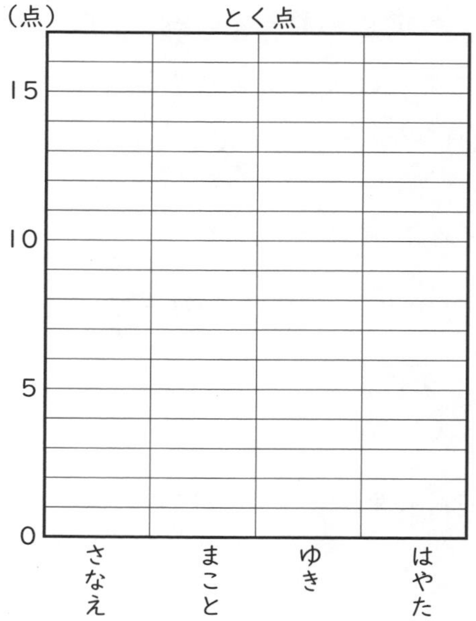

（点）　　　　　とく点

復習テスト⑯ ⏱ 25分 ／100 答え66ページ

1 右のグラフは，あきさんの学校のじ童全員のすきな食べ物を調べたものです。

〈8点×4〉

(1) 1目もりは，何人を表していますか。

(2) すしがすきな人は何人いますか。

(3) からあげがすきな人は，カレーライスがすきな人より何人多いですか。

(4) あきさんの学校のじ童は全部で何人ですか。

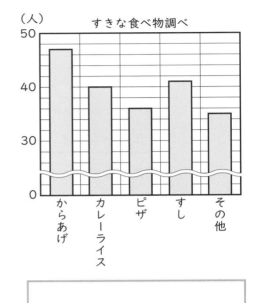

2 なつさんの学級のじ童38人に，水泳とピアノを習っているかいないかを調べると，右の表のようになりました。〈8点×3〉

(1) ピアノを習っていない人は何人ですか。

(2) 水泳もピアノも習っている人は何人ですか。

(3) 水泳かピアノのどちらか一方だけを習っている人は何人ですか。

習い事調べ　　　　（人）

		水泳		合計
		習っている	習っていない	
ピアノ	習っている		11	17
	習っていない			
合計		9		

3 あかねさんのクラス 30 人でけん玉大会をしました。右の図のように点数を決め，1 人が 2 回けん玉を投げ，皿にのせたり，けん先に入れたりした所の点数の合計をとく点とします。けっかは，下の表のようになりました。1 回だけ皿にのせたり，けん先に入れたりした人は 12 人でした。〈10 点×2〉

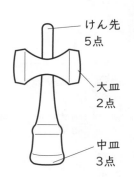

けん先 5点
大皿 2点
中皿 3点

とく点（点）	0	2	3	4	5	6	7	8
人数（人）	3	6	4	ア	5	イ	1	2

(1) けん先だけに入れた人は何人ですか。

(2) 2 回とも大皿に入れた人は 2 回とも中皿に入れた人よりも 1 人多かったそうです。アにあてはまる数を答えなさい。

4 右の表のようなしゅるいのパンと飲み物が 1 つずつあります。りくさん，あやかさん，みどりさん，れんさんがそれぞれ 1 しゅるいずつえらんだところ，代金の合計は次のようになりました。〈12 点×2〉

・みどりさんはあんパン，れんさんはりんごジュースをえらび，2 人の代金の合計は同じ

・あやかさんの代金の合計は 230 円

(1) りくさんのえらんだパンと飲み物は何ですか。

パン ①

飲み物 ②

(2) 4 人の代金の合計を，右のぼうグラフにかき入れなさい。

パン	
ジャムパン	50 円
あんパン	60 円
クリームパン	70 円
カレーパン	80 円

飲み物	
牛にゅう	100 円
りんごジュース	130 円
コーヒー牛にゅう	150 円
グレープジュース	160 円

（円）　パンと飲み物の代金の合計
300
200
100
0
りく　あやか　みどり　れん

19 たし算やひき算の答えにかんする問題

ねらい 2つまたは2つ以上の数量をたしたりひいたりした答えや，その答えの集まりなどの関係を考える問題が解けるようになる。

★ 標準レベル　　　⏱15分　　／100　　答え66ページ

1 あるクラスのじ童数は36人で，男子が女子より2人多いそうです。男子の人数は何人ですか。次の(1)，(2)のじゅんに考えましょう。〈10点×2〉

(1) 右の図は，このクラスのようすを表したものです。この図から，男子の人数が2人少ないと考えると，男子の人数は何人ですか。
（式）

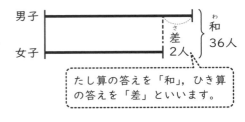

たし算の答えを「和」，ひき算の答えを「差」といいます。

(2) 実さいには，男子は女子より2人多いので，男子の人数は何人ですか。
（式）

2 1本100円のえん筆を何本か買うつもりで，買う本数分だけのお金を用意して行きましたが，1本が70円で売っていたので，同じ本数だけ買うと，210円あまりました。用意していたお金は何円ですか。次の(1)，(2)のじゅんに考えましょう。

〈11点×2〉

(1) 右の図にしめしたように，えん筆1本あたりのねだんの差を集めたものが210円です。この図を見て考えると，えん筆を何本買いましたか。
（式）

1本の差 100円 － 70円 ＝ 30円

| 30円 | 30円 | 30円 | …… |

合計210円

(2) 用意していたお金は何円ですか。
（式）

3 カードを何人かの子どもに分けるのに，1人7まいずつ分けると8まいあまり，1人9まいずつ分けると4まい足りません。子どもの人数は何人ですか。次の(1)，(2)のじゅんに考えましょう。〈11点×2〉

(1) 右の図は，子どもの人数を□人として，7まいずつ分けたときと，9まいずつ分けたときにひつようなカードのまい数の差を表したものです。あまったカードと足りないカードをあわせると何まいですか。

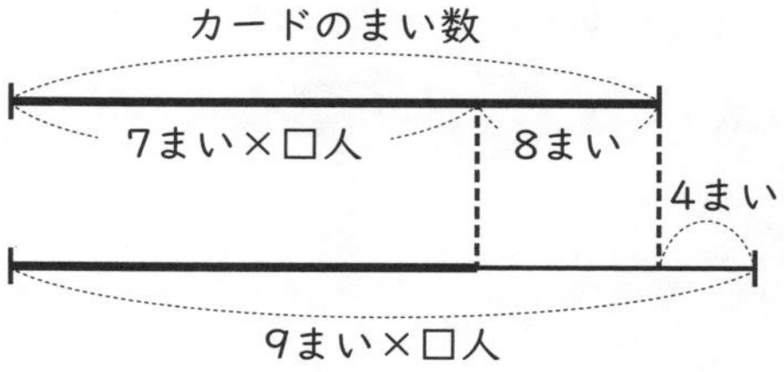

（式）

カードのまい数

7まい×□人　8まい

4まい

9まい×□人

（空欄）

(2) (1)でもとめた数を1人分の差でわると人数がもとめられます。子どもの人数は何人ですか。

（式）

（空欄）

4 つるとかめがあわせて13びきいます。足の数が36本のとき，かめは何びきいますか。次の(1)，(2)，(3)のじゅんに考えましょう。〈12点×3〉

(1) つるの足は2本，かめの足は4本です。全部（ぜんぶ）がつるだったと考えると，足の数は何本になりますか。

（式）

（空欄）

(2) (1)のとき，実さいの足の数との差は何本ですか。

（式）

（空欄）

(3) (2)をつるとかめの足の数の差でわるとかめの数がわかります。かめは何びきいますか。

（式）

（空欄）

1 和が 82，差が 24 である 2 つの整数について，小さいほうの数をもとめなさい。〈日本大学豊山中学校〉〈12 点〉

（式）

2 A より 2 大きい数を B，B より 4 小さい数を C とします。また，A，B，C の 3 つの数の和は 135 になります。このとき，B×C のあたいはいくつになりますか。〈帝京大学中学校〉〈12 点〉

（式）

3 クッキーが 1 箱あたり 5 こずつ入っています。これを 1 箱あたり 3 こずつに入れ直すと，6 箱多くできました。クッキーは全部で何こありますか。

〈桜美林中学校〉〈12 点〉

（式）

4 1 さつ 150 円のノートをちょうど何さつか買えるお金で 1 さつ 90 円のノートを買ったところ，150 円のノートのさつ数よりもちょうど 14 さつ多く買えました。150 円のノートを何さつ買う予定でしたか。〈成城学園中学校〉〈12 点〉

（式）

5 あるグループの生とにリンゴを配（くば）ります。１人に５こずつ配ると１０こあまり，８こずつ配ると１４こふ足します。リンゴは全部で何こありますか。

〈桐光学園中学校〉〈13点〉

（式）

6 チョコレートを何人かの子どもに分けるのに，１人に５こずつ分けると３４こあまり，１人に７こずつ分けると４こふ足します。チョコレートは何こありますか。〈国府台女子学院中学部〉〈13点〉

（式）

7 ８人がけと４人がけの長いすがあわせて１５きゃくあります。これらの長いすにすわれるだけすわると，１０８人がすわれます。８人がけの長いすは何きゃくありますか。〈13点〉

（式）

8 １０円玉と５円玉があわせて５２まいあり，その合計金がくは３５０円です。もし，１０円玉と５円玉のまい数がぎゃくになったとすると，その合計金がくは何円になりますか。〈頴明館中学校〉〈13点〉

（式）

1 3 まいのコインA，B，Cがあります。AとBの重さの合計は 50g，BとC
の重さの合計は 70g，CとAの重さの合計は 80g です。Aのコインの重さをもと
めなさい。〈西武学園文理中学校〉〈12 点〉

（式）

2 れんぞくする 3 つの整数があり，その和は 123 です。この 3 つの整数のうち，
いちばん大きい整数はいくつですか。〈國學院大學久我山中学校〉〈12 点〉

（式）

3 本を読み終えるために，毎日 30 ページずつ読む計画を立てていましたが，1
日 12 ページずつしか読むことができなかったため，予定より 3 日多くかかりまし
た。この本は全部で何ページありますか。〈日本大学豊山中学校〉〈12 点〉

（式）

4 こうかを 1 回投げて，表が出ると 3 点もらえて，うらが出ると 2 点げん点さ
れるゲームをしました。はじめの持ち点が 30 点で，10 回ゲームを行ったら，持
ち点が 45 点になりました。表は何回出ましたか。〈神奈川学園中学校〉〈12 点〉

（式）

5 あるクラスの生とにあめを 5 こずつ配ると 32 こあまり，7 こずつ配ると 40 こふ足します。このクラスの生とは何人ですか。また，あめは何こありますか。

〈桜美林中学校〉〈13 点〉

（式）

生と [   ] あめ [   ]

6 リボンを何人かの子どもに 28cm ずつ分けようとしたら 92cm 足りませんでした。また，25cm ずつ分けようとしても 20cm 足りませんでした。リボンの全体の長さは何 cm ですか。〈日本女子大学附属中学校〉〈13 点〉

（式）

[   ]

7 1 こ 80 円のドーナツと，1 こ 120 円のシュークリームをあわせて 14 こ買ったところ，合計の代金は 1360 円でした。シュークリームは何こ買いましたか。〈13 点〉

（式）

[   ]

8 ある学校には 2 台の自動はん売きがあります。1 台は 1 本 100 円のジュースを，もう 1 台は 1 本 110 円のジュースを売っています。A さんはクラス会のため，この 2 台の自動はん売きであわせて 40 本のジュースを買ったところ，代金が 4230 円でした。このとき，A さんは 100 円のジュースと 110 円のジュースをそれぞれ何本買いましたか。〈立教女学院中学校〉〈13 点〉

（式）

100 円のジュース [   ] 110 円のジュース [   ]

学習日　　月　　日

★★★ 最高レベル

30分　　／100　答え68ページ

1 A，B，C，Dの４つの整数(せいすう)があり，すべてことなる数です。AとBの差(さ)は３，BとCの差は２，CとDの差は１で，４つの数の合計は40です。もっとも小さい数をAとしたとき，Cはいくつになりますか。〈慶應義塾普通部〉〈12点〉

2 ことなる３つの整数A，B，Cがあり，この３つの整数について次(つぎ)のことがわかっています。

・３つの数の和(わ)が16　・AとCの差が４　・BはAの２倍(ばい)

このとき，３つの整数として考えられるものを（Aの数，Bの数，Cの数）という形で２つ答えなさい。〈東京農業大学第一高等学校中等部〉〈12点〉

（　，　，　）（　，　，　）

3 兄は16800円，弟は11900円持(も)っています。兄は毎月1200円，弟は毎月850円ずつ使(つか)うと，２人の持っている金がくが同じになるのは何ヶ月後ですか。

〈横浜中学校〉〈12点〉

（式(しき)）

4 生とに10まいずつカードを配(くば)ると，ちょうどカードがなくなります。さらに３人の生とがふえても，全員(ぜんいん)へ配るカードを２まいへらして配ると，ちょうどカードがなくなります。さいしょ生とが何人いましたか。〈大妻中学校〉〈12点〉

（式）

5 教室に，21人の男子と何人かの女子がいます。先生が，持っているおり紙を女子だけに36まいずつ配ると，23まいあまります。また，全員に12まいずつ配ると，11まいあまります。女子は何人ですか。〈吉祥女子中学校〉〈13点〉

(式)

6 あるクラスの生と全員にチョコレートを配ります。さいしょの5人には3こずつ，次の6人には4こずつ，そしてのこりの生とには6こずつ配るとすると41こ足りません。また，生と全員に4こずつ配ると26こあまります。チョコレートのこ数は何こですか。〈高輪中学校〉〈13点〉

(式)

7 りんごを2こで1皿，みかんを3こで1皿として売っています。りんごもみかんも1皿100円で，それぞれ何皿か買ったところ，りんごとみかんのこ数の合計が81こになり，ねだんは3000円でした。買ったみかんのこ数をもとめなさい。〈明治大学付属中野八王子中学校〉〈13点〉

(式)

8 Aさんは，1こ160円のリンゴと，1こ100円のオレンジをあわせて25こ買い，3000円をはらいました。おつりが出たので，オレンジをさらに何こか買ったところ，ちょうど3000円になりました。Aさんが買ったオレンジは全部で何こですか。（リンゴとオレンジは少なくとも1こは買ったものとし，消ひぜいは考えないものとします。）〈攻玉社中学校〉〈13点〉

(式)

20 倍にかんする問題

学習日　月　日

ねらい ある数量が，全体の何倍や何分の一になっているかを考えた問題が解けるようになる。

★ 標準レベル 　⏱15分　／100　答え69ページ

1 5000円をけんさん，お兄さん，弟の3人で分けるとき，お兄さんはけんさんの2倍，けんさんは弟の3倍になるようにします。右の図は，3人の金がくのかん係を表したものです。弟の金がくは何円ですか。次の(1),(2)のじゅんに考えましょう。〈8点×2〉

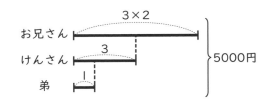

(1) 弟の金がくを1とすると，お兄さんの金がくはいくつになりますか。
　（式）

(2) 弟の金がくは何円ですか。
　（式）

2 姉と妹は，同じ金がくのお金を持っていましたが，今日，姉はお父さんから360円もらい，妹は180円使ったので，姉のお金は妹のお金の3倍になりました。右の図は，姉と妹のお金のようすを表しています。はじめに2人が持っていたお金は何円ずつでしたか。次の(1), (2)のじゅんに考えましょう。〈8点×2〉

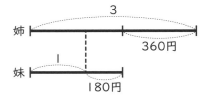

(1) 使ったあとの妹のお金を1とすると，姉と妹のお金の差はもとにするりょうの何倍になりますか。
　（式）

(2) はじめに2人が持っていたお金は何円ずつでしたか。
　（式）

3　あめ１ことガム１このねだんは130円で，同じあめ１ことガム３このねだんは290円です。右の図はあめとガムのこ数と代金のかん係を表しています。ガム１このねだんは何円ですか。次の(1)，(2)のじゅんに考えましょう。〈8点×2〉

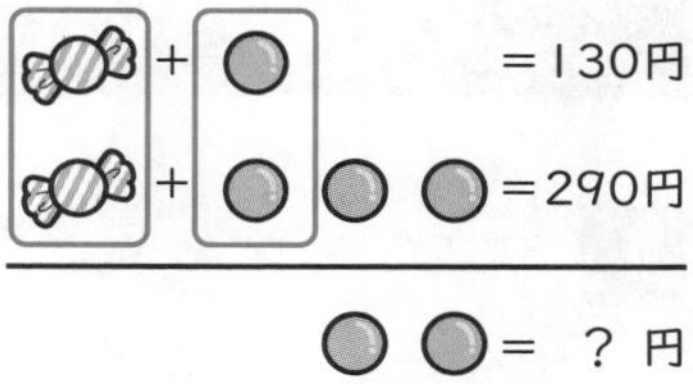

(1) ガム２このねだんは何円ですか。

　（式）

(2) ガム１このねだんは何円ですか。

　（式）

4　長さ3mのひもを３本に切って，長さをくらべました。１本は，いちばん短いひもより25cm長く，いちばん長いひもより10cm短くなっていました。２番目に長いひもの長さは何cmですか。〈17点〉

（式）

5　すすむさんは2000円，さおりさんは1200円持っていました。２人とも同じ品物を買ったので，すすむさんののこっている金がくは，さおりさんの２倍になりました。品物のねだんは何円ですか。〈18点〉

（式）

6　りんご２ことみかん２このねだんは500円で，同じりんご３ことみかん４このねだんは820円です。りんご１このねだんは何円ですか。〈17点〉

（式）

★★　上級レベル①　　　🕐25分　　　／100　　答え69ページ

1 9000円をAさん，Bさん，Cさんの3人で分けます。AさんはBさんの半分より600円多く，CさんはAさんより200円多くもらえるように分けると，Aさんは何円もらえますか。〈穎明館中学校〉〈16点〉

（式）

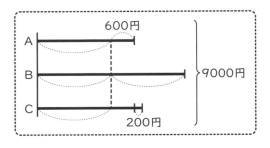

2 A，B，Cの3人が持っているカードはあわせて119まいです。AがCにカードを6まいあげると，AとCのカードのまい数は同じになり，また，Bのカードのまい数の3倍になりました。はじめにCが持っていたカードのまい数は何まいでしたか。〈17点〉

（式）

3 A君とB君の所持金の合計は10000円です。2人で800円ずつ出し合い，プレゼントを買ったところ，のこりのA君の所持金はB君の所持金の2倍でした。A君のさいしょの所持金は何円ですか。〈公文国際学園中等部〉〈16点〉

（式）

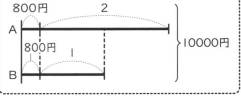

4　かおりさんは 1500 円, らん子さんは 500 円持っています。かおりさんはらん子さんに何円かをわたしたので, らん子さんはかおりさんの 4 倍のお金を持つことになりました。かおりさんはらん子さんに何円わたしましたか。

〈香蘭女学校中等科〉〈17 点〉

（式）

5　2 しゅるいのおもり A, B があります。A が 3 ことが B が 2 この重さの合計は 1100g, A が 2 ことが B が 3 この重さの合計は 1150g でした。A, B それぞれの 1 この重さは何 g ですか。〈高輪中学校〉〈17 点〉

$$
\begin{array}{l}
\text{A A A} + \text{B B} \;\;= 1100\text{g} \xrightarrow{\;3倍\;} \text{A A A A A A A A A} + \text{B B B B B B} = 3300\text{g} \\
\text{A A} \;\;\;+ \text{B B B} = 1150\text{g} \xrightarrow{\;2倍\;} \underline{\text{A A A A} \;\;\;\;\;\;\;\;\;\;\;\; + \text{B B B B B B} = 2300\text{g}} \\
\phantom{\text{A A A} + \text{B B} \;\;= 1100\text{g}} \text{A A A A A} \;\;\;\;\;\;\;\;\;\;\;\;\;\; = ? \;\text{g}
\end{array}
$$

（式）

A ［　　　　　　　　　］　　B ［　　　　　　　　　］

6　シュークリーム 3 ことショートケーキ 2 このねだんは 1100 円, シュークリーム 4 ことショートケーキ 6 このねだんは 2300 円です。ショートケーキ 1 このねだんは何円ですか。〈公文国際学園中等部〉〈17 点〉

（式）

★★　上級レベル②　　　25分　　　／100　答え70ページ

1 1300円を兄と弟の2人で分けたところ，兄が受け取った金がくの2倍と弟が受け取った金がくの3倍が等しくなりました。このとき，兄が受け取った金がくは何円ですか。〈攻玉社中学校〉〈16点〉

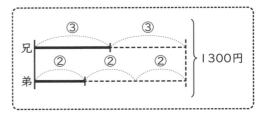

（式）

2 さいふの中に10円玉，50円玉，100円玉が入っており，あわせて1930円あります。それぞれのまい数は，10円玉は50円玉より3まい少なく，100円玉は50円より2まい多いそうです。このとき，10円玉のまい数は何まいですか。

〈17点〉

（式）

3 A君，B君，C君の3人でみかんがりに行き，3人あわせて51このみかんをとりました。A君がとったこ数はB君がとったこ数の半分で，C君がとったこ数はB君がとったこ数の2倍よりも5こ少なかったです。このとき，C君はみかんを何ことりましたか。〈本郷中学校〉〈16点〉

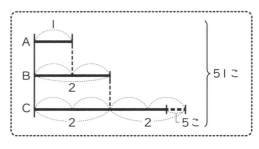

（式）

4 ある遊園地の入園りょうは，中学生は大人の半分，小学生は中学生の半分のりょう金です。大人2人，中学生2人，小学生2人で入園したところ9800円かかりました。大人1人の入園りょうは何円ですか。〈公文国際学園中等部〉〈17点〉

（式）

5 ある店でべん当を2こ，サンドウィッチを3こ買うと代金は2090円，べん当を3こ，サンドウィッチを2こ買うと代金は2310円です。べん当1このねだんはいくらですか。〈桜美林中学校〉〈17点〉

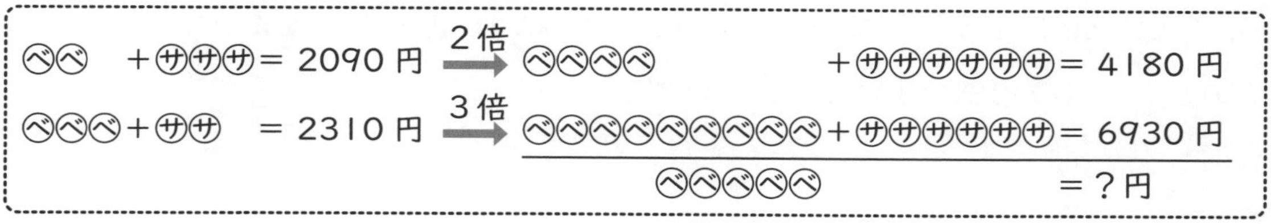

⌒⌒ ＋ サササ ＝ 2090円　→ 2倍 →　⌒⌒⌒⌒ ＋ サササササ ＝ 4180円
⌒⌒⌒＋ ササ ＝ 2310円　→ 3倍 →　⌒⌒⌒⌒⌒⌒⌒⌒⌒＋ サササササ ＝ 6930円
　　　　　　　　　　　　　　　　　　⌒⌒⌒⌒⌒ ＝ ？円

（式）

6 ある水族館では，大人3人と子ども2人の入館りょうの合計は6500円でした。また，大人2人の入館りょうは子ども3人の入館りょうと同じです。このとき，大人1人分の入館りょうはいくらですか。〈帝京大学中学校〉〈17点〉

（式）

★★★ 最高レベル

30分　　／100　　答え70ページ

1 2020このあめ玉すべてをA，B，C，Dの4人に分けました。あめ玉のこ数について，AはBの6倍(ばい)よりも30こ少なく，BはCの2倍で，DはCの5倍よりも50こ多くなりました。このとき，Aはあめ玉を何こもらいましたか。

〈本郷中学校〉〈17点〉

(式(しき))

2 ちょ金箱(きんばこ)の中に10円玉,50円玉,100円玉があわせて2240円入っています。10円玉は50円玉より4まい少なく,100円玉は10円玉より6まい多いそうです。このとき，100円玉のまい数は何まいですか。〈17点〉

(式)

3 3この商品(しょうひん)A，B，Cがあります。BのねだんはAのねだんより40円高く，CのねだんはAのねだんの2倍より30円安(やす)くなっています。Aを1こ，Bを2こ，Cを3ここう入したところ，代金(だいきん)の合計が2690円になりました。このとき，Aのねだんをもとめなさい。〈市川中学校〉〈17点〉

(式)

4　A，B，Cの3人が，それぞれお金を持っていました。AがBに500円をわたし，BがCに300円をわたし，CがAに450円をわたしたので，3人の持っている金がくが同じになりました。はじめにAが900円持っていたとすると，Cははじめにいくら持っていましたか。〈洗足学園中学校〉〈17点〉

（式）

5　3しゅるいの本A，B，Cがあります。Aを2さつ，Bを1さつ買うと1470円になり，Bを1さつ，Cを2さつ買うと2730円になります。また，AとBをあわせたねだんは，Cのねだんと同じです。このときA1さつのねだんは何円ですか。〈世田谷学園中学校〉〈16点〉

（式）

6　かきを2こ，りんごを3こ，なしを5こ買うと代金は1470円です。りんごのこ数はそのままで，かきとなしのこ数を入れかえて買うと，代金は270円安くなります。なし1このねだんはかき1このねだんの2倍です。りんご1このねだんはいくらですか。〈東洋英和女学院中学部〉〈16点〉

（式）

21　きそくせいにかんする問題

ねらい　ある決まった性質や，ことがらの関係を見つけて問題が解けるようになる。

★　標準レベル　　　⏱15分　　　／100　答え71ページ

1 公園のはしからはしまでは 75m あります。5m おきにはたを一直線にならべるとき，はたは何本ひつようですか。次の(1)，(2)のじゅんに考えましょう。〈12点×2〉

(1) 右の図は，公園のはしからはしまで 5m おきにはたをならべるようすを表したものです。①，②，③，…としめした所ははたとはたの間の数です。公園のはしからはしまでに間の数はいくつありますか。

（式）

(2) はたの数は間の数より１つ多くなります。はたは何本ひつようですか。

（式）

2 まわりが 120m ある池のまわりに，5m ずつ間をあけて，木を植えるとき，木は何本ひつようですか。次の(1)，(2)のじゅんに考えましょう。〈12点×2〉

(1) 右の図は，池のまわりに，5m ずつ間をあけて，木を植えるようすを表したものです。①，②，…としめした所は木と木の間の数です。間の数はいくつありますか。

（式）

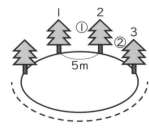

(2) 間の数と木の数のかん係を考えて，木は何本ひつようか答えなさい。

3 ご石を，1辺が6この正方形になるように，すき間なくきちんとならべます。いちばん外がわのまわりに，ご石は何こならびますか。次の(1)，(2)のじゅんに考えましょう。〈13点×2〉

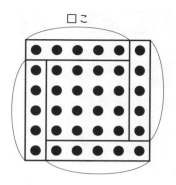

□こ

(1) 右の図のように，いちばん外がわのまわりを4つに分けて考えます。4つに分けた1つ分にご石は何こありますか。

（　　　　　　　　　　　　　　　　　）

(2) いちばん外がわのまわりに，ご石は何こならびますか。

（式）

（　　　　　　　　　　　　　　　　　）

4 白と黒のご石が●●○○○●●○○○●●○○○●……と，きそく正しく38こならんでいます。さい後のご石は何色ですか。次の(1)，(2)のじゅんに考えましょう。〈13点×2〉

(1) 白と黒のご石は同じならび方をくり返しています。下の図のように，1つのくり返しを1番目，2番目，…と考えます。ご石が38こならんだとき，何番目までできて，ご石は何こあまりますか。

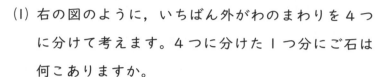

1番目　　　　2番目　　　　3番目

（式）

（　　　　　　番目までできて，　　　　こあまる　）

(2) さい後のご石の色は何色ですか。

（　　　　　　　　　　　　　　　　　）

1 長さが8cmのテープがあり
ます。このテープのはしを1cmず
つ重ね，のりでつなぎあわせて長

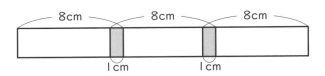

いテープを作ります。たとえば，3まいのテープをつなぎあわせると上の図のよう
になります。テープを何まいかつなぎあわせると，全体のテープの長さが113cm
になりました。何まいのテープをつなぎあわせましたか。

〈東京農業大学第一高等学校中等部〉〈14点〉

（式）

2 池のまわりに30本の木を植えます。木と木の間かくは5mの所が20か所，
のこりはすべて2mとしたとき，池のまわりは何mですか。

〈聖セシリア女子中学校〉〈14点〉

（式）

3 図のように，○と●のご石が一定のきそくでならんでいます。4番目の○の
ご石は何こありますか。〈鎌倉学園中学校〉〈14点〉

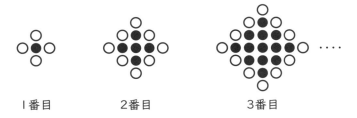

1番目　　　2番目　　　3番目

（式）

4 次の図のように黒玉と白玉をならべていきます。9番目の黒玉は全部で何こですか。〈横浜中学校〉〈15点〉

1番目	2番目	3番目	4番目
●	●○ ○○	●●● ○●○ ●○●	●●●○ ○●●○ ●●○● ○○○○

……‥

（式）

5 ある年の3月7日は金曜日です。この年の6月24日は何曜日ですか。

〈日本大学豊山中学校〉〈15点〉

（式）

6 あるきそくにしたがって，つぎのように数の入った図形を作ることにしました。〈東京女学館中学校〉〈14点×2〉

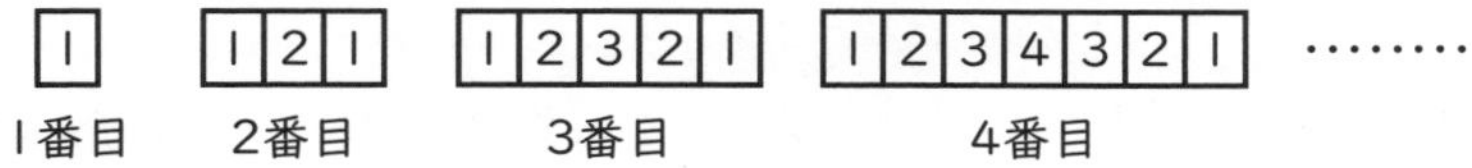

1	1 2 1	1 2 3 2 1	1 2 3 4 3 2 1
1番目	2番目	3番目	4番目

‥……

(1) 6番目の図形に入っている数の和から5番目の図形に入っている数の和をひいたあたいをもとめなさい。

（式）

(2) 10番目の図形に入っている数の和から5番目の図形に入っている数の和をひいたあたいをもとめなさい。

（式）

★★　上級レベル② 　⏱25分　　／100　答え72ページ

1 長さが 480m のまっすぐな道路があります。この道路のかたがわに 30m おきに木を植えます。両はしにも木を植えるとき，木は全部で何本ひつようですか。

〈日本大学豊山中学校〉〈17点〉

（式）

2 図1のようなリングを何こか使って，図2のようにつないでいきます。

〈神奈川大学附属中学校〉〈16点×2〉

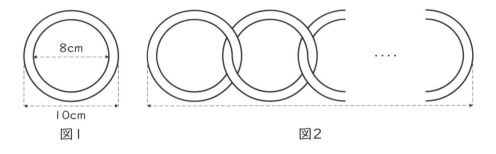

図1　　　　　　　　　　　図2

(1) リングを 10 こつないだとき，はしからはしまでの長さは何 cm になりますか。

（式）

(2) いくつかのリングをつないだところ，はしからはしまでの長さは 210cm となりました。このとき，つないだリングは何こですか。

（式）

3 黒と白のご石がたくさんあります。まず，黒のご石6こ で長方形の形を作り，次にその外がわに白いご石をぐるっと一 しゅうならべて長方形の形を作ります。その後も，右の図のよ うに，黒白交ごにご石をならべて長方形の形を作っていきます。 黒白あわせて 210 このご石を使ったとき，黒のご石は何こ使 いましたか。〈浦和明の星女子中学校〉〈17点〉

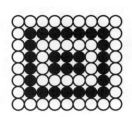

（式）

4 あるきそくにしたがって，整数が次のようにならんでいます。

１, １, ２, １, ２, ３, １, ２, ３, ４, １, ……

左から数えて 100 番目の整数をもとめなさい。〈海城中学校〉〈17点〉

（式）

5 分数がい下のようにきそくてきにならんでいます。35 番目の分数は何ですか。

〈跡見学園中学校〉〈17点〉

$\dfrac{1}{2}$, $\dfrac{1}{2}$, $\dfrac{1}{3}$, $\dfrac{1}{3}$, $\dfrac{1}{3}$, $\dfrac{1}{4}$, $\dfrac{1}{4}$, $\dfrac{1}{4}$, $\dfrac{1}{4}$, $\dfrac{1}{5}$, $\dfrac{1}{5}$, $\dfrac{1}{5}$, $\dfrac{1}{5}$, $\dfrac{1}{5}$, ……

（式）

1 まっすぐな道路のかたがわに木を植えます。さいしょにA地点とB地点に木を植えて，すべての木と木の間かくが等しくなるように，A地点とB地点の間に木を植えることにします。木の本数は，10mおきに植えるときのほうが，14mおきに植えるときより22本多く植えられます。A地点とB地点は何mはなれていますか。〈立教新座中学校〉〈14点〉

（式）

2 たて25cm，横35cmの画用紙があります。この画用紙を，図のように2cmずつ重ねて画びょうでとめていきます。画用紙40まいを画びょうでとめたとき，全体の横の長さは何cmになりますか。〈普連土学園中学校〉〈14点〉

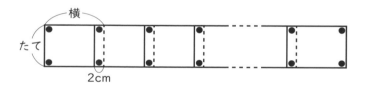

（式）

3 図のように，ご石を三角形の形にならべます。図は1辺にご石を4こならべた図です。ご石が全部で190こならぶとき，正三角形の1辺のご石は何こですか。

〈山手学院中学校〉〈14点〉

（式）

4 図のように，1辺が1cmの正三角形アとイを組み合わせて，正三角形を大きくしていきます。正三角形アとイの合計が，はじめて50まいい上になるのは，1辺の長さが何cmの正三角形にしたときですか。〈跡見学園中学校〉〈15点〉

ア△　イ▼

△
1辺が1cmの
正三角形

1辺が2cmの
正三角形

1辺が3cmの
正三角形

‥‥

（式）

---

5 2021年1月1日は金曜日でした。2021年の20番目の火曜日は何月何日ですか。〈慶應義塾中等部〉〈15点〉

（式）

---

6 右の図のように数のかかれた白いカードと黒いカードがならべてあります。

〈慶應義塾湘南藤沢中等部〉〈14点×2〉

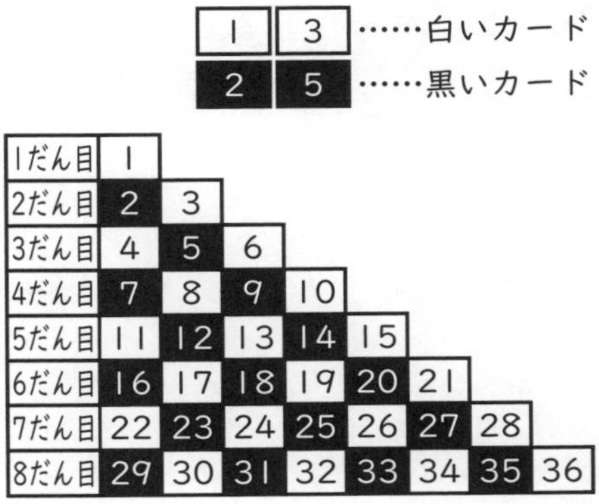

| 1 | 3 | ‥‥‥白いカード |
| 2 | 5 | ‥‥‥黒いカード |

1だん目	1							
2だん目	2	3						
3だん目	4	5	6					
4だん目	7	8	9	10				
5だん目	11	12	13	14	15			
6だん目	16	17	18	19	20	21		
7だん目	22	23	24	25	26	27	28	
8だん目	29	30	31	32	33	34	35	36

(1) 15だん目のすべての白いカードの数の和をもとめなさい。

（式）

(2) あるだんの白いカードの数の和と，黒いカードの数の和をくらべたら，その差が61でした。そのようなだんは何だん目と何だん目ですか。

復習テスト⑰

🕐 25分　　／100　答え 74ページ

1　3つの数 A，B，C の合計は 65 で，A は B より 5 大きく，C は B より 3 小さいとき，B のあたいをもとめなさい。〈穎明館中学校〉〈12点〉

（式）

2　円形の池のまわりに，さくらの木を等間かくに植えます。5m ごとに植えるとき，7m ごとに植えるときよりも 32 本多くさくらの木がひつようです。池のまわりは何 m ありますか。〈桜美林中学校〉〈12点〉

（式）

3　何人かの生とにボールペンを配ります。1 人に 3 本ずつ配ると 36 本あまり，1 人に 8 本ずつ配ると 44 本足りません。生との人数とボールペンの本数をそれぞれもとめなさい。〈光塩女子学院中等科〉〈12点〉

（式）

生と

ボールペン

4　1 こ 150 円の品物 A と，1 こ 180 円の品物 B をあわせて 18 こ買ったところ，合計金がくは 2850 円でした。品物 B は何こ買いましたか。

〈國學院大學久我山中学校〉〈12点〉

（式）

5 2つの数AとBがあり，AとBの和は375です。また，AをBでわると商が52で4あまります。AとBはそれぞれいくつですか。〈13点〉

A ⬚　　　　　B ⬚

6 のどかさん，ちひろさん，しょうたさんの3人で，120このビー玉を分けました。分けたビー玉の数は，しょうたさんはのどかさんの4倍より13こ多く，ちひろさんはのどかさんの3倍より5こ少なくなりました。しょうたさんは何このビー玉をもらいましたか。〈13点〉

（式）

⬚

7 図のように，白と黒のご石を1だんずつ交ごに正三角形の形になるようにならべます。白のご石を64こ使って，いちばん下のだんに白のご石がならんでいるとき，黒のご石は何こ使いましたか。

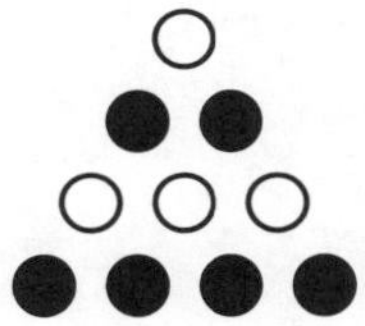

（式）　　　　　　　　　　　　　　　　　　　〈13点〉

⬚

8 次のように，あるきそくにしたがって整数がならんでいます。

　2，4，6，8，4，6，8，2，6，8，2，4，8，2，4，6，2，4，6，8，…

1番目から50番目までの数の和はいくつですか。〈13点〉

（式）

⬚

過去問題にチャレンジ④

⏱ 30分　　／100　　答え74ページ

1　1辺の長さが9cmの正方形を，次の図1のように，重ねながら並べていきます。後の問いに答えなさい。ただし，重なる部分は1辺の長さが3cmの正方形になるように並べます。〈吉祥女子中学校〉〈14点×3〉

図1

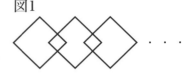

(1) 5個の正方形を並べてできる図形の面積は何cm²ですか。

1辺の長さが9cmの正方形を，後の図2のように並べていきます。

・1回目は正方形を1個置く。

・2回目は，1回目の正方形に正方形を2個追加し，重ねながら並べる。

・3回目は，2回目にできた図形に正方形を3個追加し，重ねながら並べる。

この手順で並べていきます。ただし，重なる部分は1辺の長さが3cmの正方形になるように並べます。

図2

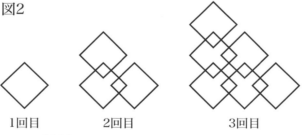

1回目　　　　　2回目　　　　　3回目

(2) 4回目にできた図形の面積は何cm²ですか。

(3) 何回目かにできた図形は，重なった部分が42カ所ありました。できた図形の面積は何cm²ですか。

2 右の図のように整数を1から順に並べていくことにします。17以降もこの規則で並べていきます。このとき，次の問いに答えなさい。〈公文国際学園中等部〉

1	2	5	10	…
4	3	6	11	…
9	8	7	12	…
16	15	14	13	…
…	…	…	…	…

(1) 上から8段目，左から1番目の整数はいくつですか。〈14点〉

(2) 左上から右下にかけて並ぶ数1，3，7，13，……を考えたとき10番目の整数はいくつですか。〈14点〉

(3) 2022は上から何段目，左から何番目の位置にありますか。〈14点〉

上から　　　　段目，左から　　　　番目

(4) 図1のように左上の整数を1として□を作り，□内にあるすべての整数をたしたものを，【横2行，たて2列目の和】とします。同様にして，図2の場合，【横3行，たて3列目の和】となります。
　このとき，【横 ア 行，たて ア 列目の和】が3321になるとき， ア にあてはまる数はいくつですか。ただし， ア には同じ数が入ります。〈16点〉

図1

1	2	5	10	…
4	3	6	11	…
9	8	7	12	…
16	15	14	13	…
…	…	…	…	…

図2

1	2	5	10	…
4	3	6	11	…
9	8	7	12	…
16	15	14	13	…
…	…	…	…	…